Física Básica

Gravitação | Fluidos | Ondas | Termodinâmica

O GEN | Grupo Editorial Nacional – maior plataforma editorial brasileira no segmento científico, técnico e profissional – publica conteúdos nas áreas de ciências exatas, humanas, jurídicas, da saúde e sociais aplicadas, além de prover serviços direcionados à educação continuada e à preparação para concursos.

As editoras que integram o GEN, das mais respeitadas no mercado editorial, construíram catálogos inigualáveis, com obras decisivas para a formação acadêmica e o aperfeiçoamento de várias gerações de profissionais e estudantes, tendo se tornado sinônimo de qualidade e seriedade.

A missão do GEN e dos núcleos de conteúdo que o compõem é prover a melhor informação científica e distribuí-la de maneira flexível e conveniente, a preços justos, gerando benefícios e servindo a autores, docentes, livreiros, funcionários, colaboradores e acionistas.

Nosso comportamento ético incondicional e nossa responsabilidade social e ambiental são reforçados pela natureza educacional de nossa atividade e dão sustentabilidade ao crescimento contínuo e à rentabilidade do grupo.

Física Básica

Gravitação | Fluidos | Ondas | Termodinâmica

■ **Alaor Chaves**
Bacharel e Mestre em Física pela Universidade Federal de Minas Gerais — UFMG
Ph.D em Física pela University of Southern California
Professor Emérito da Universidade Federal de Minas Gerais
Membro Titular da Academia Brasileira de Ciências
Grã-Cruz da Ordem Nacional do Mérito Científico

- O autor e a editora empenharam-se para citar adequadamente e dar o devido crédito a todos os detentores dos direitos autorais de qualquer material utilizado neste livro, dispondo-se a possíveis acertos caso, inadvertidamente, a identificação de algum deles tenha sido omitida.

- Não é responsabilidade da editora nem do autor a ocorrência de eventuais perdas ou danos a pessoas ou bens que tenham origem no uso desta publicação.

- Apesar dos melhores esforços do autor, do editor e dos revisores, é inevitável que surjam erros no texto. Assim, são bem-vindas as comunicações de usuários sobre correções ou sugestões referentes ao conteúdo ou ao nível pedagógico que auxiliem o aprimoramento de edições futuras. Os comentários dos leitores podem ser encaminhados à **LTC — Livros Técnicos e Científicos Editora** pelo e-mail ltc@grupogen.com.br.

- Direitos exclusivos para a língua portuguesa
  Copyright © 2007 by
  LTC — Livros Técnicos e Científicos Editora Ltda.
  Uma editora integrante do GEN | Grupo Editorial Nacional

- Reservados todos os direitos. É proibida a duplicação ou reprodução deste volume, no todo ou em parte, sob quaisquer formas ou por quaisquer meios (eletrônico, mecânico, gravação, fotocópia, distribuição na internet ou outros), sem permissão expressa da editora.

- Travessa do Ouvidor, 11
  Rio de Janeiro, RJ — CEP 20040-040
  Tel.: 21-3543-0770 / 11-5080-0770
  Fax: 21-3543-0896
  ltc@grupogen.com.br
  www.grupogen.com.br

- Publicado pela Editora LAB, sociedade por cotas de participação e de parceria operacional da LTC – Livros Técnicos e Científicos Editora Ltda.

  Capa: Bernard
  Projeto gráfico: EditoraLAB
  Editoração eletrônica: Anthares

CIP-BRASIL. CATALOGAÇÃO-NA-FONTE
SINDICATO NACIONAL DOS EDITORES DE LIVROS, RJ

C438f

Chaves, Alaor
Física básica : Gravitação, fluidos, ondas, termodinâmica / Alaor Chaves. - [Reimpr.]. - Rio de Janeiro
LTC, 2017.
il.

Apêndices
Inclui bibliografia
ISBN 978-85-216-1551-4

1. Física. 2. Gravitação. 3. Mecânica dos fluidos. 4. Ondas (Física). 5. Termodinâmica. I. Título. II. Título:
Gravitação, fluidos, ondas, termodinâmica.

07-0041.	CDD 530
	CDU 53

Prefácio

Física Básica é um livro de física para estudantes de ciências e engenharias. Não é uma nova edição de meu outro livro, *Física*, mas uma obra completamente nova — embora os dois textos compartilhem nossa maneira de ver o ensino da física.

Física é um livro muito apreciado por estudantes que buscam obter uma visão unificada e contemporânea da física, em nível introdutório. Porém, a abordagem altamente compacta e a formulação matemática um pouco mais elaborada tornam o estudo de *Física* difícil para uma boa quantidade de estudantes.

Já *Física Básica* é um livro que — sem perda importante de profundidade conceitual-científica — foi escrito para ser acessível a um universo mais amplo de estudantes. Em sua elaboração, procuramos apresentar os conceitos da física da mesma maneira precisa e profunda, mas sem o emprego de ferramentas matemáticas que possam dificultar a compreensão do aluno típico de ciências e engenharias.

Além disso, *Física Básica* é um livro bastante tutorial, formulação não contemplada no *Física*. Neste novo livro, utilizamos vários recursos pedagógicos que facilitam a aprendizagem: exposição clara e explícita dos fenômenos sob investigação, foco nos principais experimentos e nas suas conseqüências, priorização do essencial e do seminal. O texto exclui o que é secundário ou redundante e canaliza o esforço do aluno para o entendimento do que é realmente significativo, e lhe dá todos os elementos para alcançar esse objetivo.

Os conceitos são apresentados de modo cuidadoso e detalhado, mas evitamos que a exposição se tornasse prolixa. Após sua apresentação, cada conceito novo é ilustrado com um ou mais exemplos e aplicações — em exercícios-exemplo —, cuja abundância é proporcional à importância do conceito e/ou à dificuldade da sua compreensão. Sempre que possível, buscamos para cada um dos conceitos mostrar aplicações inerentemente interessantes ou ligadas à tecnologia contemporânea. Após isso, são propostos para solução pelo aluno exercícios simples que requerem a compreensão e manipulação prática do conceito. Assim, evita-se que dificuldades conceituais se acumulem e dificultem a continuação do aprendizado.

No final de cada capítulo, são propostos problemas um pouco mais elaborados para que o aluno possa desenvolver suas habilidades na aplicação do que foi aprendido.

As páginas do livro têm uma margem larga na qual destacamos os conceitos fundamentais, fazemos comentários adicionais e relevantes a respeito de algo que foi explicado no texto e colocamos as denominações de equações que expressam leis físicas ou relações matemátic: especialmente importantes. Esses destaques têm um duplo objetivo. Por um lado, sinalizam pa o aluno a que conceitos e equações ele deve dar maior atenção; por outro, compõem um sumári que facilita a revisão do estudo e a localização rápida dos tópicos mais significativos.

Já na apresentação dos diversos tópicos, ou em súmulas finais de um conjunto de tópico são feitas sínteses do que foi estudado. Com a evolução do texto, essas sínteses compõem um visão panorâmica da física e sua estrutura lógica e conceitual vai ficando cada vez mais cla para o leitor. Com um estudo cuidadoso do livro, o aluno obterá uma visão da física em qu um conjunto muito simples de leis e princípios gerais, baseados em fatos empíricos semina e capazes de discriminar as opções alternativas, compõe uma estrutura unificada da qual tod o resto resulta de forma natural e irrecusável.

Física Básica expõe persistentemente as simetrias da Natureza e sua conexão com as le da física. Com freqüência também explora a simetria dos corpos ou sistemas físicos na soluçã de problemas. Pretende-se que o aluno adquira habilidade na exploração de tais simetrias, que constitui uma das mais valiosas habilidades de um cientista ou engenheiro. Por meio d exercícios-exemplo e de exercícios e problemas propostos, almeja-se também que o estudan aprenda a idealizar e simplificar os sistemas físicos sob investigação, reduzindo-os ao se essencial sem que eles percam suas características realmente importantes.

No intuito de proporcionar precisão e clareza, criamos pessoalmente todas as ilustraçõe do livro, as quais foram aperfeiçoadas e finalizadas por um desenhista profissional.

Física Básica é um livro contemporâneo tanto na seleção dos tópicos abordados e na su ênfase quanto na sua formulação. Como se sabe, mesmo os tópicos mais clássicos da física sã formulados de maneira que não cessa de evoluir. Sua formulação é cada vez mais econômic e reveladora do seu inteiro potencial, e isso foi considerado com muito cuidado na elaboraçã deste livro. Acreditamos que a expressão *física clássica moderna* não é um oxímoro, e sir uma forma contemporânea e mais efetiva de apresentar conhecimento antigo.

As críticas e sugestões dos leitores serão sempre bem-vindas. Elas poderão ser feitas pc meio do *site* do GEN | Grupo Editorial Nacional, por meio da central de atendimento.

Alaor Chave

Como Utilizar este Livro

Estrutura da obra e variações em sua aplicação

Física Básica foi escrito para cursos universitários de introdução à física, destinados a estudantes de ciências e engenharias. Ao escrevê-lo, levamos em conta e com atenção a tendência à flexibilização que se observa, em todo o mundo, nos cursos universitários. Tentamos também torná-lo compatível com as muitas opções sobre a ordem em que os diversos assuntos são ensinados. Isso possibilitou que os três volumes do livro nem sequer fossem numerados. *Física Básica* pode ser usado em cursos ministrados em três ou, de maneira mais lenta ou exaustiva, em quatro semestres. No primeiro, sem dúvida, deve-se usar o volume *Mecânica*, assunto que é o fundamento de toda a física. Mas, após isso, tanto se pode ir para o volume *Eletromagnetismo* como para o *Gravitação | Fluidos | Ondas | Termodinâmica*.

Acreditamos que o mais adequado seja estudar eletromagnetismo após mecânica, pois essas duas disciplinas são muito semelhantes em sua estrutura: ambas são formuladas inteiramente em termos de leis de movimento, expressas por equações exatas e de caráter abrangente. Essas duas matérias constituem o núcleo do que neste livro denominamos *paradigma newtoniano*. Também são ciências simples, pelo menos na sua formulação. Depois disso vêm temas como fluidos e termodinâmica, cuja compreensão requer maior maturidade e nos quais, com freqüência, os fenômenos são complexos. Além do mais, a termodinâmica tem uma estrutura inteiramente distinta, e seus fundamentos já não são equações de movimento. A termodinâmica fica fora do paradigma newtoniano, pelo menos no atual estágio do conhecimento. Deve-se ainda considerar o fato de que, sem antes ter estudado eletromagnetismo, é impossível compreender a termodinâmica dos sistemas eletromagnéticos — o que equivale a dizer que é impossível entender as propriedades termodinâmicas dos materiais —, e isso é lamentável, pois este é hoje o ramo mais importante da termodinâmica.

Ao escreverem Física Básica os autores levaram em conta a tendência à flexibilização que se observa, em todo o mundo, nos cursos universitários, tornando a obra compatível com as muitas opções sobre a ordem em que os diversos assuntos são ensinados

Física Básica pode ser usado em cursos ministrados em três ou em quatro semestres. No primeiro, sem dúvida, deve-se usar o volume Mecânica, assunto que é o fundamento de toda a física. Mas, após isso, tanto se pode ir para o volume Eletromagnetismo como para o Gravitação | Fluidos | Ondas | Termodinâmica

Flexibilidade

Além de possibilitar ordenamentos alternativos dos temas do curso, este livro foi escrito de modo que qualquer dos seus volumes possa ser utilizado por estudantes que até então tenham estudado em outro livro. Para isso, tornou-se necessário que cada volume fosse mais autocontido que o usual, o que requereu alguma duplicação de capítulos. O volume *Mecânica* contém um capítulo sobre oscilador harmônico e outro sobre gravitação. Isso é quase imperativo, pois o movimento harmônico é o mais importante de todos os movimentos, e a explicação do movimento dos planetas foi o que deu suporte à obra de Newton — e finalmente levou à sua aceitação unânime. Entretanto, por exigüidade de tempo, com freqüência a gravitação não é ensinada no primeiro semestre. Por outro lado, muitos professores preferem unir o ensino do movimento oscilatório ao estudo de ondas, dada a similaridade dos dois fenômenos. Assim, os capítulos sobre gravitação e sobre movimento harmônico são repetidos no volume *Gravitação | Fluidos | Ondas | Termodinâmica*. A apresentação do estudo de ondas também é parcialmente duplicada. No volume de eletromagnetismo, está incluído o estudo das ondas eletromagnéticas. Para que o assunto fosse compreensível por um aluno que ainda não tivesse feito um estudo abrangente de ondas, foi acrescentada uma introdução a esse assunto. Mas essas duplicações não tornam o livro muito grande (respondem por apenas cerca de 6% do seu tamanho) e são amplamente compensadas pela facilidade e pela praticidade que criam para estudantes e professores, atendendo às diferentes visões sobre a ordem e o método do ensino da física.

> Além de possibilitar ordenamentos alternativos dos temas do curso, este livro foi escrito de modo que qualquer dos seus volumes possa ser utilizado por estudantes que até então tenham estudado em outro livro.

> Cada volume de *Física Básica* é mais autocontido que o usual, o que requereu alguma duplicação de capítulos. O volume *Mecânica* contém um capítulo sobre oscilador harmônico e outro sobre gravitação, capítulos esses repetidos no volume *Gravitação | Fluidos | Ondas | Termodinâmica*

Física moderna

> Muitos fenômenos de natureza relativística ou quântica são tratados neste livro. Entretanto, a teoria da relatividade e a mecânica quântica não são formalmente apresentadas, de modo que com as informações aqui disponíveis o estudante só é capaz de lidar com situações muito simples que envolvam relatividade ou física quântica

O ensino de tópicos da chamada *física moderna* é assunto sobre o qual há opiniões muito divergentes, e a maneira de ministrar tal ensino está ficando cada vez mais diversificada. A expressão física moderna é quase sempre usada para designar relatividade e física quântica, embora a teoria da relatividade e a mecânica quântica tenham sido desenvolvidas no início do século XX. Obviamente, desde então muita coisa mudou e novos temas se desenvolveram, tais como a física dos materiais, o estudo das partículas elementares e seus campos de força, a cosmologia, além do infinito campo da complexidade. Mas, em se tratando de fundamentos, a relatividade e a mecânica quântica ainda são inteiramente atuais, e sobre seus alicerces se constrói toda a física contemporânea.

O termo complexidade ganhou novo significado nas últimas décadas. Antes, entendia-se como complexo todo sistema complicado para o qual não seja possível obter uma solução exata. Hoje, a classe dos sistemas complicados ramificou-se e a subclasse dos complexos tem de exibir outros atributos muito especiais. Por exemplo, o trânsito de veículos em uma cidade é complexo, mas o movimento das moléculas em um gás, inteiramente caótico e aparentemente mais complicado, não é mais classificado como complexo. O estudo dos sistemas complexos, na terminologia moderna, não pode ser feito efetivamente no nível de um curso de física básica. Já aos sistemas caóticos, podemos dar-lhes um tratamento termodinâmico ou estatístico compreensível para o iniciante. Neste livro, tratamos, com certa ênfase, sistemas complexos, na acepção antiga, quando tratamos dos fluidos, da termodinâmica e da física estatística. Os fluidos são sistemas complexos, na acepção contemporânea, mas não abordamos regimes de escoamento em que a real complexidade do movimento fica mais manifesta.

Muitos fenômenos de natureza relativística ou quântica são tratados neste livro. Entretanto, a teoria da relatividade e a mecânica quântica não são formalmente apresentadas, de modo que com as informações aqui disponíveis o estudante só é capaz de lidar com situações muito simples que envolvam relatividade ou física quântica. Essas duas teorias são apresentadas em outro livro de Alaor Chaves (*Física / Óptica, Relatividade e Física Quântica*), que não é parte do *Física Básica* e que está em um nível conceitual um pouco acima deste. Muitas universidades vêm adotando essa estrutura de cursos — em que um curso de física básica de três semestres é seguido de um curso semestral de física moderna, em nível mais avançado —, e com certeza ela é parte indispensável do movimento mundial em busca de caminhos mais ágeis para levar o estudante à fronteira do conhecimento.

Exercícios e problemas

Como é comum nos livros-texto de física, neste livro o estudante encontra exercícios-exemplo, exercícios propostos e problemas propostos. Os exercícios propostos são questões mais simples, cuja solução em alguns casos envolve a aplicação direta de uma fórmula, enquanto a solução dos problemas requer mais raciocínio e, muitas vezes, também mais elaboração matemática. Hábitos corretos de abordagem de exercícios e problemas são um dos meios mais efetivos para uma boa aprendizagem. Na solução dos exercícios e problemas, o estudante não só testa o seu entendimento do que foi estudado, como também consolida o aprendizado e aprofunda sua compreensão. Não só isso, mas é resolvendo problemas que o estudante aprende a aplicar o conhecimento em situações práticas e se prepara para lidar com situações inteiramente novas. Neste livro, na medida em que os conceitos e métodos são expostos, sua aplicação é ilustrada por meio de exercícios-exemplo, nos quais a solução é demonstrada passo a passo. É muito importante estudar com atenção esses exemplos, pois isso irá ajudar a sanar dúvidas sobre o assunto, além de ilustrar a importância prática do que foi exposto. Também há exercícios propostos, cuja solução requer a aplicação de conceitos ou fórmulas recém-apresentados; quase sempre, os exercícios vêm depois de pelo menos um exercício-exemplo. *O estudante é enfaticamente aconselhado a trabalhar os exercícios à medida que vão aparecendo.* Isso não só consolida o que já foi apresentado, de modo a facilitar a compreensão do que vem em seguida, como evidencia possíveis deficiências no entendimento de algum conceito. Para prosseguir na leitura, não é indispensável que o estudante seja capaz de resolver todos os exercícios, mas se houver dificuldade em resolver muitos deles isso mostra que é necessário rever o texto. Os problemas vêm no final dos capítulos, e com freqüência sua solução envolve matéria contida em mais de uma seção.

Alguns hábitos devem ser adquiridos e praticados com disciplina na solução dos exercícios e problemas. O ponto de partida para a solução é, obviamente, o claro entendimento do que está sendo proposto: qual é de fato a situação a ser investigada, que dados foram fornecidos e que tipo de resposta é solicitado? Uma vez seguro de ter entendido a formulação do problema — ou exercício —, o estudante pode iniciar sua solução. O conhecimento requerido para isso deve estar contido naquele capítulo — naquela seção, caso seja um exercício —, além de conhecimento anterior que já se supõe esteja consolidado. Ao se chegar a uma resposta, é muito importante verificar se ela é razoável, ou se não é, por alguma razão, absurda. Em muitos casos, a resposta é o valor de uma grandeza. Pode ser que um exame crítico do valor obtido mostre claramente que ele é absurdo, ou pelo menos pouco razoável. Por exemplo, se ao calcular o tempo de queda de um corpo o estudante chega a algo como uma semana, sem dúvida deve ter cometido um erro! Em outros casos, a resposta a que se chega é uma equação que exprime uma fórmula. Nesses

---

Como é comum nos livros-texto de física, neste livro o estudante encontra exercícios-exemplo, exercícios propostos e problemas propostos

Neste livro, na medida em que os conceitos e métodos são expostos, sua aplicação é ilustrada por meio de exercícios-exemplo, nos quais a solução é demonstrada passo a passo. É muito importante estudar com atenção os exercícios-exemplo, pois isso irá ajudar a sanar dúvidas sobre o assunto, além de ilustrar a importância prática do que foi exposto

Os exercícios propostos são questões mais simples, cuja solução em alguns casos envolve a aplicação direta de uma fórmula. Requerem a aplicação de conceitos ou fórmulas recém-apresentados e, quase sempre, vêm depois de pelo menos um exercício-exemplo. O estudante é enfaticamente aconselhado a trabalhar os exercícios à medida que vão aparecendo

A solução dos problemas requer mais raciocínio e, muitas vezes, também mais elaboração matemática. Os problemas vêm no final dos capítulos, e com freqüência sua solução envolve matéria contida em mais de uma seção

O ponto de partida para a solução de exercícios e problemas é, obviamente, o claro entendimento do que está sendo proposto: qual é de fato a situação a ser investigada, que dados foram fornecidos e que tipo de resposta é solicitado?

A atitude do aluno ao resolver problemas é mais importante para o aprendizado do que a quantidade de problemas resolvidos. Quase todos os problemas da física admitem mais de um método de solução, e com freqüência permitem um grande número de métodos. Assim, o estudante deve cultivar o hábito de tentar novas soluções, além da primeira obtida com sucesso

casos, dois procedimentos são importantes. O primeiro é verificar se a equação é dimensionalmente correta. Se não for, a solução está incorreta, embora a correção dimensional da fórmula não seja suficiente para garantir a sua inteira correção.

Quase sempre, a equação obtida na solução de um problema é uma fórmula que express a maneira como uma grandeza varia em função de uma ou mais variáveis. É importante nesse caso, testar que valores numéricos a fórmula fornece para certos valores limites da variáveis: por exemplo, quando uma dada variável tem valor nulo ou infinito, que valo se obtém para a grandeza? Valores obviamente absurdos podem se obtidos nesses limites o que revela que a fórmula não está correta.

Outro hábito é muito útil, e na verdade sua prática sistemática pode desenvolver n aluno habilidades especiais e preciosas na solução de problemas. Em primeiro lugar, quantidade do aluno ao resolver problemas é mais importante para o aprendizado do qu o número de problemas resolvidos. Quase todos os problemas da física admitem mais d um método de solução, e com freqüência permitem um grande número de métodos. As sim, o estudante deve cultivar o hábito de tentar novas soluções, além da primeira obtid com sucesso. Nesse exercício, deve-se insistir em buscar uma solução que seja a mai simples de todas; pois, na verdade, a solução mais simples é a melhor e a mais brilhant e no fundo a que requer mais habilidade de quem a obtém. Quase sempre, essas soluçõe especialmente simples envolvem a exploração habilidosa das simetrias contidas no sis tema ou no próprio problema, e às vezes também o uso de leis de conservação. Elas sã capazes de revelar o enorme poder dos princípios fundamentais da física e, dessa maneira também sua extraordinária beleza.

Material optativo

Física Básica contém seções opcionais que não são menos relevantes que as restantes, e seu caráter opcional reside em que ao omiti-las em seu estudo o estudante não irá dificultar a compreensão de assuntos subseqüentes — nem comprometerá sua compreensão da estrutura da física. Entretanto, mesmo que o professor desconsidere tais seções, o aluno que tenha pretensões mais ambiciosas sobre sua aprendizagem deve estudá-las

Física Básica contém seções opcionais. Estas não são menos relevantes que as res tantes, e seu caráter opcional reside em que ao omiti-las em seu estudo o estudante nã irá dificultar a compreensão de assuntos subseqüentes. Tampouco irá comprometer su compreensão da estrutura da física. Entretanto, mesmo que o professor desconsider tais seções, o aluno que tenha pretensões mais ambiciosas sobre sua aprendizagem dev estudá-las. Esse estudo pode ser feito após a leitura das seções obrigatórias do livro.

Laboratório

A ênfase e o objetivo principal do curso de laboratório devem ser a aquisição de habilidades em técnicas experimentais

Física Básica foi escrito com base no pressuposto de que o curso será acompanhad de aulas de laboratório nas quais o aluno tomará contato com muitos fenômenos aq abordados teoricamente. Entretanto, não pensamos que a finalidade principal do curs de laboratório deva ser ilustrar ou demonstrar os fenômenos físicos. A ênfase e o obj tivo principal do curso de laboratório devem ser a aquisição de habilidades em técnica experimentais. As demonstrações de fenômenos devem de preferência ser feitas em sa de aula, dentro do curso teórico.

Duração do curso

O conjunto dos três volumes de Física Básica pode ser ministrado em cursos de três semestres, ou, de maneira mais exaustiva, em cursos de quatro semestres

Como mencionamos, o conjunto dos três volumes de *Física Básica* pode ser ministrado em cursos de três semestres, ou, de maneira mais exaustiva, em cursos de quatro semestres. O ideal é que cada semestre tenha sessenta horas de aula, e para cada hora de aula o estudante deve dedicar pelo menos duas horas de estudo. O ritmo em que é ministrado, e o programa do curso, devem ser escolhidos segundo a formação prévia e também o tempo disponível dos estudantes. Por exemplo, para turmas em que os estudantes tiveram uma boa formação no ensino médio, e têm algum conhecimento de cálculo, o Capítulo 3 de *Mecânica* (*Movimento Retilíneo*) não precisa ser ensinado. Com freqüência, boa parte do Capítulo 4 (*Vetores*) também pode ser omitida, o que libera tempo para a inclusão de seções opcionais do restante do livro. Vários outros casos podem ser mencionados, e cabe ao professor fazer uma seleção criteriosa.

Material de apoio

Recursos adicionais na Internet: www.grupogen.com.br

Este livro conta com recursos adicionais, disponíveis no *site* do GEN | Grupo Editorial Nacional, no GEN-IO, ambiente virtual de aprendizagem. Há um sistema de testes de auto-avaliação, duplicação das ilustrações da obra para confecção de transparências e exercícios e problemas adicionais. O acesso aos materiais suplementares é gratuito. Basta que o leitor se cadastre em nosso *site* (www.grupogen.com.br), faça seu *login* e clique em GEN-IO, no menu superior do lado direito. É rápido e fácil. Caso haja alguma mudança no sistema ou dificuldade de acesso, entre em contato conosco (sac@grupogen.com.br).

Seção 10.9 ▪ Eixo balanceado (opcional)

A Equação 10.34 relaciona L_z com ω. A conexão entre o vetor momento angular $\mathbf{L}$ de um corpo rígido e seu vetor velocidade angular $\boldsymbol{\omega}$ geralmente é complicada, mas torna-se especialmente simples se o eixo de rotação do corpo for um eixo de simetria do mesmo. Consideremos um corpo simétrico girando em torno de um eixo de simetria. Por exemplo, um cone girando em torno do seu eixo, uma esfera girando em torno do seu diâmetro etc. Nesse caso, a primeira somatória da Equação 10.30 dá um valor nulo. Isso ocorre porque para cada partícula na posição de coordenadas (z_i, ρ_i) haverá outra partícula de massa idêntica na posição de coordenadas $(z_i, -\rho_i)$. Dessa forma, no somatório os termos correspondentes às duas partículas se cancelarão exatamente. Devido a tal cancelamento, a Equação 10.30 assumirá a forma

$$\mathbf{L} = \omega \mathbf{k} \sum_i m_i \rho_i^2. \tag{10.36}$$

Posto que $\boldsymbol{\omega} = \omega \mathbf{k}$, podemos ainda escrever

$$\mathbf{L} = I\boldsymbol{\omega}. \tag{10.37}$$

— Para um corpo rígido girando em torno de um eixo de simetria, o momento angular é paralelo à velocidade angular

Um aspecto relevante da Equação 10.37 é que, contrariamente ao que ocorre na Equação 10.30, a coordenada z não mais aparece no momento e na velocidade angulares. Assim, o ponto de origem O (ver Figura 10.15) pode ser colocado em qualquer ponto sobre o eixo dos z, que é o eixo de rotação, sem afetar o valor do momento angular. Nesse caso, como é usual, podemos falar no momento angular do corpo em relação ao seu eixo de rotação, pois o momento angular em relação a qualquer ponto sobre o eixo terá o mesmo valor.

Na verdade, o momento angular e a velocidade angular podem ser paralelos mesmo quando o eixo não é de simetria. A rigor, para que o paralelismo ocorra basta que o primeiro termo na Equação 10.30 seja nulo. Estar girando em torno de um eixo de simetria é condição suficiente mas não necessária para que tal termo se anule. Um eixo de rotação para o qual o momento angular e a velocidade angular são paralelos é denominado *eixo balanceado*, ou *eixo principal de inércia*.

— Um eixo de rotação para o qual o momento angular e a velocidade angular são paralelos é denominado *eixo balanceado*, ou *eixo principal de inércia*

Quando um corpo gira em torno de um eixo balanceado com velocidade angular constante, seu momento angular permanece constante. Isso significa que o corpo consegue permanecer girando em torno desse eixo sem que nenhum torque externo seja aplicado sobre ele. Eixos balanceados são muito importantes para o bom funcionamento de máquinas. Um exemplo muito familiar dessa importância refere-se ao giro de uma roda de automóvel. Se a roda não está balanceada, para que ela gire em torno de um eixo fixo é necessário que o mecanismo que a prende lhe aplique um torque cuja direção gira junto com a roda. Geralmente, o mecanismo de sustentação da roda, mesmo sendo muito forçado, é incapaz de aplicar o torque necessário e, em consequência, a roda gira mancando. Para balancear a roda e fazer com que seja suave, é necessário colocar pequenos contrapesos em seu contorno até que o termo da Equação 10.30 se torne nulo.

Seção 10.10 ▪ Energia cinética

Para um corpo rígido girando em torno de um eixo fixo com velocidade angular ω, a velocidade da partícula i será dada por

$$v_i = \omega \rho_i,$$

onde ρ_i é a sua distância até o eixo. Esse resultado é um caso particular da Equação energia cinética do corpo será

$$K = \sum_i \tfrac{1}{2} m_i v_i^2 = \sum_i \tfrac{1}{2} m_i \omega^2 \rho_i^2.$$

Capítulo 1 ▪ O que é a Física

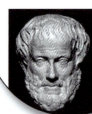

Aristóteles

Aristóteles (384 a.C.–322 a.C.) nasceu em Estagira, na Macedônia. Ap Atenas desde os 17 anos, quando ingressou na Academia de Platão, e de dos pensadores gregos (na verdade o mais influente pensador do Ociden ateniense. Retornou à Macedônia (c. 343 a.C.–c. 340 a.C.) para ser pre Aristóteles foi enciclopédico, e seus interesses abarcaram todo o conhecim formal e dividiu o conhecimento em disciplinas — física, metafísica, ética, p zoologia, geologia, meteorologia etc. Opondo-se a seu mestre Platão, um idealis valorizou a percepção sensorial como relevante fonte de conhecimento, sendo as antecessores Tales de Mileto (c. 624 a.C.–c. 546 a.C.) e Pitágoras (c. 570 a.C.–c. do empirismo. Entretanto, Aristóteles ignorou a importância da experimentação (obser em condições controladas e, se possível, acompanhada de mensuração) e foi por isso leva equivocadas que acabaram tornando-se dogmas. Aristóteles defendia o determinismo teleol seja, o princípio de que os fenômenos são determinados por um objetivo final —, e esta foi a sua idéia ma danosa para a ciência. Assim, uma pedra caía porque buscava seu lugar natural, que era o centro da Terra e também o centro do cosmo. Defendeu também que os objetos celestes eram regidos por leis distintas da leis dos terrestres. A dogmatização dos ensinamentos de Aristóteles pela Igreja (por influência de Aquino) tornou-se, por um milênio, um grande obstáculo para o avanço do conhecim

Seção 1.3 ▪ Teleologia e determinismo causal

O mais influente dos pensadores gregos foi Aristóteles. Enciclopédic tematizador, dividiu o conhecimento em várias disciplinas e deu-lhe utilizados: *metafísica*, *física* (que ele definiu, em forma mais ampla sendo o estudo da matéria inorgânica), *biolo* também a sintaxe do raciocínio dedu uma disciplina, a *lógica*. Em b mente baseada na dissecaç e portanto ele pode dois motivos: o segundo a diss

Determinismo é o conceito de

Capítulo 10 ■ Rotações   **231**

Os fatores fixos podem ser postos em evidência no último termo da Equação 10.39 para se obter

■ Energia cinética devida à rotação em torno de um eixo

$$K = \tfrac{1}{2}I\omega^2.\qquad(10.40)$$

Veja que a equação que expressa a energia cinética de rotação de um corpo em torno de um eixo é metade do produto da inércia de rotação pelo quadrado da velocidade angular. Há aqui uma perfeita analogia com a energia cinética $K = mv^2/2$ associada à translação.

E·E Exercício-exemplo 10.12

■ Calcule a energia cinética da porta, do Exercício-exemplo 10.11, quando a sua velocidade angular é 10,0 rad/s, sabendo que sua massa e sua largura são respectivamente 50,0 kg e 0,800 m.

■ **Solução**

O momento de inércia da porta é

$$I = \tfrac{1}{3} \times 50\,\frac{\text{Ns}^2}{\text{m}} \times 0{,}64\,\text{m}^2 = 10{,}7\ \text{Nms}^2.$$

Sua energia cinética será, então,

$$K = \tfrac{1}{2} \times 10{,}7\,\text{Nms}^2 \times 100\,\text{s}^{-2} = 5{,}35 \times 10^3\ \text{J}.$$

Note-se que a unidade rad não aparece nos cálculos. Tal fato ocorre porque rad é grandeza adimensional. A velocidade angular da porta pode ser escrita simplesmente como 10/s.

Exercícios

E 10.21 Considere a Terra como uma esfera homogênea com raio de $6{,}4 \times 10^{24}$ m e massa de $6{,}0 \times 10^{24}$ kg. Calcule o momento angular e a energia cinética decorrentes de sua rotação.

E 10.22 Calcule a energia cinética da hélice no Exercício 10.17.

Seção 10.11 ■ Conservação do momento angular

A Equação 10.28 nos diz que a taxa de variação do momento angular **L** do sistema é igual ao torque exercido pelas forças externas sobre o mesmo. Esse torque é sempre nulo em um sistema isolado, mas pode também ser nulo em sistemas não-isolados. Podemos assim enunciar a *Lei da conservação do momento angular*:

O momento angular total de um sistema sujeito a um torque externo nulo é constante.

Um exemplo de sistema isolado é o sistema solar. No estudo do movimento dos planetas e seus satélites podemos tratar o sistema solar como isolado. Os planetas se perturbam mutuamente, e os movimentos dos planetas e de suas luas são afetadas por isto. Porém, o sistema como um todo tem seu momento angular conservado. A lei da conservação do momento angular é uma lei fundamental da natureza, cuja validade extrapola os limites da mecânica newtoniana clássica. Ela é uma conseqüência da isotropia do espaço.

P 2.1 O módulo

Neste livro o estudante encontra *exercícios-exemplo*, *exercícios propostos* e *problemas propostos*. Nos exercícios-exemplo a solução é demonstrada passo a passo. Os exercícios propostos são questões mais simples, cuja solução em alguns casos envolve a aplicação direta de uma fórmula, enquanto a solução dos problemas requer mais raciocínio e, muitas vezes, também mais elaboração matemática.

PROBLEMAS

P 2.1 O módulo de Young de um material é uma grandeza que mede resistência oferecida pelo material a uma distensão ou compressão. A Figura 2.4 mostra um esquema utilizado para a medida do módulo de Young. Uma barra homogênea com seção reta de área A é submetida a uma força de distensão de intensidade F. Com a aplicação da força, o comprimento da barra aumenta de L_o para L. Observa-se que a elongação da barra é proporcional a F e ao seu comprimento inicial L_o, e inversamente proporcional a A. Tal relação de proporcionalidade pode ser escrita na forma

$$L - L_o = \frac{1}{Y}\frac{L_o}{A}F,$$

na qual a constante de proporcionalidade Y é o módulo de Young. Determine a dimensão de Y e dê a sua unidade no SI.

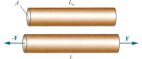

Figura 2.4
(Problema 2.1)

P 2.2 Quantos prótons você come por dia, se a massa do próton vale $1{,}7 \times 10^{-37}$ kg?

P 2.3 Quantas vezes o coração humano bate, em média, durante a vida?

P 2.4 O cúbito foi inicialmente definido pela distância entre o cotovelo e a extremidade do dedo médio de um homem médio. Defina o cúbito em metros usando seu braço como padrão.

P 2.5 Meça o tamanho do seu pé e compare-o com o pé, unidade de comprimento inglesa igual a 30,44 cm. Algo errado com seu pé ou com o pé do inglês de referência?

P 2.6 Galileu usou, para medidas de tempo, um método já utilizado no Egito, o da medida do volume (ou peso) da água que escoa de um grande reservatório por um pequeno orifício. Verifique a precisão de tal medida para tempos não muito curtos. Feche a torneira da pia de sua cozinha até que o escoamento da água seja um fino filamento. Utilizando um relógio, meça o tempo necessário para encher uma vasilha de cerca de 1ℓ. Repita a medida várias vezes sem mexer na torneira. Qual é o erro percentual na sua medida do tempo de escoamento necessário para encher a vasilha?

P 2.7 Faça sua medida do diâmetro do Sol. Próximo ao pôr-do-sol, finque uma estaca verticalmente, deixando exposto cerca de 1 m de estaca. Faça dois riscos horizontais na parte superior da estaca, cuidadosamente separados 20 cm do outro. Posicione-se de modo que a estaca fique entre você e o Sol, e mova-se até que, ao se agachar, você consiga ver o diâmetro do Sol coincidindo precisamente com a distância entre as marcas na estaca (use filtro de luz ao olhar para o Sol). Meça então sua distância até a estaca. (A) Pelas suas medidas, qual é o ângulo aparente do Sol, medido em radianos? (B) Qual é o diâmetro real do Sol, medido em metros, sabendo-se que a distância do Sol à Terra é igual a $1{,}5 \times 10^8$ m?

P 2.8 Os pontos extremos ao norte e ao sul da América do Sul estão, coincidentemente, no mesmo meridiano: 70° Oeste. O extremo norte está à latitude de 12,1° Norte e o extremo sul está à latitude de 55,7° Sul. Qual é o comprimento da América do Sul?

Sumário

Capítulos

1. Gravitação, 1
2. Fluidos, 23
3. Oscilador Harmônico, 53
4. Ondas I | Cinemática, 75
5. Ondas II | Dinâmica, 97
6. Temperatura, 117
7. Primeira Lei da Termodinâmica, 137
8. Entropia e Segunda Lei da Termodinâmica, 155
9. Teoria Cinética dos Gases, 181
10. Introdução à Mecânica Estatística, 209

Apêndices

A. Sistema Internacional de Unidades (SI), 234
B. Constantes Universais, 235
C. Constantes Eletromagnéticas e Atômicas, 235
D. Constantes das Partículas do Átomo, 236
E. Constantes Físico-químicas, 236
F. Dados Referentes à Terra, ao Sol e à Lua, 237
G. Dados Referentes aos Planetas, 237
H. Tabela Periódica dos Elementos, 238

Índice Alfabético, *239*

Sumário dos outros volumes de Física Básica

Mecânica

Eletromagnetismo

Capítulos

1. O que é a Física
2. Medidas
3. Movimento Retilíneo
4. Vetores
5. Movimento no Plano e no Espaço
6. Leis Fundamentais da Mecânica
7. Trabalho e Energia
8. Conservação do Momento
9. Colisões
10. Rotações
11. Oscilador Harmônico
12. Gravitação

Apêndices

A. Sistema Internacional de Unidades (SI)
B. Constantes Universais
C. Constantes Eletromagnéticas e Atômicas
D. Constantes das Partículas do Átomo
E. Constantes Físico-químicas
F. Dados Referentes à Terra, ao Sol e à Lua
G. Dados Referentes aos Planetas
H. Tabela Periódica dos Elementos

Índice Alfabético

Capítulos

1. Força Elétrica
2. Lei de Gauss
3. Energia Eletrostática
4. Capacitores
5. Dielétricos
6. Corrente Elétrica
7. Campo Magnético
8. Lei de Ampère
9. Indução Eletromagnética
10. Equações de Maxwell
11. O Magnetismo dos Materiais
12. Correntes Alternadas

Apêndices

A. Sistema Internacional de Unidades (SI)
B. Constantes Universais
C. Constantes Aletromagnéticas e Atômicas
D. Constantes das Partículas do Átomo
E. Constantes Físico-químicas
F. Dados Referentes à Terra, ao Sol e à Lua
G. Dados Referentes aos Planetas
H. Tabela Periódica dos Elementos

Índice Alfabético

1

Gravitação

Seção 1.1 ■ Um pouco da história, 2
Seção 1.2 ■ Formulação matemática da lei da gravitação, 3
Seção 1.3 ■ Experiência de Cavendish, 4
Seção 1.4 ■ Energia potencial gravitacional de um sistema de partículas, 5
Seção 1.5 ■ Interação entre uma partícula e uma casca esférica, 8
Seção 1.6 ■ Auto-energia gravitacional de um corpo, 12
Seção 1.7 ■ Campo gravitacional, 13
Seção 1.8 ■ As leis de Kepler, 13
Seção 1.9 ■ Órbitas circulares, 16
Seção 1.10 ■ Órbitas geossincronizadas, 18
Seção 1.11 ■ Velocidade de escape, 18
Seção 1.12 ■ Limite de validade da lei da gravitação de Newton, 19
Seção 1.13 ■ As quatro forças, 20
Problemas, 21
Respostas dos exercícios, 22
Respostas dos problemas, 22

Seção 1.1 ▪ Um pouco da história

O conceito de que a gravitação é responsável tanto pela queda dos corpos próximos à Terra quanto pelo movimento dos corpos celestes é hoje aceito por todos. Entretanto, nem sempre foi assim, e o caminho que levou a esse conhecimento foi longo e controverso. Como vimos no Capítulo 1 (*O que é a Física*), os gregos viam tanto a queda dos corpos terrestres como o movimento dos astros — que na sua visão orbitavam a Terra — como movimentos naturais que dispensam qualquer agente causador. O fato de que o movimento natural de queda dos corpos terrestres é retilíneo, enquanto os corpos celestes exibem movimentos que — segundo os gregos — percorrem órbitas circulares ou compostas pela combinação de círculos, era evidência de que as leis naturais que ditam o movimento dos corpos celestes são distintas das leis que comandam o movimento dos corpos terrestres. Essa dicotomia era parte da antítese entre o céu e a terra, já discutida no Capítulo 1: as leis do céu não seriam as mesmas vigentes na terra.

Galileu descobriu a lei da inércia, ou seja, o princípio de que os corpos livres de forças exibem movimento retilíneo uniforme. Entretanto, Galileu não aplicou tal princípio aos planetas. Segundo ele, os planetas podiam percorrer suas órbitas em torno do Sol sem a necessidade de qualquer tipo de força. Mesmo para o movimento dos corpos terrestres, a lei da inércia só se aplicaria a movimentos sobre superfícies horizontais. O agente causador da queda dos corpos terrestres, cuja cinemática Galileu entendeu com perfeição, permaneceu um mistério cuja elucidação ele deixou a cargo da posteridade.

> **Universalidade das leis naturais.** As mesmas leis naturais se aplicam em qualquer ponto do Universo

Descartes foi quem primeiro contestou a dicotomia entre o céu e a terra. Ele foi o descobridor da universalidade das leis naturais, hoje amplamente aceita: as mesmas leis se aplicam em qualquer ponto do Universo. Descartes reformulou a lei da inércia dando-lhe a forma final adotada por Newton e aceita até hoje. Nenhum corpo, terrestre ou celeste, ficaria fora do comando de tal lei. Portanto, alguma força teria de empurrar para baixo os corpos em queda e também os planetas rumo ao Sol para que eles curvassem suas trajetórias no movimento orbital em torno do astro. Assim, ninguém chegara tão próximo da lei da gravitação. Entretanto, Descartes tinha uma visão inteiramente mecanicista na qual a interação entre os corpos requeria o seu contato mútuo. A idéia de que os corpos pudessem se atrair por interação à distância, da qual ele chegou a cogitar, lhe parecia inaceitável.

Newton concebeu a força da gravidade, e sua variação com o inverso do quadrado da distância. Segundo registros, ele teria afirmado muito mais tarde ter tido a inspiração ao ver a queda de uma maçã. Newton intuiu a conexão entre a queda da maçã e a "queda" contínua da Lua em seu movimento orbital, e fez a conjectura de que em ambos os casos o agente causador seria uma força de atração da Terra. No ano 150 a. C., o astrônomo grego Hiparco mediu a distância entre a Terra e a Lua, encontrando um valor 59 vezes o raio da Terra. Pelos dados modernos, a órbita da Lua, aproximadamente circular, tem raio $r = 3,84 \times 10^8$ m e seu período é de 27,3 dias. Conclui-se então que a velocidade da Lua em sua órbita é de $1,023 \times 10^3$ m/s. A aceleração centrípeta da Lua vale, portanto,

$$a_L = \frac{v^2}{r} = \frac{(1,023 \times 10^3 \,\text{m/s})^2}{3,84 \times 10^8 \,\text{m}} = 2,73 \times 10^{-3} \, \frac{\text{m}}{\text{s}^2}. \tag{1.1}$$

A razão entre a aceleração da maçã em queda e a aceleração da Lua é

$$\frac{g}{a_L} = \frac{9,80}{2,73 \times 10^{-3}} = 3,59 \times 10^3 \cong 3600 = (60)^2. \tag{1.2}$$

Por outro lado, a razão entre o raio da órbita lunar e o raio da Terra é

$$\frac{r}{R_T} = \frac{3,84 \times 10^8 \,\text{m}}{6,37 \times 10^6 \,\text{m}} = 60,3. \tag{1.3}$$

A comparação entre as Equações 1.2 e 1.3 mostra que, com boa aproximação, podemos escrever

$$\frac{g}{a_{\mathrm{L}}} = \left(\frac{R_{\mathrm{T}}}{r}\right)^{-2}.\tag{1.4}$$

Isso levou Newton a concluir que a atração da Terra sobre um corpo — a Lua ou uma maçã — é proporcional à massa do corpo e inversamente proporcional ao quadrado da distância entre o corpo e o centro da Terra. Considerando-se a lei da ação e reação, a Lua também atua sobre a Terra com a mesma força que a Terra exerce sobre ela, e por simetria tal força teria de ser proporcional à massa da Terra. Juntando todas as peças, concluímos que a atração da Terra sobre um corpo é proporcional ao produto das massas do corpo e da Terra e inversamente proporcional ao quadrado da distância entre eles.

Generalizando, Newton chegou à lei da gravitação universal: dois corpos quaisquer se atraem com força proporcional ao produto das suas massas e inversamente proporcional ao quadrado da sua distância. Esse foi um feito extraordinário. Hooke, que alegava tê-lo realizado antes de Newton, afirmava ser essa a maior descoberta desde a criação do mundo. Um aspecto de enorme importância na lei da gravitação é a negação da dicotomia entre as leis do céu e da terra. O peso da maçã é o mesmo tipo de força que a Terra exerce sobre a Lua e também que o Sol exerce sobre os planetas. Como visto no Capítulo 7 (*Trabalho e Energia*) de *Física Básica | Mecânica*, as leis da mecânica newtoniana também não distinguem corpos celestes e corpos terrestres. Do ponto de vista da ruptura filosófica, a unificação — formulação universal — das leis naturais e a adoção do determinismo causal, discutido nos Capítulos 1 e 7 de *Física Básica | Mecânica*, foram as duas maiores realizações de Newton.

Seção 1.2 ■ Formulação matemática da lei da gravitação

A força da gravitação é a única que atua em todas as partículas da Natureza. A força elétrica, por exemplo, só atua sobre partículas portadoras de carga elétrica. As forças nucleares também atuam somente sobre partículas possuidoras de cargas específicas para tais forças. A "carga" específica para a força gravitacional é a massa da partícula. Já conhecemos a lei de força para a gravitação, mas vamos repeti-la aqui para facilitar a análise. Consideremos duas partículas de massas m_1 e m_2, nas posições $\mathbf{r}_1$ e $\mathbf{r}_2$, respectivamente. A força gravitacional $\mathbf{F}_{21}$ da partícula 1 sobre a partícula 2 é dada por

$$\mathbf{F}_{21} = -G\frac{m_1 m_2}{r^3}\mathbf{r}, \quad \text{onde } \mathbf{r} = \mathbf{r}_2 - \mathbf{r}_1.\tag{1.5}$$

O sinal negativo na fórmula exprime o fato de que a força é atrativa. A letra G representa a constante universal da gravitação, cujo valor é

$$G = 6{,}67260 \times 10^{-11}\ \mathrm{Nm^2 kg^{-2}}.$$

O valor numérico de G é muito pequeno. Por isso, duas partículas de massas iguais a 1,00 kg, separadas pela distância de 1,00 m, interagem com uma força $F = 6{,}67 \times 10^{-11}$ N, o que equivale ao peso de uma partícula de massa igual a 6,8 nanogramas. Vê-se assim que a força gravitacional é muito fraca, na verdade a mais fraca das forças da Natureza. Mas, ao mesmo tempo, é a força mais evidente. Isso decorre de dois fatos. Primeiro, a força gravitacional é de longo alcance, ou seja, de decaimento lento. Ela decai com o inverso do quadrado da distância entre as partículas e essa é uma forma muito lenta de decaimento. As forças nucleares, como veremos mais adiante, apesar de serem muito mais intensas a curtas distâncias, tornam-se essencialmente nulas a distâncias acima de 10^{-14} m. O segundo fato que torna a força gravitacional tão evidente é que ela é sempre atrativa. As forças elétricas também decaem com o quadrado da distância e também são muito mais intensas que a força gravitacional. Entretanto, as forças elétricas tanto podem ser atrativas como repulsivas, dependendo do sinal das cargas. Na matéria macroscópica, as cargas positivas e negativas tendem a se neutralizar quase perfeitamente, e as forças elétricas resultantes ficam assim muito pequenas.

Portanto, a manifestação evidente da força gravitacional provém de seu longo alcance e do fato de a força ser sempre atrativa. Para grandes massas, a força pode se tornar muito intensa. O Sol, massa $m_1 = 1,99 \times 10^{30}$ kg, e a Terra, massa $m_2 = 5,98 \times 10^{24}$ kg, separados pela distância $r = 1,50 \times 10^{11}$ m, se atraem com a formidável força $F = 3,52 \times 10^{22}$ N.

Seção 1.3 ▪ Experiência de Cavendish

A pequenez da constante gravitacional G torna sua determinação muito difícil. Em 1798 o físico inglês *Henry Cavendish* (1731–1810), projetou e realizou uma experiência capaz de determinar essa constante. A experiência de Cavendish utiliza a balança de torção, também denominada balança de Cavendish, ou balança de Coulomb, que descreveremos especificamente para o caso da experiência realizada por ele. Duas pequenas esferas de chumbo, de massa m, são suspensas por um fio fino. Um torque τ no fio provoca neste uma torção de ângulo θ, dado por

$$\tau = -\kappa\theta, \quad (1.6)$$

Torque em um fio torcido de um ângulo θ. κ é a constante de torção *do fio. A balança de torção utiliza esse torque para medir forças gravitacionais e elétricas de pequena intensidade*

onde κ é a denominada constante de torção do fio. Para um dado material, κ é diretamente proporcional à área de seção transversal do fio e inversamente proporcional ao seu comprimento. Portanto, para um fio fino e longo, a constante de torção pode se tornar muito pequena. A determinação do valor de κ do fio pode ser feita pela medida do período de oscilação do sistema de massas suspensas por ele. O momento de inércia do sistema (Figura 1.1) tem valor

$$I = 2md^2, \quad (1.7)$$

onde $2d$ é a distância entre os centros das esferas, e a haste que as liga foi considerada de massa desprezível. Conforme veremos no Capítulo 3 (*Oscilador Harmônico*), o período de oscilação do sistema é

$$T = 2\pi\sqrt{\frac{I}{\kappa}}. \quad (1.8)$$

Finalmente, a constante de torção é calculada pela relação

$$\kappa = 2m\left(\frac{2\pi d}{T}\right)^2. \quad (1.9)$$

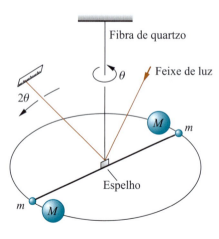

Figura 1.1

Balança de torção utilizada por Cavendish para medir a constante gravitacional. Duas pequenas esferas de massa m, presas às extremidade de uma fina barra horizontal, são suspensas por um fio fino. Duas esferas maiores de massa M são então postas na proximidade das pequenas esferas. A força gravitacional gera uma torção do pêndulo, que é amplificada pela deflexão de um feixe de luz incidente em um pequeno espelho fixado ao pêndulo.

Na experiência de Cavendish, ilustrada na Figura 1.1, após a determinação de κ, um sistema de duas esferas grandes de chumbo, cada qual de massa M, é erguido até ficar no plano horizontal das duas pequenas esferas. A força gravitacional provoca uma pequena torção θ na balança. Para tornar mais precisa a determinação de θ, observa-se a deflexão de um feixe de luz refletido em um pequeno espelho fixado à balança. Com esse aparato, Cavendish pôde obter o valor de G com razoável precisão. Com base na aceleração da gravidade da Terra, foi possível obter a massa da Terra, e com base na aceleração dos planetas orbitando em torno do Sol foi possível obter a massa do nosso astro, e assim por diante. Portanto, a experiência de Cavendish foi essencial para a determinação da massa dos corpos contidos no sistema solar.

Exercício

E 1.1 Na experiência de Cavendish (ver Figura 1.1), $M = 10,0$ kg e $m = 10,0$ g, e a distância entre o centro de cada esfera pequena e sua esfera grande vizinha é 5,00 cm. A distância entre os centros das esferas pequenas é 20,0 cm. Calcule (A) a força entre cada par de esferas e (B) o torque exercido sobre o pêndulo.

Seção 1.4 ■ Energia potencial gravitacional de um sistema de partículas

Conforme visto no Capítulo 7 (*Trabalho e Energia*) de *Física Básica | Mecânica*, a energia potencial gravitacional de duas partículas de massas m_1 e m_2 separadas pela distância r é

$$U(r) = -G\frac{m_1 m_2}{r}. \tag{1.10}$$

Nesta equação, o ponto de referência para a energia potencial é $r = \infty$, ou seja, $U(\infty) = 0$. Na teoria da gravitação de Newton, vale o princípio da superposição de forças. Isso significa que, na interação de um sistema de partículas, cada par de partículas interage entre si como se as outras não estivessem presentes, e a força total sobre uma dada partícula é a soma vetorial das forças exercidas sobre ela por todas as outras partículas. Considerando-se N partículas interagindo entre si a força total sobre a partícula i é então a soma vetorial

$$\mathbf{F}_i = \sum_{j \neq i} \mathbf{F}_{ij} = -G m_i \sum_{j \neq i} m_j \frac{\mathbf{r}_{ij}}{r_{ij}^{3}}, \tag{1.11}$$

onde $\mathbf{r}_{ij}$ é a posição da partícula i em relação à partícula j. Do princípio da superposição resulta que a energia potencial das N partículas é a soma das energias potenciais associadas a cada par de partículas:

$$U = -\frac{1}{2} G \sum_i \sum_{j \neq i} \frac{m_i m_j}{r_{ij}}, \tag{1.12}$$

onde o fator 1/2 foi introduzido para evitar que a energia potencial associada a cada par de partículas fosse contada duas vezes.

Quando dois corpos estão ligados, ou seja, um está em órbita em torno do outro, o sistema tem energia mais baixa do que teria se os dois corpos estivessem infinitamente separados e em repouso. A diferença entre as energias dessas duas situações é chamada de energia de ligação do sistema. Como na segunda situação a energia do sistema é nula, a energia de ligação é a soma da energia potencial e cinética do sistema ligado.

E·E **Exercício-exemplo 1.1**

■ Calcule a força da atração e a energia potencial entre o Sol e a Terra, sabendo-se que a distância entre eles é $r = 1,50 \times 10^{11}$ m e que suas massas são $M_S = 1,99 \times 10^{30}$ kg, $M_T = 5,97 \times 10^{24}$ kg.

■ **Solução**

Podemos escrever imediatamente

$$F = 6,67 \times 10^{-11} \text{ Nm}^2\text{kg}^{-2} \frac{1,99 \times 10^{30} \text{ kg} \times 5,97 \times 10^{24} \text{ kg}}{(1,50 \times 10^{11} \text{ m})^2} = 3,52 \times 10^{22} \text{ N},$$

$$U = -6,67 \times 10^{-11} \text{ N m}^2 \text{ kg}^{-2} \frac{1,99 \times 10^{30} \text{ kg} \times 5,97 \times 10^{24} \text{kg}}{1,50 \times 10^{11} \text{ m}} = -5,29 \times 10^{33} \text{ J}.$$

Exercício-exemplo 1.2

■ Calcule a força sobre a esfera de massa m na Figura 1.2.

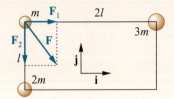

Figura 1.2
(Exercício-exemplo 1.2).

■ Solução

As forças $\mathbf{F}_1$ e $\mathbf{F}_2$ são, respectivamente,

$$\mathbf{F}_1 = G\frac{3m^2}{4l^2}\mathbf{i}, \quad \mathbf{F}_2 = -G\frac{2m^2}{l^2}\mathbf{j}.$$

A força resultante na esfera de massa m será a soma vetorial de $\mathbf{F}_1$ e $\mathbf{F}_2$:

$$\mathbf{F} = \mathbf{F}_1 + \mathbf{F}_2 = \frac{Gm^2}{l^2}\left(\frac{3}{4}\mathbf{i} - 2\mathbf{j}\right).$$

Exercício-exemplo 1.3

■ A Figura 1.3 mostra uma esfera de massa M e uma barra fina e homogênea de massa m alinhada radialmente em relação à esfera. A barra tem comprimento L e sua extremidade mais próxima encontra-se à distância d do centro da esfera. Calcule a força gravitacional entre esses dois corpos.

Figura 1.3
(Exercício-exemplo 1.3).

■ Solução

Para sermos mais específicos, falaremos sobre a força que a esfera exerce sobre a barra. Podemos dividir a barra em finas pastilhas de espessura dr ortogonais ao seu eixo. Cada pastilha terá uma massa dm que será atraída pela esfera com uma força dF, ambas dadas por

$$dm = \frac{m}{L}dr \quad \text{e} \quad dF = GM\frac{dm}{r^2},$$

onde r é a distância entre a pastilha e o centro da esfera. A força total sobre a barra será

$$F = \int dF = \int_d^{d+L} GM\frac{m}{L}\frac{dr}{r^2} = GM\frac{m}{L}\int_d^{d+L}\frac{dr}{r^2} = GM\frac{m}{L}\left(\frac{-1}{d+L} + \frac{1}{d}\right).$$

$$F = GM\frac{m}{L}\frac{L}{d(d+L)} = GMm\frac{1}{d(d+L)}.$$

Nota-se que a força é a mesma que se obteria se a barra fosse substituída por uma massa pontual ou por outra esfera de massa m centrada à distância $R = \sqrt{d(d+L)}$ do centro da primeira esfera.

Exercício-exemplo 1.4

■ Calcule a energia potencial gravitacional do sistema mostrado na Figura 1.4.

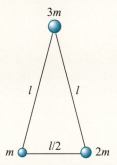

Figura 1.4
(Exercício-exemplo 1.4).

■ **Solução**

Nossa solução baseia-se na aplicação da Equação 1.12. Pode-se observar que tal equação, quando aplicada ao sistema da figura, gera seis termos iguais dois a dois. Na verdade, isso ocorre quando aplicamos essa equação a qualquer sistema de corpos, e é exatamente por isso que temos de no fim dividir a soma por 2. Como alternativa, podemos considerar somente um termo de cada par de termos idênticos e ignorar a divisão por 2. Seguindo esse procedimento, obtemos

$$U = -G\frac{m \times 3m}{l} - G\frac{2m \times 3m}{l} - G\frac{m \times 2m}{l/2} = -13G\frac{m^2}{l}.$$

Exercício-exemplo 1.5

■ Calcule a variação da energia potencial do sistema Terra-satélite quando um satélite com massa de 200 kg, inicialmente na plataforma de lançamento, é posto em órbita à altitude de 600 km.

■ **Solução**

A energia potencial inicial é

$$U_o = -G\frac{M_T m_s}{R_T},$$

e a energia potencial final é

$$U_f = -G\frac{M_T m_s}{(R_T + h)}.$$

Portanto, a variação da energia potencial será

$$\Delta U = U_f - U_o = -G\frac{M_T m_s}{(R_T + h)} + G\frac{M_T m_s}{R_T},$$

$$\Delta U = GM_T m_s \frac{h}{(R_T + h)R_T}.$$

Substituindo os dados do problema, obtemos

$$\Delta U = 6,67 \times 10^{-11} \text{Nm}^2\text{kg}^{-2} \times 5,97 \times 10^{24} \text{kg} \times 200\text{kg} \frac{6,00 \times 10^5 \text{ m}}{6,97 \times 10^6 \text{m} \times 6,37 \times 10^6 \text{ m}},$$

$$\Delta U = 1,09 \times 10^9 \text{ J}.$$

Exercício-exemplo 1.6

■ *Estimativa*. O Sol está à distância de 2,5 × 10²⁰ do centro da Via-Láctea, próximo de sua periferia, e tem velocidade orbital de 220 km/s em torno do centro. Estime a massa da Galáxia.

■ **Solução**

Para fins de estimativa, consideraremos que quase toda a massa da Galáxia está no espaço interior à órbita do Sol e que, para calcular seu efeito gravitacional sobre ele, podemos considerar toda essa massa localizada no centro da Galáxia. Dessa forma, podemos escrever

$$G\frac{M_S M_G}{r^2} = M_S \frac{v^2}{r},$$

$$M_G = \frac{rv^2}{G}.$$

Substituindo os dados numéricos,

$$M_G = \frac{2,5 \times 10^{20}\,\text{m} \times 4,8 \times 10^{10}\,\text{m}^2/\text{s}^2}{6,7 \times 10^{-11}\,\text{Nm}^2\,\text{kg}^{-2}} = 2 \times 10^{41}\,\text{kg}.$$

Essa massa equivale a 10^{11} sóis.

Exercícios

E 1.2 Calcule a energia potencial gravitacional de quatro esferas de massa M cada, dispostas nos vértices de um quadrado de lado L.

E 1.3 Sabendo que em seu periélio o planeta Mercúrio está a 46 milhões de quilômetros do Sol com uma velocidade de 59 km/s, calcule sua energia de ligação ao Sol, desconsiderando-se sua energia de rotação em torno de seu próprio eixo.

Seção 1.5 ■ Interação entre uma partícula e uma casca esférica

Como vimos, ao formular a lei da gravitação — provavelmente no ano de 1667 — Newton percebeu que a razão entre a aceleração da Lua em seu movimento orbital em torno da Terra está para a aceleração da gravidade na superfície da Terra assim como o quadrado do raio da Terra está para o quadrado da distância da Lua ao centro da Terra. Portanto, a Terra atrai tanto a Lua como um corpo qualquer em sua superfície como se toda a sua massa estivesse concentrada em seu centro. Infere-se daí que um corpo com simetria esférica atua gravitacionalmente em pontos no seu exterior como se toda a massa estivesse no seu centro.

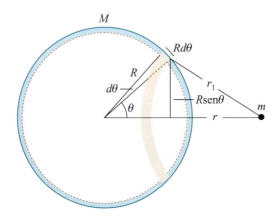

Figura 1.5

Interação gravitacional entre uma casca esférica homogênea de massa M e uma partícula de massa m à distância r do centro da esfera. Para a realização dos cálculos, a casca esférica é dividida em anéis cujos eixos são a reta que une o centro da esfera e a partícula.

Capítulo 1 ■ Gravitação

Somente em 1685 Newton pôde demonstrar que isso é uma conseqüência matemática da lei dos inversos dos quadrados. O chamado teorema das cascas esféricas, que faz essa conexão, é de enorme importância tanto na gravitação como na eletricidade, onde também aparece a lei do inverso do quadrado da distância. Newton levou quase duas décadas, após descobrir a lei da gravitação, para chegar ao teorema das cascas esféricas. Isso pode justificar, em parte, sua demora em escrever o *Principia*. Faremos por isso a sua demonstração. O leitor é convidado a observar como a simetria do problema é explorada para facilitar a sua solução.

> Newton levou quase duas décadas, após descobrir a lei da gravitação, para o teorema das cascas esféricas. Isso pode justificar, em parte, sua demora em escrever o *Principia*

Considere uma casca esférica homogênea de massa M e raio R e uma partícula de massa m à distância r do centro da casca. Na Figura 1.5 a partícula é colocada fora da casca, ou seja $r > R$. Essa não é uma hipótese essencial nos cálculos seguintes. A casca esférica é dividida em anéis em cujos eixos de simetria se situa a partícula. A área de um dado anel é

$$dA = 2\pi \cdot R\text{sen}\theta \cdot Rd\theta. \tag{1.13}$$

Como a área da casca esférica é $A = 4\pi R^2$, pode-se escrever

$$dA = \frac{A}{2}\text{sen}\,\theta\,d\theta. \tag{1.14}$$

Portanto, a massa do anel será

$$dM = \frac{M}{2}\text{sen}\,\theta\,d\theta. \tag{1.15}$$

A energia potencial do sistema anel–partícula será

$$dU = -GmdM\,\frac{1}{r_1} = -\frac{1}{2}\,GmM\,\frac{\text{sen}\,\theta\,d\theta}{r_1}. \tag{1.16}$$

A distância r_1 entre o anel e a partícula é dada por

$$r_1^2 = R^2 + r^2 - 2rR\cos\theta. \tag{1.17}$$

Diferenciando a equação acima e lembrando que R e r são valores fixos no cálculo, obtemos

$$2r_1 dr_1 = 2rR\text{sen}\,\theta d\theta. \tag{1.18}$$

Portanto,

$$\frac{\text{sen}\,\theta\,d\theta}{r_1} = \frac{dr_1}{rR}. \tag{1.19}$$

Combinando as Equações 1.16 e 1.19 , obtemos

$$dU = -GmM\,\frac{dr_1}{2rR}. \tag{1.20}$$

A energia potencial total será obtida integrando-se a equação acima. A distância r_1 irá variar entre seu valor mínimo $r_{1\text{mín}}$ e seu valor máximo $r_{1\text{máx}}$, e obter-se-á

$$U = -GmM\,\frac{r_{1\text{máx}} - r_{1\text{mín}}}{2rR}. \tag{1.21}$$

Temos agora de considerar dois casos distintos:

Caso 1: partícula fora da casca. Neste caso,

$$r_{1\text{máx}} - r_{1\text{mín}} = 2R, \tag{1.22}$$

e portanto

$$U = -GmM\,\frac{1}{r}, \quad r \geq R. \tag{1.23}$$

Caso 2: partícula dentro da casca. Neste caso,

$$r_{1máx} - r_{1mín} = R + r - (R - r) = 2r,\qquad(1.24)$$

e portanto

$$U = -GmM\frac{1}{R}, \quad r < R.\qquad(1.25)$$

Como visto no Capítulo 7 (*Trabalho e Energia*) de *Física Básica | Mecânica*, a força que a casca exerce sobre a partícula é calculada tomando-se a derivada de U em relação a r. Portanto, a força fora da casca é dada por

$$F = -\frac{d}{dr}\left(-GMm\frac{1}{r}\right) = -GMm\frac{1}{r^2}, \quad r > R,\qquad(1.26)$$

onde o sinal negativo indica que a força é atrativa, e portanto antiparalela ao vetor **r**. No interior da casca, a força é dada por

$$F = -\frac{d}{dr}\left(-GMm\frac{1}{R}\right) = 0, \; r < R.\qquad(1.27)$$

As Equações 1.26 e 1.27 expressam o chamado **teorema das cascas esféricas**, de importância fundamental para a teoria da gravitação.

A Equação 1.26 diz que, para partículas externas à casca esférica, esta atua como se toda a sua massa estivesse concentrada no seu centro, e a Equação 1.27 diz que, para partículas no interior da casca, a força é nula. A Figura 1.6 mostra a variação do valor absoluto do potencial e da intensidade da força com a distância r.

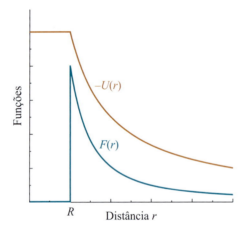

Figura 1.6

Variação da energia potencial e da intensidade da força entre uma casca esférica homogênea de raio R e uma partícula situada à distância r do centro da casca.

Os resultados acima podem ser utilizados para se calcular a força exercida sobre uma partícula por uma distribuição qualquer de massas com simetria esférica. A densidade de massa do referido corpo será função somente da distância r' até o centro. A força exercida sobre uma partícula de massa m à distância r do centro do corpo será realizada somente pela massa M do corpo contida na esfera de raio r. Portanto, a intensidade da força será GmM/r^2. Essa massa M pode ser calculada pela integral

$$M = \int_0^r \rho(r') \cdot 4\pi r'^2 \, dr'.\qquad(1.28)$$

Portanto,

$$F(r) = \frac{Gm}{r^2}\int_0^r \rho(r') \cdot 4\pi r'^2 \, dr'.\qquad(1.29)$$

É claro que, se a partícula estiver fora do corpo, a integral na equação acima será igual à massa total deste.

Exercício-exemplo 1.7

■ Suponha que a Terra tenha densidade uniforme: (A) calcule a força exercida sobre uma partícula de massa m dentro de um túnel que passe por um diâmetro da Terra, como mostra a Figura 1.7. (B) Se uma pedra for solta em repouso na entrada do túnel imaginário, com que velocidade ela cruzará o centro da Terra?

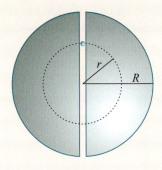

Figura 1.7
Partícula de massa m em túnel passando pelo diâmetro da Terra.

■ **Solução**

(A) Seja R o raio da Terra. A massa contida dentro da esfera de raio $r \leq R$ será

$$M(r) = M_T \frac{4\pi r^3/3}{4\pi R^3/3} = M_T \frac{r^3}{R^3},$$

onde M_T é a massa da Terra. Portanto, a intensidade da força será

$$F(r) = -GmM_T \frac{r}{R^3}.$$

(B) A lei da conservação da energia permite a solução mais simples possível para esse problema.

A variação da energia potencial da pedra entre a superfície e o centro da Terra é

$$U(R) - U(0) = -\int_0^R \mathbf{F} \cdot d\mathbf{r} = \int_0^R F(r) dr = GmM_T \int_0^R \frac{r}{R^3} dr = \frac{GmM_T}{2R}.$$

Pela lei da conservação da energia, podemos escrever

$$\frac{1}{2}mv^2(0) - \frac{1}{2}mv^2(R) = U(R) - U(0).$$

Uma vez que $v(R) = 0$,

$$\frac{1}{2}mv^2(0) = \frac{GmM_T}{2R} \Rightarrow v = \sqrt{\frac{GM_T}{R}}.$$

Substituindo os valores numéricos, obtemos v:

$$v = \sqrt{\frac{6{,}67 \times 10^{-11} \times 5{,}98 \times 10^{24}}{6{,}37 \times 10^6}} \text{m/s} = 7{,}91 \text{km/s}.$$

Exercício

E 1.4 Mostre, que se no Exercício-exemplo 1.7 substituíssemos a Terra por um corpo esférico de massa M mas com densidade ρ não-uniforme dada por $\rho = C/r$, (A) a constante C deveria valer $C = M/2\pi R^2$; (B) a massa m_r contida no corpo, desde o centro deste até um raio r, é $m_r = Mr^2/R^2$; (C) a força sobre a pedra seria sempre a mesma em qualquer posição do túnel e dada por $F = GmM/R^2$.

Seção 1.6 ■ Auto-energia gravitacional de um corpo

Auto-energia gravitacional de um corpo é a energia potencial decorrente da interação gravitacional entre as partes que o compõem

Nos cálculos da seção anterior, ignoramos a interação de uma parte da esfera ou da casca esférica com as outras. A energia potencial decorrente da interação gravitacional entre as partes de um dado corpo é denominada sua *auto-energia gravitacional*. Esta pode ser calculada facilmente para o caso de um corpo com simetria esférica. Para simplificar mais ainda, consideraremos o caso em que o corpo seja uma esfera de densidade uniforme. A auto-energia é a diferença de energia entre a situação em que o corpo é a referida esfera e a situação imaginária em que as partes que o compõem estejam infinitamente dispersas, formando uma poeira muito tênue.

Para efetuar o cálculo da auto-energia, consideremos um processo em que a esfera seja composta camada por camada a partir dessa poeira muito pouco densa. Seja ρ a densidade da esfera. No estágio em que seu raio for r, sua massa será $m = \rho \frac{4}{3}\pi r^3$. Ao se acrescentar uma camada de espessura infinitesimal dr, cuja massa é $dm = \rho 4\pi r^2\, dr$, a energia potencial sofrerá uma variação dada por

$$dU = -G\frac{m\, dm}{r} = -G\rho\,\frac{4}{3}\pi r^3\,\frac{\rho\, 4\pi r^2 dr}{r} = -3G\left(\frac{4\pi\rho}{3}\right)^2 r^4 dr. \qquad (1.30)$$

Integrando esta equação, obteremos a auto-energia gravitacional da esfera

$$U = -3G\left(\frac{4\pi\rho}{3}\right)^2 \int_0^R r^4 dr = -\frac{3}{5}G\left(\frac{4\pi\rho}{3}\right)^2 R^5 = -\frac{3}{5}G\left(\frac{4\pi\rho R^3}{3}\right)^2 \frac{1}{R}. \qquad (1.31)$$

Mas a expressão entre parênteses na equação acima representa a massa total da esfera. Portanto,

$$U = -\frac{3}{5}\frac{GM^2}{R}. \qquad (1.32)$$

Consideremos o caso do Sol, que idealizaremos como uma esfera uniforme com massa $M = 2 \times 10^{30}$ kg e raio $R = 7 \times 10^8$ m. Sua auto-energia gravitacional será

$$U = -\frac{3}{5}\cdot 6{,}7\times 10^{-11}\cdot\frac{(2\times 10^{30})^2}{7\times 10^8}\,\text{J} = -2\times 10^{41}\,\text{J}. \qquad (1.33)$$

Sendo negativa essa energia, isto significa que a energia do sistema de partículas que formou o Sol diminui no processo de agregação. As estrelas são todas formadas a partir de um gás frio e muito rarefeito. A energia potencial inicial é, portanto, desprezível. Pela conservação da energia, a perda de energia gravitacional do gás é compensada por um aumento equivalente em energia cinética. Como o gás primordial era predominantemente formado por hidrogênio, cuja massa atômica é $1{,}67 \times 10^{-27}$ kg, o número de átomos coletados foi de aproximadamente $1{,}2 \times 10^{57}$. Dividindo a energia dada pela Equação 1.33 por esse número, obtemos a seguinte energia cinética por átomo:

$$K = 1{,}7\times 10^{-16}\,\frac{\text{J}}{\text{átomo}}. \qquad (1.34)$$

Antes de se estabilizar como uma esfera densa de gás quente, a estrela perde uma parte dessa energia cinética em forma de radiação eletromagnética. Por decorrência de um importante teorema da mecânica (*teorema do virial*), ela perde exatamente metade dessa energia cinética em forma de radiação. A outra metade permanece em forma de calor. Como resultado, o Sol terá atingido a temperatura média de 6×10^6 K, com uma superfície muito mais fria e um núcleo muito mais quente do que isso. No hidrogênio a temperaturas da ordem de 10^7 K, ocorre o fenômeno da fusão nuclear, que libera outra forma de energia (nuclear) capaz de manter quente o sistema. Vê-se, portanto, que o Sol, e todas as estrelas, atingiram, ao se condensar, uma energia potencial gravitacional altamente negativa, o que acabou gerando aquecimento suficiente para acender suas fornalhas nucleares.

Capítulo 1 ■ Gravitação

Exercícios

E 1.5 Calcule a auto-energia gravitacional da Terra, considerada uma esfera homogênea.

E 1.6 Antes de se conhecer a origem nuclear da energia das estrelas, Kelvin propôs que estas irradiavam em decorrência do calor gerado em um contínuo processo de compactação do gás nelas condensado. O Sol atualmente irradia com uma potência de $3,9 \times 10^{26}$ W. Considerando esta potência e a emissão total de energia envolvida no processo de condensação do gás para formar o astro, 1×10^{41} J, estimada na Seção 1.6 (*Interação entre uma partícula e uma casca esférica*), calcule o tempo para o Sol irradiar toda essa energia.

Seção 1.7 ■ Campo gravitacional

As forças gravitacionais podem ser descritas em termos de um campo gravitacional, na forma descrita a seguir. Uma massa m de prova (massa pequena o suficiente para não afetar as outras massas), colocada em um certo ponto $\mathbf{r}$, experimenta uma força $\mathbf{F}(\mathbf{r})$. O campo gravitacional é descrito pela aceleração da gravidade $\mathbf{g}(\mathbf{r})$ definida por

■ Aceleração da gravidade

$$\mathbf{g}(\mathbf{r}) \equiv \frac{\mathbf{F}(\mathbf{r})}{m}. \tag{1.35}$$

Considerando-se a Equação 1.5, vê-se que a aceleração da gravidade gerada por uma partícula de massa M, situada no ponto $\mathbf{r} = 0$, é dada por

$$\mathbf{g}(\mathbf{r}) = -\frac{GM}{r^3} \mathbf{r}. \tag{1.36}$$

Pelo teorema das cascas esféricas, esta equação também se aplica no caso de um corpo de simetria esférica, para pontos externos ao corpo.

Exercícios

E 1.7 Calcule a aceleração da gravidade na superfície (A) da Lua cujo raio vale $1,74 \times 10^6$ m e cuja massa vale $7,36 \times 10^{22}$ kg; (B) do Sol cujo raio vale $6,96 \times 10^8$ m e cuja massa vale $1,99 \times 10^{30}$ kg; (C) de Júpiter, cujo raio vale $7,13 \times 10^7$ m, e cuja massa vale $1,90 \times 10^{27}$ kg; (D) de uma estrela de nêutrons cuja massa vale $4,0 \times 10^{30}$ kg e cujo raio vale 10 km.

E 1.8 Uma esfera homogênea tem massa M e raio R. Calcule a aceleração da gravidade gerada pela esfera em função da distância r ao seu centro para R maior e menor do que R (ver Exercício-exemplo 1.7).

E 1.9 Calcule a diferença Δg da gravidade da Terra nas duas faces opostas da Lua.

Seção 1.8 ■ As leis de Kepler

Durante boa parte da sua vida, o astrônomo dinamarquês *Tycho Brahe* (1546–1601) anotou diariamente e com inédita precisão a posição dos cinco planetas visíveis a olho nu. As suas observações resultaram na mais completa e valiosa base de dados da astronomia anterior à invenção do telescópio. O matemático alemão *Johannes Kepler* (1571–1630), por sua vez, dedicou grande parte da sua vida à análise das observações de Brahe. Kepler conseguiu sintetizar os dados em três leis fenomenológicas, conhecidas como *leis de Kepler*, que constituem uma das maiores descobertas experimentais da história da humanidade. Essas leis são enunciadas a seguir:

Primeira lei: *os planetas movem-se em órbitas elípticas em que o Sol ocupa um dos focos.*

■ Leis de Kepler

Segunda lei: *em cada órbita, o seguimento de reta que une o planeta ao Sol varre áreas iguais em tempos iguais.*

Terceira lei: *os quadrados dos períodos das órbitas dos planetas são proporcionais aos cubos dos semi-eixos maiores das respectivas elipses.*

A Figura 1.8 mostra uma órbita elíptica e o Sol em um dos focos da elipse. A Tabela 1.1 mostra os semi-eixos das órbitas dos planetas, seus períodos, e o fato de que a razão entre os cubos dos semi-eixos e os quadrados dos períodos é uma constante, como diz a terceira lei de Kepler.

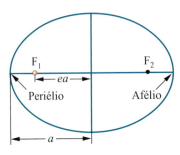

Figura 1.8
Órbita elíptica de um planeta. O Sol ocupa um dos focos da elipse, cuja excentricidade é e e cujo semi-eixo maior é a. O semi-eixo a é a distância média do planeta ao Sol. A distância dos focos ao centro da elipse é ea. O ponto de maior aproximação entre o planeta e o Sol é denominado *periélio* e o ponto de maior afastamento denominado *afélio*. Quando $e = 0$, a elipse se transforma em um círculo.

■ **Tabela 1.1**

Evidência da terceira lei de Kepler. A razão entre o cubo do semi-eixo maior da órbita e o quadrado do período é a mesma para todos os planetas.

Planeta	Semi-eixo maior, a (10^6 km)	Período T (anos)	a^3/T^2 (10^{24} km^3/ano^2)
Mercúrio	57,9	0,241	3,34
Vênus	108,2	0,615	3,35
Terra	149,6	1,000	3,35
Marte	227,9	1,88	3,35
Júpiter	778,3	11,86	3,35
Saturno	1427	29,5	3,34
Urano	2870	84,0	3,35
Netuno	4497	165	3,34
Plutão	5900	248	3,33

E·E Exercício-exemplo 1.8

■ O cometa Halley tem período de 76 anos. Quanto vale o semi-eixo maior da sua órbita?

■ **Solução**

A partir da Tabela 1.1, podemos observar que

$\dfrac{a^3}{T^2} = 3{,}35 \times 10^{24}$ km^3/ano^2,

$a = \left(3{,}35 \times 10^{24} \text{ km}^3/\text{ano}^2 \, T^2\right)^{1/3}$,

$= \left(3{,}35 \times 10^{24} \text{ km}^3/\text{ano}^2 \times 76^2 \text{ ano}^2\right)^{1/3} = 2{,}68 \times 10^9$ km.

Uma das mais notáveis conseqüências da mecânica newtoniana, e certamente a mais importante para a aceitação pública dessa teoria, foi a possibilidade de se deduzir matematicamente as leis de Kepler. A dedução requer uma matemática mais elaborada que esta que adotamos neste texto e não poderá ser apresentada, exceto para o caso da segunda lei. Esta é uma conseqüência imediata da conservação do momento angular, como veremos a seguir.

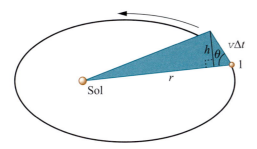

Figura 1.9

Planeta em órbita em torno do Sol. Não fora a curvatura da órbita, no intervalo de tempo Δt após passar pelo ponto 1, o segmento de reta unindo o planeta ao Sol varreria a área do triângulo sombreado.

A Figura 1.9 mostra o planeta em sua órbita. No ponto 1, sua velocidade é v. Se o planeta continuasse em movimento retilíneo uniforme, após o intervalo de tempo Δt o seguimento que une o planeta ao Sol teria varrido o triângulo indicado na figura. A área do triângulo é dada por

$$\Delta A_{\text{triân}} = \tfrac{1}{2} r h = \tfrac{1}{2} r \,\text{sen}\,\theta \cdot v \Delta t. \tag{1.37}$$

Por outro lado, o módulo do momento angular orbital do planeta é dado por

$$L = r\,\text{sen}\,\theta \cdot m v, \tag{1.38}$$

e portanto a Equação 1.37 pode ser posta na forma

$$\Delta A_{\text{triân}} = \frac{L}{2m} \Delta t. \tag{1.39}$$

No limite em que $\Delta t \to 0$ a área do triângulo torna-se igual à área ΔA varrida na órbita real do planeta. Portanto, obtém-se

$$\frac{dA}{dt} = \frac{L}{2m}, \tag{1.40}$$

Uma vez que a força gravitacional do Sol não realiza torque (em relação ao ponto posição do Sol) sobre o planeta, seu momento angular **L** em relação a esse ponto permanece constante. Portanto, a Equação 1.40 exprime matematicamente a segunda lei de Kepler.

Na Figura 1.10 são mostradas as áreas (sombreadas) varridas a intervalos de tempo iguais em dois estágios distintos da órbita. Quando o planeta está mais próximo do Sol, a conservação do momento angular exige que sua velocidade orbital aumente, fazendo com que a área seja varrida a uma taxa uniforme.

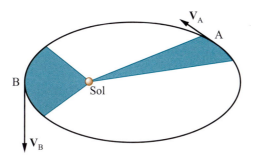

Figura 1.10

Ilustração da Segunda Lei de Kepler. O planeta percorre uma órbita elíptica em que o Sol ocupa um dos focos. Devido à conservação do momento angular do planeta em relação ao Sol, nos pontos da órbita mais próximos do Sol o planeta aumenta sua velocidade de modo que as áreas (sombreadas) varridas em tempos iguais são também iguais.

16 Física Básica ■ Gravitação | Fluidos | Ondas | Termodinâmica

E·E Exercício-exemplo 1.9

■ A excentricidade de órbita de Mercúrio é $e = 0,206$. Calcule (A) a razão entre as distâncias de periélio e de afélio; (B) a razão entre as velocidades orbitais no periélio e no afélio.

■ Solução

Pelo exame da Figura 1.8, vemos que

$$r_p = a(1 - e), \quad r_a = a(1 + e).$$

Portanto,

(A) $\dfrac{r_p}{r_a} = \dfrac{1 - 0,206}{1 + 0,206} = 0,658,$

(B) Tanto no afélio como no periélio, a velocidade do planeta é perpendicular ao vetor que o liga ao Sol. Portanto, $L_a = r_a m v_a$ e $L_p = r_p m v_p$, e pela segunda lei de Kepler obtemos

$$r_a m v_a = r_p m v_p \Rightarrow \frac{v_p}{v_a} = \frac{r_a}{r_p} = 1,519.$$

Exercícios

E 1.10 Plutão é, dos planetas do sistema solar, o que tem órbita mais excêntrica. Seu semi-eixo maior vale $5,900 \times 10^9$ km e a excentricidade de sua órbita é $e = 0,250$. (A) Calcule a menor distância R_p e a maior distância R_a entre Plutão e o Sol. (B) Sejam v_p e v_a as velocidades de Plutão no periélio e no afélio, respectivamente. Calcule v_p / v_a.

E 1.11 A órbita da Terra tem semi-eixo maior $a = 1,496 \times 10^{11}$ e excentricidade $e = 0,01672$. (A) Calcule a distância Terra–Sol no periélio e no afélio. (B) Calcule a distância entre os dois focos da órbita da Terra. (C) O segundo foco da órbita terrestre fica fora do corpo do Sol? *Sugestão*: ver o Exercício-exemplo 1.9 .

Seção 1.9 ■ Órbitas circulares

No caso especial em que as órbitas são circulares, a aplicação da mecânica newtoniana se torna simples. A aceleração centrípeta do planeta é gerada pela força da gravitação, conforme a equação

$$m \frac{v^2}{r} = m\omega^2 r = GmM \frac{1}{r^2}. \tag{1.41}$$

O período T da órbita é dado por

$$T^2 = \left(\frac{2\pi}{\omega} \right)^2 = \frac{4\pi^2}{GM} r^3. \tag{1.42}$$

Como no caso o semi-eixo maior, assim como o menor, da elipse é o raio do círculo, a Equação 1.42 é a expressão matemática da Terceira Lei de Kepler.

Exercício-exemplo 1.10

■ *Peso de um astronauta.* Considere uma nave fazendo uma órbita circular de raio *r* em torno da Terra. Para uma inspeção mais detalhada do nosso planeta, a nave pode mover-se com uma fração *f* da velocidade com a qual se moveria na mesma órbita um satélite desprovido de motor. Qual seria o peso aparente de um dos seus astronautas cuja massa vale *m*?

■ **Solução**

Se a nave, ou qualquer corpo que viaje com ela, estivesse somente sob o efeito da força gravitacional $\mathbf{F}_g$, como ocorre com um satélite desprovido de motor, o raio *r* de sua órbita e sua velocidade v_s estariam amarrados pela Equação 1.41, e a aceleração centrípeta seria igual ao campo gravitacional:

$$\frac{v_s^2}{r} = \frac{GM}{r^2}.$$

Se a velocidade for diferente, $v = f v_s$, e se o raio for o mesmo, a aceleração centrípeta será

$$\frac{v^2}{r} = f^2 \frac{GM}{r^2}; \qquad (1.43)$$

ou seja, diferente daquela que o campo gravitacional pode prover. Então, para o astronauta ficar na órbita de raio *r* é necessário que haja uma força externa $\mathbf{F}_e$ complementar à força de gravitação, como mostra a Figura 1.11. A equação de movimento de um corpo de massa *m* é

$$m \frac{v^2}{r} = F_g - F_e = \frac{GMm}{r^2} - F_e.$$

Figura 1.11
(Exercício-exemplo 1.10).

Portanto,

$$F_e = \frac{GMm}{r^2}(1 - f^2).$$

Esta é a força que deve ser exercida sobre qualquer corpo de massa *m* para mantê-lo naquela órbita. Se o corpo for a própria nave, a força será exercida pelo motor. No caso do astronauta será exercida pelo assento ou pelo piso da nave, e se este for uma balança sobre a qual ele esteja apoiado, esta exercerá sobre ele essa força que, portanto, é o seu peso aparente. Observe que no caso particular em que $f = 1$, ou seja, a nave fica em órbita como um satélite comum, tem-se $F = 0$, ou seja, o astronauta tem peso aparente nulo. Esta é a situação comumente tratada como *gravidade nula*. Na verdade, a força da gravidade atuando sobre o astronauta é igual a GMm/r^2, e a aceleração da gravidade atuando sobre ele é GM/r^2. O que temos é *gravidade aparente nula*. O astronauta fica em regime permanente de queda em direção ao centro da Terra, o que o mantém em órbita circular e não em movimento retilíneo. Entretanto, exceto se ele olhar para fora da nave, não poderá saber se está em movimento retilíneo uniforme ou em órbita circular com velocidade de módulo constante. Nesta situação todos os objetos na nave estarão com peso aparente nulo e o astronauta não faz qualquer força para segurá-los nas mãos.

18   Física Básica ■ Gravitação | Fluidos | Ondas | Termodinâmica

Exercícios

E 1.12 Marte tem uma massa de $6,42 \times 10^{23}$ kg, e seu satélite Fobos tem órbita quase circular com período de apenas 0,3189 dia. Qual é o raio da órbita de Fobos?

E 1.13 Uma nave está em órbita natural (com sistema de propulsão desligado) em torno da Terra com velocidade v. O comandante resolve então mudar de órbita e, por meio do seu sistema de propulsão, a nave é transferida para uma órbita cujo raio é diminuído 49% do original, onde fica novamente com o sistema de propulsão desligado. Qual é a nova velocidade da nave?

E 1.14 Calcule a energia de ligação entre Júpiter e o Sol.

E 1.15 Um satélite de comunicação tem órbita circular com raio de $4,22 \times 10^4$ km. Calcule a energia cinética por quilograma do satélite gasta para deslocá-lo desde a superfície da Terra e colocá-lo em órbita.

Seção 1.10 ■ Órbitas geossincronizadas

Em 1945, Arthur C. Clark, físico e escritor de ficção científica, autor de *2001 — Uma odisséia no espaço*, propôs que satélites artificiais em órbitas circulares com períodos orbitais iguais ao de rotação da Terra (órbitas geossincronizadas) fossem utilizados para retransmissão de sinais de tevê. Desde a década de 1960, tais satélites têm sido utilizados com intensidade crescente. O mérito da órbita geossincronizada é que, de um dado ponto na Terra, o satélite é visto em um ponto fixo no céu, como se estivesse imóvel. Para que o satélite pareça imóvel, sua órbita tem de estar em um plano que contém a linha do equador, ou seja, o eixo da sua órbita tem de coincidir com o eixo de rotação da Terra.

O período T de rotação da Terra é o dia sideral, menor que o dia solar. O ano tem aproximadamente 365,25 dias solares, mas aproximadamente 366,25 dias siderais. Isso ocorre porque o sentido da rotação da Terra em torno do seu eixo é o mesmo da rotação orbital em torno do Sol e, em conseqüência, o intervalo entre dois meio-dias consecutivos é maior que o período T. Podemos escrever

$$T = \frac{365,25}{366,25} \text{ dia} = \frac{365,25}{366,25} \times 86.400 \text{ s} = 8,6164 \times 10^4 \text{ s.}$$

Para calcular o raio da órbita geossincronizada, empregamos a Equação 1.42, obtendo

$$r = \left(\frac{GM_T T^2}{4\pi^2} \right)^{1/3} = \left(\frac{6,6726 \times 10^{-11} \times 5,9737 \times 10^{24} \times (8,6164 \times 10^4)^2}{39,478} \right)^{1/3} \text{ m,}$$

$$r = 4,2165 \times 10^7 \text{ m.}$$

Isso significa que a órbita do satélite tem de estar 35.787 km acima do solo terrestre.

Exercício

E 1.16 Determine o raio da órbita e a velocidade que um satélite deve ter para girar em torno da Lua com a mesma velocidade angular dela, e submetido apenas à sua força de gravidade.

Seção 1.11 ■ Velocidade de escape

A velocidade mínima com que um corpo tem de ser lançado para se livrar da gravitação de um corpo celeste é denominada **velocidade de escape**

Se atirarmos para cima uma pedra com velocidades crescentes, ela atingirá altitudes máximas cada vez maiores. Desprezando a resistência do ar, haverá uma velocidade–limite a partir da qual a pedra não mais retornará. Essa velocidade-limite é denominada **velocidade de escape**. Para calcularmos a velocidade de escape, devemos lembrar que na superfície da Terra a pedra tem uma energia potencial negativa, e que tal energia se tornará nula quando a pedra se libertar do campo gravitacional da Terra, ou seja, quando ela estiver infinitamente distante. Tal aumento de energia potencial deverá dar-se à custa da energia cinética com que ela é atirada. Assim, a condição para que a pedra não retorne é que sua energia mecânica não seja negativa:

$$\frac{1}{2}mv^2 - GmM_T\frac{1}{R} \geq 0, \tag{1.44}$$

onde M_T é a massa da Terra e R é o seu raio. A velocidade de escape corresponde ao caso-limite em que a Equação 1.44 é uma igualdade. Obtém-se então

$$v_e = \left(\frac{2GM}{R}\right)^{\frac{1}{2}}. \tag{1.45}$$

A velocidade de escape da superfície da Terra é $v_e = 11,2$ km/s.

É claro que podemos definir a velocidade de escape a partir de qualquer ponto externo a um corpo celeste. Neste caso, R na Equação 1.45 é a distância do referido ponto ao centro do corpo e M é a massa deste. Por exemplo, a velocidade de escape da superfície do Sol é 617 km/s. A velocidade de escape da gravitação do Sol a partir de um ponto sobre a órbita da Terra é 42 km/s.

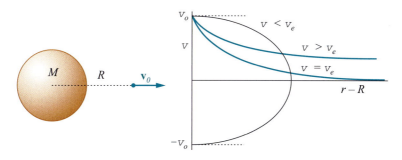

Figura 1.12

A Figura 1.12 mostra a variação da velocidade de um corpo jogado para "cima" com velocidade inicial $\mathbf{v}_o$, de um ponto à distância R do centro de um corpo de grande massa M. Quando sua velocidade inicial é menor que a velocidade de escape, ela se reduz até tornar-se nula, e após isso o corpo cai de volta. Se sua velocidade é igual à velocidade de escape, o corpo vai reduzindo gradativamente sua velocidade, mas ela só se anula no infinito e o corpo nunca retorna. Se sua velocidade é maior que a velocidade de escape, o corpo também reduz gradativamente sua velocidade, mas quando o corpo atinge o infinito ela ainda tem um valor não-nulo.

Exercício

E 1.17 Calcule a velocidade de escape da superfície (A) da Lua, (B) de Júpiter, (C) de uma estrela de nêutrons, com a massa de 4×10^{30} kg e 10 km de raio.

Seção 1.12 ■ Limite de validade da lei da gravitação de Newton

Conforme já vimos, a mecânica de Newton falha quando a velocidade do corpo deixa de ser muito menor que a velocidade c da luz no vácuo. Nesse limite de altas velocidades, vale a mecânica formulada por Einstein em sua Teoria da Relatividade Restrita. A lei da gravitação de Newton, em que a força varia com o inverso do quadrado das distâncias, também falha em condições de gravidade muito intensa. A teoria correta para se descrever a gravidade em condições extremas é a Teoria da Relatividade Geral, também formulada por Einstein em 1915. O critério para decidir até que ponto podemos usar a gravitação de Newton também envolve a velocidade da luz.

Consideremos dois corpos atraindo-se por gravitação. Se a distância entre eles for tal que a velocidade de escape um do outro for muito menor que a velocidade da luz, sua interação pode ser descrita pela teoria de Newton. Caso contrário, a teoria de Newton falha e temos de usar a teoria da gravitação de Einstein. Para sermos mais específicos, consideremos um corpo de massa M. Para pontos à distância R do seu centro a teoria de Newton pode ser usada se for atendida a condição

$$\left(\frac{2GM}{R}\right)^{\frac{1}{2}} \ll c \quad \Rightarrow \quad \frac{2GM}{Rc^2} \ll 1. \tag{1.46}$$

Consideremos, por exemplo, a gravidade do Sol. Em sua superfície,

$$\frac{2GM}{Rc^2} = \frac{2 \times 6,7 \times 10^{-11} \times 2 \times 10^{30}}{7 \times 10^8 \times 9 \times 10^{16}} = 4,3 \times 10^{-6},$$

e devido à pequenez desse número a gravitação do Sol pode ser tratada, com ótima aproximação, pela lei de Newton.

Seção 1.13 ■ As quatro forças

Na Natureza, conforme já mencionamos em *Física Básica | Mecânica*, existem quatro forças fundamentais. Uma delas é a força da gravitação. Outra é a força elétrica. Até início do século XIX, pensava-se que a força magnética fosse um tipo de força fundamental, mas várias experiências mostraram que a força magnética é, na verdade, a mesma força elétrica se manifestando em cargas em movimento. Por volta de 1865, o físico britânico *James Clerc Maxwell* (1831–1879) construiu uma teoria consistente com todos os fatos, na qual a eletricidade e o magnetismo foram unificados.

Tanto a força gravitacional como a força elétrica variam com o inverso do quadrado da distância, o que lhes dá um aspecto de grande semelhança. Isto levou Maxwell a tentar mais um passo de unificação. Maxwell tentou sem sucesso a unificação das forças gravitacional e elétrica. Einstein retomou o projeto de unificação com enorme perseverança, logo após concluir a sua teoria da gravitação em 1915. Nessa teoria, a gravitação foi descrita como um fenômeno geométrico, o que inspirou Einstein na procura de uma teoria geométrica que contivesse tanto os fenômenos gravitacionais como os elétricos.

Einstein não alcançou seu objetivo, e duas novas forças foram descobertas na Natureza. Uma delas é a *força nuclear*, também denominada *força forte*. Considere um núcleo atômico, como, por exemplo, o núcleo do ^{4}He. Este núcleo possui dois prótons e dois nêutrons condensados em uma região de raio da ordem de 2×10^{-15} m. Os dois prótons estão sujeitos a uma força elétrica repulsiva muito intensa, e como isto não rompe o seu vínculo, certamente este deve decorrer de uma outra força atrativa ainda mais intensa. Esta, a força nuclear, atua sobre qualquer par de partículas nucleares, prótons ou nêutrons, com a mesma intensidade. Sua intensidade pode ser obtida aproximadamente pelo potencial de Yukawa, expresso por

$$U(r) = -U_o \frac{b}{r} e^{-r/a}, \tag{1.47}$$

onde $U_o = 8,0 \times 10^{-12}$ J e $a = b = 1,5 \times 10^{-15}$ m. Vê-se que o potencial apresenta o termo $1/r$ característico das forças que variam com o inverso da distância, tais como a força gravitacional e a força elétrica. Entretanto, o fator exponencial que aparece na Equação 1.47 provoca um decaimento muito rápido do potencial e da força para $r > a$. Diz-se, nesse caso, que a força é de curto alcance. O alcance da força forte é a distância a. É claro que o potencial gerado pelas forças que caem com o quadrado da distância pode ser posto na forma

$$V(r) = -K \frac{1}{r} e^{-r/\infty}. \tag{1.48}$$

Diz-se, portanto, que tais forças têm alcance infinito.

A quarta força da Natureza é denominada *força fraca*. Esta força aparece na interação das partículas leves (léptons) umas com as outras e na interação dessas com as partículas pesadas (bárions). Exemplos de léptons são o elétron e os neutrinos, e exemplos de bárions são o próton e o nêutron. A força fraca não forma um potencial de coesão capaz de ligar duas partículas. Seu alcance é muito pequeno, cerca de 10^2 vezes menor que o alcance da força forte, o que a torna efetivamente uma força muito fraca.

O projeto de Maxwell e Einstein de construir uma teoria unificada das forças da Natureza continua inspirando o trabalho de muitos físicos. É a chamada busca da *teoria do campo unificado*. Curiosamente, já se reconhece que há muito mais similaridade entre as forças forte, fraca e elétrica, aparentemente tão distintas entre si, do que entre as forças gravitacional e elétrica. No fim da década de 1960, o paquistanês *Abdus Salam* (1926–1996) e os americanos *Steven Weinberg* (1933–) e *Sheldon Lee Glashow* (1932–) formularam uma teoria que unifica as forças elétrica e fraca. Tal teoria, denominada *teoria eletrofraca*, foi capaz de prever novos fatos experimentais observados em 1970. Muitos físicos trabalham na busca da unificação da força eletrofraca com a força forte, numa teoria denominada *teoria da grande unificação*. Há também um considerável grupo trabalhando em um projeto muito mais ambicioso, cujo objetivo é a unificação das quatro forças.

PROBLEMAS

P 1.1 Mostre que qualquer partícula interagindo gravitacionalmente com uma certa distribuição de massas tem aceleração igual à aceleração da gravidade gerada por tais massas.

P 1.2 A aceleração aparente (aceleração dos corpos em queda livre) da gravidade no nível do mar na linha do equador é 9,78039 m/s². Entretanto, este valor é menor do que a gravidade real g_r, pois devido à rotação da Terra parte do peso dos corpos é utilizada para gerar a aceleração centrípeta. Sabendo que o raio da Terra no plano do equador é de 6.380 km, calcule o valor de g_r.

P 1.3 Calcule a energia gravitacional entre os dois corpos da figura 1.13.

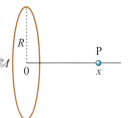

Figura 1.13

(Problema 1.3)

P 1.4 Mostre que a velocidade de escape do Sol, partindo de um ponto sobre a órbita circular de um planeta, é igual a $\sqrt{2}v_o$, onde v_o é a velocidade orbital do planeta.

P 1.5 Considere um corpo A de pequena massa caindo sobre um corpo de grande massa, partindo do repouso no infinito. Mostre que, em qualquer ponto durante a queda, o corpo A terá exatamente a velocidade de escape a partir de tal ponto.

P 1.6 Considerando o resultado do Exercício-exemplo 1.7, calcule a energia potencial associada à interação da esfera com uma partícula de massa m situada no ponto **r**, para r maior e menor do que R.

P 1.7 Com relação ao Exercício-exemplo 1.7, determine a velocidade da pedra em função de sua posição r relativa ao centro da Terra.

P 1.8 Esforços já foram realizados com o objetivo de colocar satélites em órbita lançando-os como projéteis de canhões.

(A) Ignorando a atmosfera terrestre, mostre que para atingir uma altitude h, um projétil tem de ser atirado para cima com velocidade

$$v = \sqrt{\frac{2GM}{R}\frac{h}{R+h}},$$ onde R e M são, respectivamente, o raio e a massa da Terra. (B) Calcule a velocidade com que um projétil tem de ser atirado para atingir a altitude de 2000 km.

P 1.9 Dois corpos esféricos de massas M_1 e M_2, inicialmente em repouso e com centros afastados da distância r_o, começam a se movimentar um em direção ao outro movidos pela atração gravitacional. (A) Mostre que $M_1\mathbf{v}_1 = -M_2\mathbf{v}_2$, onde $\mathbf{v}_1$ e $\mathbf{v}_2$ são as velocidades dos corpos. (B) Calcule v_1 e v_2 quando a distância entre os centros dos corpos é r.

P 1.10 Duas estrelas, de massas M_1 e M_2, orbitam em torno do seu centro de massa, ligadas pela interação gravitacional. Calcule o período de rotação do sistema, supondo que a distância entre as estrelas seja constante.

P 1.11 Aplique a fórmula obtida no Problema 1.10 para o sistema Terra–Lua e calcule a diferença entre o período da Lua e o período de um satélite artificial que orbitasse a Terra em órbita circular cujo raio fosse igual à distância média entre os centros da Terra e da Lua.

P 1.12 Considere um planeta esférico, com densidade uniforme de massa ρ, destituído de atmosfera. Mostre que o período de um satélite em órbita circular muito baixa (órbita rasante à superfície do planeta) não depende do raio do planeta, mas somente da sua densidade de massa, e expresse o valor desse período.

P 1.13 *Máxima rotação de um planeta.* Um planeta não pode girar com período menor do que o de um satélite em órbita rasante em torno do mesmo. De fato, se o planeta girasse com período menor do que o do satélite, a aceleração da gravidade do planeta sobre um corpo em sua superfície seria menor do que a aceleração centrípeta do corpo em seu movimento circular. Isso significa que o planeta se desintegraria. Calcule a menor duração que o dia terrestre poderia ter.

P 1.14 Três esferas, cada qual com massa m, estão dispostas nos vértices de um triângulo eqüilátero de lado l. (A) Mostre que a força gravitacional sobre cada esfera dirige-se para o centro do triângulo, e calcule a intensidade de tal força. (*B*) Em um movimento sincronizado das esferas, elas podem orbitar em torno do centro de massa comum, que é o centro do triângulo; calcule a velocidade angular do triângulo.

P 1.15 Corpos em forma de anéis são comuns no Universo. Saturno tem seus famosos anéis, Júpiter tem anéis menos visíveis, e algumas galáxias também têm anéis externos ao seu corpo e contidos no seu plano de rotação. Considere um anel homogêneo, de massa *M* e raio *R*, tal como mostra a Figura 1.13. Calcule a velocidade de escape a partir do ponto em que se encontra o pequeno corpo de massa *m* na figura.

P 1.16 O maior e mais próximo dos pequenos satélites de Júpiter, satélite 5, tem órbita aproximadamente circular com raio de $1,61 \times 10^5$ km. (*A*) Qual é o período da órbita do satélite? (*B*) O diâmetro do satélite vale 160 km. Qual é a diferença entre as acelerações da gravidade gerada por Júpiter nas faces opostas do satélite, a mais próxima e a mais distante?

P 1.17 Considere uma estrela de nêutrons, com massa de dois sóis e raio de 10 km, e imagine uma pessoa caindo em pé na estrela sob o efeito da gravidade. Mostre que, devido à diferença de gravidade entre as pernas e a cabeça dessa infeliz criatura, seu corpo seria arrebentado por estiramento antes do final da queda.

P 1.18 Calcule a pressão no centro da Terra, fazendo a idealização de que ela seja uma esfera com densidade uniforme de massa. (*Sugestão*: imagine um tubo cilíndrico de terra indo da superfície até o centro da Terra. Divida o tubo em pastilhas e considere a força gravitacional atuando sobre cada pastilha, em direção ao centro.)

P 1.19 A aceleração da gravidade em um dado ponto é afetada por não-homogeneidade na composição das rochas, por cavernas, lençóis subterrâneos de água ou depósitos de petróleo. As variações na gravidade decorrentes desses fatores, apesar de pequenas, podem ser medidas com boa precisão e são utilizadas na prospecção geológica. A Figura 1.14 mostra uma caverna idealizada como uma esfera de raio *R* cm uma região em que a densidade média das rochas é ρ. (*A*) Qual é o desvio que tal falha provoca na aceleração da gravidade no ponto indicado na figura? (*B*) Considere o caso particular $\rho = 4,0 \times 10^3$ kg/m³, $R = 50$ m, $h = 200$ m e calcule numericamente esse desvio.

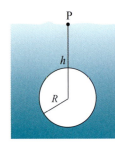

Figura 1.14 (Problema 1.19).

Respostas dos exercícios

E 1.1 (*A*) F = $2,67 \times 10^{-9}$ N, (*B*) T = $5,34 \times 10^{-10}$ Nm

E 1.2 $U = -GM^2(4+\sqrt{2})/L$

E 1.3 $3,8 \times 10^{32}$ J

E 1.5 $-2,24 \times 10^{32}$ J

E 1.6 8 milhões de anos

E 1.7 (*A*) 1,62 m/s²; (*B*) 274 m/s²; (*C*) 24,9 m/s²; (*D*) $2,7 \times 10^{12}$ m/s²

E 1.8 $\dfrac{GM}{r^2}$; $\dfrac{GMr}{R^3}$

E 1.9 $\Delta g = 4,98 \times 10^5$ m/s²

E 1.10 (*A*) $R_p = 4,425 \times 10^9$ km, $R_a = 7,375 \times 10^9$ km. (*B*) $v_p / v_a = 1,667$

E 1.11 (*A*) $R_p = 1,471 \times 10^{11}$ m, $R_a = 1,521 \times 10^{11}$ m. (*B*) $d = 5,002 \times 10^9$ m

E 1.12 $r = 9,37 \times 10^3$ km

E 1.13 $1,40v$

E 1.14 $88,3 \times 10^3$ km e 235 m/s

E 1.15 $5,79 \times 10^7$ J/kg

E 1.16 $8,84 \times 10^3$ km

E 1.17 (*A*) 2,37 km/s; (*B*) 59,6 km/s; (*C*) $2,3 \times 10^5$ km/s

---

Respostas dos problemas

P 1.2 9,81432

P 1.3 $U = -\dfrac{GMm}{L} \ln \dfrac{d+L}{d}$

P 1.6 $U = -\dfrac{GmM}{r}$, se $r \geq R$ e $U = \dfrac{GmM}{R}\left(-\dfrac{3}{2} + \dfrac{r^2}{2R^2}\right)$, se $r < R$

P 1.7 $v = \sqrt{\dfrac{GM}{R}\left(1 - \dfrac{r^2}{R^2}\right)}$

P 1.8 (*B*) $v = 5,47$ km/s

P 1.9 (*B*) $v_1 = \sqrt{\dfrac{2GM_2^2}{M_1 + M_2}\left(\dfrac{1}{r} - \dfrac{1}{r_o}\right)}$; v_2 se obtém de v_1 trocando-se os índices 1 e 2 entre si

P 1.10 $2\pi\sqrt{\dfrac{r^3}{G(M_1 + M_2)}}$

P 1.11 4,0 horas.

P 1.12 $T = \sqrt{\dfrac{3\pi}{\rho G}}$

P 1.13 1h24min

P 1.14 (*A*) $\dfrac{\sqrt{3}Gm^2}{l^2}$; (*B*) $\sqrt{\dfrac{3Gm}{l^3}}$

P 1.15 $v_e = \dfrac{\sqrt{2GM}}{(R^2 + x^2)^{1/4}}$

P 1.16 (*A*) T = 0,418 dia. (*B*) $\Delta g = 0,0097$ ms⁻²

P 1.18 $p = 1,7 \times 10^{11} \ \dfrac{N}{m^2}$

P 1.19 (*A*) $\Delta g = -G\rho \dfrac{4}{3}\pi R^3 \dfrac{1}{h^2}$; (*B*) $\Delta g = -3,5 \times 10^{-6} \ \dfrac{m}{s^2}$

2

Fluidos

Seção 2.1 ■ Os três estados da matéria, 24

Seção 2.2 ■ Sólidos e fluidos, 24

Seção 2.3 ■ Pressão e compressividade, 26

Seção 2.4 ■ Viscosidade, 27

Seção 2.5 ■ Pressão hidrostática, 30

Seção 2.6 ■ Efeito da gravidade sobre a pressão. Princípio de Pascal, 31

Seção 2.7 ■ Variação da pressão atmosférica com a altitude, 35

Seção 2.8 ■ Princípio de Arquimedes, 36

Seção 2.9 ■ Descrição de fluidos em movimento: considerações gerais, 38

Seção 2.10 ■ Equação de continuidade, 41

Seção 2.11 ■ Equação de Bernoulli, 41

Seção 2.12 ■ Escoamento de fluidos viscosos: lei de Poiseuille, 43

Seção 2.13 ■ Empuxo aerodinâmico (opcional), 45

Seção 2.14 ■ Camada limite (opcional), 47

Seção 2.15 ■ Efeito Magnus (opcional), 47

Problemas, 49

Respostas dos exercícios, 51

Respostas dos problemas, 51

Seção 2.1 ▪ Os três estados da matéria

> Um gás também pode ficar confinado por ação da gravidade, como ocorre em uma estrela e em planetas gasosos ou que contenham atmosfera

A matéria ordinária organiza-se macroscopicamente em três estados: o sólido, o líquido e o gasoso. Os líquidos e os gases adotam a forma do recipiente em que estão contidos, entre eles há ainda uma distinção essencial: um gás só pode ficar contido em um recipiente fechado e sempre o preenche inteiramente, enquanto um líquido pode ficar em um recipiente aberto e ocupar apenas uma parte do mesmo. Já um sólido tem a sua forma independente do recipiente que o contém. A Figura 2.1 mostra a distinção entre os três estados da matéria. Um gás também pode ficar confinado por ação da gravidade, como ocorre em uma estrela e em planetas gasosos ou que contenham atmosfera.

Figura 2.1
Os três estados da matéria ordinária.

Seção 2.2 ▪ Sólidos e fluidos

> Um fluido é um tipo de matéria que pode escoar. Os líquidos e os gases são fluidos

Os líquidos e os gases têm em comum uma propriedade mecânica: a capacidade de fluir, de escoar. Tal propriedade falta a um corpo sólido. Por isso, podemos juntar líquidos e gases em uma única classe de matéria, denominada fluido. Por esta linguagem, a matéria pode ser fluida ou sólida. Obviamente, fluidez é uma propriedade que permite gradações. De fato, a gasolina é mais fluida que a água, que é mais fluida que o óleo, que é mais fluida que uma graxa etc. A grandeza relacionada à fluidez é a viscosidade, que será definida e discutida na Seção 2.4.

Nosso intuito, por ora, é destacar de forma explícita como os sólidos se comportam de forma muito distinta dos fluidos mediante forças externas. A Figura 2.2 mostra um corpo (que para simplificação imaginaremos na forma de um cubo de aresta a), submetido a tipos distintos de forças. Para garantir que as forças fiquem distribuídas uniformemente nas faces do cubo, vamos supor que elas sejam transferidas ao cubo por meio de placas quadradas inteiramente rígidas cujo lado também valha a. Se o corpo for um fluido, as placas têm de envolvê-lo inteiramente na forma de um recipiente de paredes móveis. Nas Figuras 2.2A e 2.2B, as forças são normais às faces do cubo e são, respectivamente, compressivas e distensivas. Na Figura 2.2C

> Forças de cisalhamento são aquelas que tendem a deslizar as camadas de um corpo sobre as adjacentes, tal como ilustra a Figura 2.2C

temos forças paralelas às faces do cubo, denominadas forças de cisalhamento. Mediante forças de cisalhamento, as camadas adjacentes do corpo tendem a deslizar umas sobre as outras. Um fluido pode sustentar apenas forças compressivas, tais como as mostradas na Figura 2.2A. Já um sólido, pode sustentar qualquer um dos tipos de força mostrados na Figura 2.2, e quando sujeito a uma delas é capaz de atingir um estado de equilíbrio.

Os fluidos, quando submetidos a uma força de cisalhamento, apresentam escoamento que permanece enquanto a força persistir, e assim o sistema nunca atinge um estado de equilíbrio. Já um sólido, quando sujeito a uma força de cisalhamento, acaba atingindo um estado de equilíbrio no qual ele fica deformado. A Figura 2.3 mostra o estado de equilíbrio do sólido quando submetido a forças de cisalhamento com resultante e torque total nulos.

Daniel Bernoulli

Daniel Bernoulli (1700–1782) nasceu de uma família que produziu vários matemáticos ilustres, desde seu avô Nicolaus Bernoulli (1623–1708). Seu tio Jacob Bernoulli (1654–1705) ocupou a cátedra de matemática na Universidade de Basel, e após sua morte sucedeu-lhe Johann Bernoulli (1667–1748), pai de Daniel. Também foram matemáticos os dois irmãos de Daniel, Nicolaus (III) Bernoulli (1695–1726) e Johann (II) Bernoulli (1710–1790). Assim como o avô tentara impedir, por razões financeiras, que os filhos fossem matemáticos, o pai de Daniel buscou desincentivar seus três filhos da vocação matemática. Daniel entrou na Universidade de Basel aos 13 anos, para estudar filosofia e lógica, e ao completar seu mestrado, aos 16 anos, o pai o fez tornar-se aprendiz de comerciante. O desinteresse de Daniel pelo comércio fez com que o pai lhe permitisse continuar os estudos, mas em medicina, área em que Daniel completou o doutorado aos 20 anos. Sua tese de doutorado tratou da mecânica da respiração, e logo ele passou a investigar a circulação do sangue, sendo assim levado à investigação mais profunda da dinâmica dos fluidos. Em 1725, foi para a recém-criada Academia de São Petersburgo. Ali se beneficiou da convivência com Leonhard Euler (1707–1783), também levado para a Academia em 1726, que cedo se tornou o maior matemático do seu tempo. Em colaboração, desenvolveram os métodos para o cálculo dos modos normais de sistemas vibrantes. Daniel descobriu que cada nota de um instrumento musical é uma superposição de um modo fundamental de oscilação e de seus harmônicos, no que antecipou a análise de Fourier. Empregando o trabalho pioneiro de seu pai sobre conservação da energia mecânica, Daniel desenvolveu a dinâmica dos fluidos não-viscosos, descrita no seu livro *Hidrodinâmica*, concluído em 1733 mas só publicado em 1738, e que o tornou célebre. Retornou em 1733 a Basel para ensinar botânica e só em 1750 conseguiu a cátedra de Física. Em 1734, o Grande Prêmio da Academia de Paris foi dividido entre dois concorrentes: Daniel e seu pai. Johann, enciumado, rompeu para sempre relações com o filho. Para mais agravar a situação, em 1739 escreveu o livro *Hidráulica*, em que plagiou Daniel e no qual colocou a data falsa de 1732. Daniel deu contribuições para diversos ramos da ciência, e ganhou o Grande Prêmio da Academia de Paris dez vezes, feito só igualado por Euler. Não teve culpa pelo conflito com o pai. Em seu livro *Hidrodinâmica* assinou: Daniel Bernoulli, filho de Johann.

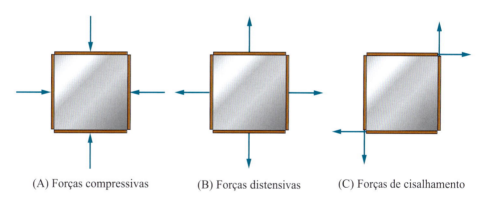

(A) Forças compressivas (B) Forças distensivas (C) Forças de cisalhamento

Figura 2.2

Distintas formas de forças, com resultante e torque nulos, que podemos aplicar a um corpo.

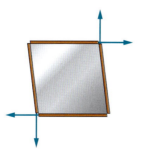

Figura 2.3

Quando sujeito a uma força de cisalhamento, um sólido deforma-se até alcançar um estado de equilíbrio, ou seja, um estado estático.

Seção 2.3 ■ Pressão e compressividade

Em várias situações, principalmente no estudo dos fluidos, estamos interessados não na forças em si, mas nas pressões. Como já sabemos, pressão é a força compressiva por unidad de área. Assim, se na Figura 2.2A as forças compressivas têm módulo F, a pressão que ela exercem é

$$p \equiv \frac{F}{A} = \frac{F}{a^2}. \tag{2.1}$$

Submetidos a uma pressão, os corpos reduzem seu volume. A propriedade do material d corpo que determina sua redução de volume é a sua compressividade, relacionada ao seu mod de compressão, que definiremos a seguir. Consideremos um corpo de volume inicial V_o. S submetido a uma variação de pressão uniforme Δp, o corpo passará a ter um novo volume V Sua alteração de volume será $\Delta V = V - V_o$. Exceto para variações de pressão excessivament altas, a redução relativa de volume será proporcional à variação de pressão. Podemos ness caso escrever a equação

■ Definição do módulo de compressão, ou modo volumétrico B

$$\frac{\Delta V}{V} = -\frac{\Delta p}{B} \implies B = -\Delta p \frac{V}{\Delta V}. \tag{2.2}$$

Na Equação 2.2, B é uma constante característica do material, denominada módulo de com pressão, ou módulo volumétrico. Devemos notar que, quanto maior o módulo de compressão d material, menor a redução relativa de volume do corpo. Assim, a compressividade do materia que é a facilidade deste em ser comprimido, é o inverso do seu módulo de compressão.

———
A compressividade de um material é o inverso do seu módulo de compressão

Da Equação 2.2, vemos que o módulo de compressão tem a mesma dimensão da pressão ou seja, a de força por unidade de área. No SI de unidades, tanto a pressão como B são medido em pascal, símbolo Pa, definido por

■ Definição de pascal, unidade de pressão no SI

$$Pa = \frac{N}{m^2}. \tag{2.3}$$

O pascal é uma unidade relativamente pequena. Por exemplo, a pressão atmosférica padrã (símbolo atm) vale 1 atm = $1,01325 \times 10^5$ Pa. Por isso, freqüentemente se usa outra unidad o bar, definido por 1 bar = 10^5 Pa. Vê-se que 1 atm é aproximadamente igual a 1 bar. Outra unidades de pressão muito usadas são kgf/cm² e lb/in². Uma vez que 1 kgf = 9,807 N, 1 lb 4,448 N e 1 in = 2,54 cm, conclui-se que 1 kgf/cm² = 0,9807 bar e 1 lb/in² = $6,895 \times 10^{-2}$ ba A pressão de pneus é geralmente medida em kgf/cm² ou lb/in², e nesses casos na verdade que se mede é a diferença entre a pressão interna e a pressão externa, da atmosfera. Esse tip de pressão diferencial é chamado pressão de calibre. Em medidas de pressão sanguínea, o que s mede também é a pressão de calibre.

———
Pressão de calibre de um sistema é a diferença entre sua pressão e a pressão atmosférica

No caso dos gases, a pressão inicial nunca pode ser nula. Se o gás é ideal, para compressõe realizadas a temperatura constante — ou seja, em um processo isotérmico — vale a relaçã

$$p_o V_o = p V. \tag{2.4}$$

Se escrevermos $p = p_o + \Delta p$, $V = V_o + \Delta V$, a Equação 2.4 toma a forma

$$p_o V_o = (p_o + \Delta p)(V_o + \Delta V). \tag{2.5}$$

Com um pouco de manipulação desta equação, obtemos:

$$p_o \Delta V + V \Delta p = 0 \implies p_o = -\Delta p \frac{V}{\Delta V}. \tag{2.6}$$

Comparando as Equações 2.2 e 2.6, concluímos que um gás ideal tem um módulo d compressão isotérmica que é igual à sua própria pressão.

A Tabela 2.1 mostra o módulo de compressão de alguns sólidos e líquidos. Observa-se que em geral esse módulo é maior nos sólidos, ou seja, os líquidos podem ser comprimidos mais facilmente que os sólidos. Destaca-se o valor excepcionalmente alto do módulo de compressão do diamante, que além de ser o mais duro é o menos compressível dos materiais. Devido à sua baixíssima compressibilidade, o diamante é usado em células de alta pressão, com as quais pressões de até $1,5 \times 10^5$ bar são obtidas em laboratório, sobre pequenos volumes.

■ Tabela 2.1
Módulo de compressão de alguns líquidos e sólidos à temperatura ambiente.

Material	B (Gpa)
Água	2,15
Óleo SAE 30	1,5
Mercúrio	2,85
Álcool etílico	1,06
Alumínio	75,5
Cobre	138
Ferro	170
Ouro	217
Diamante	$1,2 \times 10^3$
Safira	240
Silício	102

Exercícios

E 2.1 Quando um corpo reduz seu volume, aumenta sua densidade. Considere um corpo cujo material tem modo de compressão B. Mostre que, ao ser submetido a uma pressão p, sua densidade tem um aumento relativo dado por $\Delta\rho / \rho = p / B$.

E 2.2 Calcule o valor de 1 atm em unidades de lb/in^2 e em kgf/cm^2.

E 2.3 Considere que uma pressão de 1,0 kbar (aproximadamente 1000 atm) seja aplicada sobre (A) uma dada massa de água; (B) um corpo de ferro; (C) uma pedra de diamante. Calcule a diminuição relativa do volume em cada caso.

E 2.4 *Por que uma faca corta e uma agulha fura.* O fio de uma faca, ou a ponta de uma agulha, podem exercer pressões muito altas. Considere uma agulha cujo ponto de contato com uma dada superfície tenha uma área de 1×10^{-8} m^2 (ou seja, um diâmetro de cerca de 0,1 mm). Calcule a pressão que a agulha exerce quando aplica sobre a superfície uma força de 10 N.

Seção 2.4 ■ Viscosidade

Sujeito a forças de cisalhamento, um fluido viscoso escoa, e pode fazer isso indefinidamente. Nesta seção, definiremos a viscosidade, que é a resistência que um fluido oferece ao escoamento. A Figura 2.4 mostra uma fina camada (tornada mais espessa para efeito de visualização) de um fluido que preenche o espaço entre duas placas planas e paralelas. Suponhamos que as placas estejam sujeitas a forças tangenciais de igual intensidade e opostas, como mostra a figura. Assim, o fluido fica sujeito a forças de cisalhamento. A experiência mostra que as duas placas se moverão uma em relação à outra com velocidade v_o constante. Esta velocidade é proporcional à tensão de cisalhamento aplicada, ou seja, à força por unidade de área da placa, F / A, e também proporcional à distância d entre as placas. A experiência mostra também que a velocidade do fluido varia de forma linear com a coordenada x na direção perpendicular às placas, de modo que as camadas em contato com as placas acompanham o movimento destas. O movimento do sistema é mostrado na Figura 2.5 no referencial em que a placa de baixo está parada.

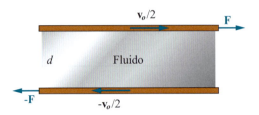

Figura 2.4
Camada fina de fluido sujeita a forças de cisalhamento. A experiência mostra que v_o é proporcional a $d \times F / A$, sendo A a área das placas.

Figura 2.5
Variação da velocidade de um fluido viscoso que forma uma fina camada contida entre duas placas sólidas que se movem uma em relação à outra com velocidade v_o. As velocidades foram medidas no referencial em que a placa de baixo está parada. Nota-se que as camadas do líquido em contato com as placas movem-se rigidamente com elas.

A componente y da velocidade (ou seja, v_y) varia linearmente com a posição x de modo que

$$\frac{\partial v_y}{\partial x} = \frac{v_o}{d}, \qquad (2.7)$$

sendo d a separação entre as placas. Uma vez que v_o / d é proporcional a F / A, podemos escrever

■ Definição da viscosidade η de um fluido

$$\frac{v_o}{d} = \frac{1}{\eta} \times \frac{F}{A} \Rightarrow \eta = \frac{d}{v_o} \times \frac{F}{A}, \qquad (2.8)$$

onde η é a *viscosidade* do fluido. Pela Equação 2.8, vê-se que a dimensão da viscosidade é pressão vezes tempo. No SI, a unidade de viscosidade é Pa · s e não há um nome especial para ela. No sistema cgs de unidades, a viscosidade é o poise, símbolo P, cujo valor é 1 P = 1 dina · s/cm². O poise recebeu esta denominação em homenagem ao fisiologista *Jean-Louis-Marie Poiseuill* (1799–1869), que investigou o efeito da viscosidade no escoamento de fluidos em um tubo com o propósito de entender a circulação sanguínea. Deduz-se que 1 P = 0,1 Pa · s. Muito freqüentemente, usa-se o centipoise, cujo valor é 1 cP = 1 mPa · s. A Tabela 2.2 mostra a viscosidade de alguns fluidos. Nela se vê que a viscosidade do ar cresce com a temperatura; isso ocorre com todos os gases. Já nos líquidos, a viscosidade decresce com o aquecimento. No caso do óleo SAE 30, usado na lubrificação de motores de automóveis, o decréscimo da viscosidade com a temperatura é muito pronunciado. Essa é a principal razão pela qual os carros têm menor desempenho quando estão frios: o óleo do cárter está muito viscoso e por isso causa forte atrito no motor.

Fluido perfeito, ou supefluido, é aquele cuja viscosidade é nula

Um fluido de viscosidade nula é denominado fluido perfeito, ou superfluido. Na prática, só se conhece um superfluido, o hélio líquido. O isótopo ⁴He (hélio-4, cujo núcleo tem dois prótons e dois nêutrons), que à pressão atmosférica se liqüefaz a 4,2 K, sofre a 2,2 K uma transição de fase para um estado superfluido. O isótopo ³He (hélio-3, cujo núcleo tem dois prótons e um nêutron) também apresenta uma fase superfluida, a temperaturas mais baixas. Alguns líquidos, tais como o asfalto, têm viscosidade muito alta e à temperatura ambiente sua capacidade de fluir não é percebida facilmente. Mesmo o vidro, que pode parecer um material sólido, na verdade é um líquido de viscosidade extremamente alta. Sua capacidade de fluir é demonstrada nos vitrais das catedrais da Idade Média. Exames cuidadosos revelaram que, no caso das placas de vidro posicionadas verticalmente, os pontos mais baixos são mais

Capítulo 2 ■ Fluidos

■ **Tabela 2.2**

Valor da viscosidade de alguns fluidos.

Material	Temperatura (ºC)	η (Pa · s)
Ar	−40	$1,57 \times 10^{-5}$
Ar	0	$1,71 \times 10^{-5}$
Ar	20	$1,82 \times 10^{-5}$
Água	0	$1,79 \times 10^{-3}$
Água	20	$1,00 \times 10^{-3}$
Água	100	$2,82 \times 10^{-4}$
Mercúrio	20	$1,57 \times 10^{-3}$
Glicerina	20	1,50
Glicerina	60	0,10
Gasolina	20	$0,29 \times 10^{-3}$
Óleo SAE 30	20	0,41
Óleo SAE 30	60	0,035
Óleo SAE 30	100	0,0012
Sangue	37	4×10^{-3}

espessos que os de cima; isso porque, ao longo dos séculos, a força da gravidade provocou algum escoamento do vidro. Quanto sujeito a forças de cisalhamento que não durem muito tempo, podemos tratar o vidro como um material sólido. Para muitos efeitos práticos, a água e o ar podem ser tratados como fluidos perfeitos. Exceto quando for dito o contrário, os fluidos de que tratamos neste capítulo serão tratados como perfeitos. A diferença entre fluido real e fluido perfeito só se manifesta durante o escoamento.

E·E Exercício-exemplo 2.1

■ Uma placa de vidro plano de densidade $\rho = 2,2$ g/cm³ está "colada" a uma parede vertical também de vidro por uma fina camada de glicerina, cuja espessura é 0,010 mm. A viscosidade da glicerina é 1,5 N · s / m². Com que velocidade a placa, cuja espessura é de 3,0 mm, desliza sob a ação da gravidade?

■ **Solução**

A força que provocará o deslizamento da placa de vidro será seu próprio peso.

Sendo A a área da placa, seu peso será $F = \rho A s g$, onde s é a sua espessura. A velocidade de deslizamento será o valor v_o dado pela Equação 2.8:

$$v_o = \frac{d}{\eta} \times \frac{F}{A} = \frac{d}{\eta} \times \rho s g.$$

Substituindo os valores numéricos temos:

$$v_o = \frac{1,0 \times 10^{-5}\,\text{m} \times 2,2 \times 10^{3}\,\text{Ns}^2\text{m}^{-4} \times 3,0 \times 10^{-3}\,\text{m} \times 9,8\,\text{ms}^{-2}}{1,5\,\text{Nsm}^{-2}} = 0,43\,\text{mm}/\text{s}.$$

Exercícios

E 2.5 Calcule a tensão de cisalhamento — isto é, a força de cisalhamento por unidade de área — aplicada à camada de parafina descrita no Exercício-exemplo 2.1.

E 2.6 Duas placas de área igual a 25 cm² estão justapostas e paralelas, separadas por uma distância de 5,0 μm. Seu interior é preenchido com óleo SAE 30. As placas são sujeitas a forças opostas e paralelas a suas faces, de intensidade igual a 0,20 N, e se deslocam uma em relação à outra com velocidade de 1,0 mm/s. Qual é a viscosidade do óleo?

Seção 2.5 ■ Pressão hidrostática

Quando um fluido está em equilíbrio, as forças de cisalhamento sobre o mesmo são nulas. Isto significa que qualquer superfície em contato com o fluido exerce forças sobre este que em cada ponto são normais à superfície. Pela lei da ação e reação, também o fluido em equilíbrio sempre exerce sobre a superfície forças normais à mesma. As Figuras 2.6A e 2.6B mostram as forças exercidas nas paredes de um recipiente por um gás e por um líquido, respectivamente, em estado de equilíbrio. O peso do gás foi desprezado. A Figura 2.7 mostra as forças sobre uma fina pastilha imersa em um fluido em equilíbrio. Essa pastilha pode ser, por exemplo, um sensor de pressão. Nesse caso também, a força sobre a pastilha será sempre perpendicular a sua superfície. Logo, a pastilha sentirá uma força de compressão exercida pelo fluido.

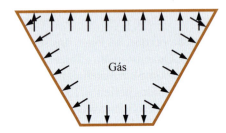

Figura 2.6A
Forças exercidas por um gás nas paredes do recipiente.

Figura 2.6B
Forças exercidas por um líquido nas paredes do recipiente.

Figura 2.7
Forças que um fluido exerce sobre uma pastilha nele imersa.

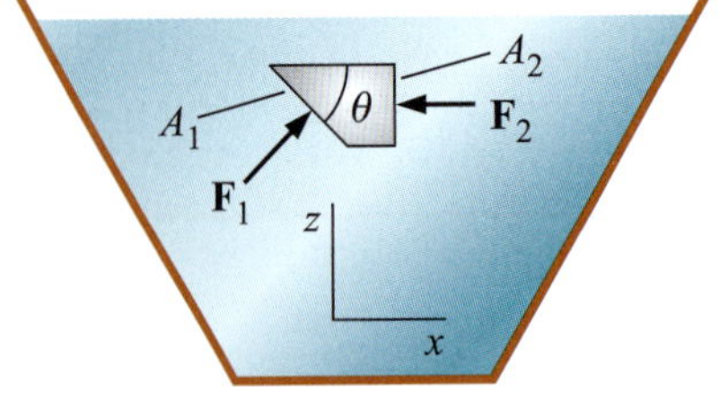

Figura 2.8
Pequeno cilindro imerso em um fluido.

O fato de a força exercida pelo fluido ser sempre normal à superfície de um corpo em repouso imerso no fluido tem uma conseqüência muito importante, que demonstraremos a seguir. A Figura 2.8 mostra um corpo em forma de cilindro, com uma das faces planas fazendo um ângulo θ com o eixo. Vamos supor que o corpo seja minúsculo, de modo que possamos considerar que a pressão do fluido sobre o mesmo seja uniforme em cada face. Consideremos as duas faces planas, através das quais o corpo sofre forças com componentes na direção x. Estando o corpo em equilíbrio, teremos

$$F_{1x} = F_{2x}, \tag{2.9}$$

$$p_1 A_1 \operatorname{sen}\theta = p_2 A_2. \tag{2.10}$$

Uma vez que $A_1 \operatorname{sen}\theta = A_2$, podemos escrever

$$p_1 = p_2. \tag{2.11}$$

Assim, concluímos que

A pressão em um dado ponto de um fluido em equilíbrio é a mesma em todas as direções.

Esse tipo de pressão, que pode variar de ponto a ponto mas em cada ponto é a mesma em todas as direções, é denominado **pressão hidrostática**. Reconsiderando-se a pastilha na Figura 2.7, se esta for um sensor de pressão, a pressão medida independerá da orientação da pastilha quando o fluido e a pastilha estiverem em equilíbrio.

> A pressão em um dado ponto de um fluido em equilíbrio é a mesma em todas as direções. Esse tipo de pressão é denominado **pressão hidrostática**

Seção 2.6 ■ Efeito da gravidade sobre a pressão. Princípio de Pascal

As forças de contato, consideradas até aqui, atuam sobre a superfície do fluido. Elas decorrem de forças intermoleculares (eletromagnéticas) cujo alcance é da ordem do diâmetro molecular. Entretanto, o fluido pode estar também sujeito a forças externas de longo alcance que atuam diretamente sobre as suas moléculas. Estas são denominadas **forças volumétricas externas**. A força volumétrica externa de maior importância nos fluidos é a força gravitacional. Trataremos de um caso particular de grande interesse prático, o de um fluido sujeito à aceleração uniforme da gravidade na superfície da Terra. Seja um fluido em equilíbrio e consideremos um elemento do seu volume contido dentro de uma fina pastilha cilíndrica imaginária cuja base tem área A e cuja altura tem valor Δz, como mostra a Figura 2.9.

> Forças que atuam diretamente sobre as moléculas de um fluido, como por exemplo a força da gravidade, são denominadas **forças volumétricas externas**

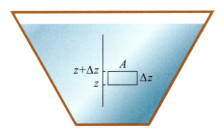

Figura 2.9
Elemento de volume de um fluido, em forma de pastilha de base A e altura Δz.

Uma vez que o referido elemento está em equilíbrio, as forças que atuam sobre ele têm resultante nula. Logo, a pressão em um dado plano horizontal é uniforme, pois do contrário poderia haver uma resultante de força não-nula na horizontal. Podemos então dizer que a pressão é função somente da coordenada z. Considerando agora as forças na direção vertical, podemos escrever:

$$p(z)\, A = p(z + \Delta z)\, A + g\, \Delta m, \tag{2.12}$$

$$p(z) A = p(z + \Delta z) A + \rho\, g\, A\, \Delta z, \tag{2.13}$$

onde ρ é a densidade do fluido. A Equação 2.13 pode ser posta na forma

$$\frac{\Delta p}{\Delta z} = \frac{p(z+\Delta z)-p(z)}{\Delta z} = -\rho g, \tag{2.14}$$

e tomando o limite em que $\Delta z \to 0$, obtemos

$$\frac{dp}{dz} = -\rho g. \tag{2.15}$$

Quando o fluido é um líquido, como, por exemplo, a água, podemos com boa aproximação considerar que sua densidade não se altere com a pressão, ou seja, que o fluido seja incompressível. Neste caso, na Equação 2.15 ρ não varia com z, e a solução da equação será

$$p = p_o - \rho g z, \tag{2.16}$$

onde p_o é a pressão em $z = 0$. Freqüentemente, esta origem de coordenadas é tomada no ponto mais elevado do líquido, de modo que a Equação pode ser escrita na forma

■ Pressão em um fluido incompressível em função da sua profundidade h

$$p = p_o + \rho g h, \tag{2.17}$$

sendo h (que é igual a $-z$) a profundidade do ponto sob análise. Das Equações 2.16 e 2.17 resulta um fato de grande importância:

■ Princípio de Pascal

Se a pressão em um dado ponto do líquido é aumentada de um certo valor, esse acréscimo é transmitido de modo uniforme a todos os seus pontos.

A Figura 2.10 ilustra o princípio de Pascal.

Figura 2.10
Ilustração do princípio de Pascal. O fluido é confinado em um cilindro provido de um pistão móvel de peso desprezível. Se uma força **F** é aplicada verticalmente para baixo no pistão, este exerce sobre o fluido uma pressão $p_o = F / A$. Em todos os pontos do fluido, a pressão é aumentada do valor p_o.

E-E Exercício-exemplo 2.2

■ *Pressão no fundo do mar.* O oceano Pacífico tem profundidade típica de 4,0 km. À pressão de 1 atm e temperatura de 4° C, a densidade da água do mar é de 1,03 g/cm³. Ignorando a variação da densidade da água com a profundidade, calcule a pressão hidrostática no fundo desse oceano.

■ **Solução**

Ao nos aprofundarmos no oceano, em pouco atingimos regiões em que a temperatura é 4° C, de modo que podemos utilizar a mencionada densidade nos cálculos. Utilizando a Equação 2.11, e considerando que $p_o = 1$ atm, obtemos:

$$p = 1{,}01 \times 10^5\, \frac{N}{m^2} + 1{,}03 \times 10^3\, \frac{Ns^2}{m^4} \times 9{,}8\, \frac{m}{s^2} \times 4{,}0 \times 10^3\, m,$$

$$p = 1{,}01 \times 10^5\, \frac{N}{m^2} + 40 \times 10^6\, \frac{N}{m^2} = 4{,}0 \times 10^7\, Pa = 4{,}0 \times 10^2\, atm.$$

Exercício-exemplo 2.3

■ *Cálculo da massa da atmosfera.* Utilize a pressão atmosférica para calcular a massa total da atmosfera.

■ Solução

Dado o valor da pressão atmosférica, concluímos que o peso da atmosfera sobre um metro quadrado de área ao nível do mar é $P = 1,01 \times 10^5$ N. Portanto, uma coluna de 1,0 m² de atmosfera situada sobre o mar tem massa de

$$m = \frac{P}{g} = \frac{1,01 \times 10^5 \, \text{N}}{9,81 \, \text{ms}^{-2}} = 1,03 \times 10^4 \, \text{kg}.$$

Mais de 2/3 da superfície da Terra é coberta por oceanos. O restante tem altitude média que não afeta drasticamente a pressão ao nível do solo. Assim, se calcularmos a massa da atmosfera sem levar em conta a elevação do solo nos continentes, não estaremos incorrendo em um erro grande. É o que faremos. O raio médio da Terra é $R = 6,37 \times 10^6$ m. A massa total da atmosfera será, portanto,

$$M = 1,03 \times 10^4 \, \frac{\text{kg}}{\text{m}^2} \times 4\pi (6,37 \times 10^6 \, \text{m})^2,$$

$$M = 5,2 \times 10^{18} \, \text{kg}.$$

Exercícios

E 2.7 O modo de compressão B da água é $2,2 \times 10^9$ Pa. Calcule o aumento relativo da densidade da água no fundo do oceano Pacífico, à profundidade de 4,0 km, decorrente da pressão hidrostática.

E 2.8 *Pressão sanguínea na girafa.* A girafa é o mais alto dos animais, e um macho atinge 5,5 m de altura. Isso gerou complexos problemas para seu sistema circulatório, que foram resolvidos no processo de evolução biológica enquanto a girafa foi aumentando sua altura (soluções a nós inacessíveis foram antes obtidas para o caso dos dinossauros, muito mais altos!). Calcule a diferença de pressão sanguínea, na aproximação hidrostática, entre os pés e a cabeça de uma girafa, considerando a densidade do sangue igual à da água.

E 2.9 Reconsiderando a Figura 2.10, suponha que o cilindro tenha diâmetro de 2,00 cm e altura de 1,00 m. Suponha ainda que o pistão móvel tenha massa de 3,00 kg e que a força **F** seja proveniente da pressão atmosférica. O fluido que preenche o cilindro é mercúrio, cuja densidade é de 13,6 g/cm³. Qual é a pressão no fundo do cilindro? Use $g = 9,8$ m/s².

O princípio de Pascal é a base da operação da prensa e do macaco hidráulicos. O sistema de freio de automóveis também funciona com base no princípio de Pascal. O esquema de um macaco hidráulico é mostrado na Figura 2.11. Dois cilindros com bases de áreas muito diferentes e munidos de pistões são interconectados de modo a formar vasos comunicantes. Uma força sobre o pistão estreito pode gerar um grande acréscimo de pressão no fluido e, dessa forma, resultar em uma força muito maior no pistão largo. Ignorando-se a contribuição do termo $\rho\, gh$, a relação entre as duas forças é

$$F_2 = \frac{A_2}{A_1} F_1. \tag{2.18}$$

Em algumas situações, o princípio de Pascal tem implicações que não são intuitivas. A Figura 2.12 ilustra um desses casos. Um cano longo e estreito é conectado ao topo de um tambor lacrado. Se adicionarmos água ao cano, a pressão em cada ponto do tambor irá crescer de forma linear com a altura H da coluna de água no cano. Se o cano for suficientemente longo, atingida uma dada altura H o tambor irá explodir. O aspecto não-intuitivo deste fenômeno é que o peso

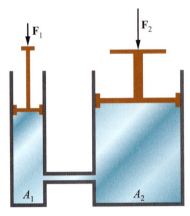
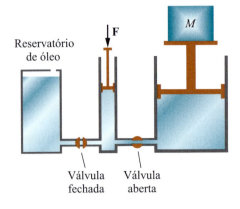

Figura 2.11A
Esquema simplificado do macaco hidráulico. A força F_1 aplicada ao pistão estreito à esquerda é transmitida de forma amplificada ao pistão da direita.

Figura 2.11B
Esquema mais completo do macaco hidráulico. Um reservatório de óleo é necessário para abastecer o sistema. O sistema contém ainda duas válvulas. Quando o pistão estreito está sendo comprimido, a válvula de acesso ao reservatório se fecha e outra válvula que dá para o pistão mais largo que elevará a massa M é aberta. Quando o pistão estreito se move para cima, a válvula da esquerda se abre e a da direita se fecha.

da água adicionada ao cano é insignificante, comparado ao peso da água contida no tambor. Na prática, muitos acidentes em sistemas hidráulicos ocorrem porque seus construtores ou operadores não prevêem fenômenos não-intuitivos decorrentes do princípio de Pascal.

O princípio de Pascal constitui também a base de operação de vários medidores de pressão, incluindo o barômetro de mercúrio, o primeiro instrumento utilizado para medidas da pressão atmosférica, cujo esquema é mostrado na Figura 2.13. Uma cuba de mercúrio se conecta com um tubo estreito previamente evacuado, e a pressão da atmosfera é obtida pela leitura da altura H da coluna de mercúrio. Vê-se que $p_{atm} = \rho g H$, sendo ρ a densidade do mercúrio. Ao nível do mar, observa-se $H = 760$ mm, e dada a densidade $\rho = 13,6$ g/cm^3, conclui-se que p_{atm} 10,1 N/cm^2. Existem vários dispositivos sólidos utilizados para medidas de pressão, alguns específicos para altas pressões e outros para medidas de vácuo. Além do pascal, de kgf/cm

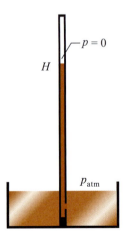

Figura 2.12
Um cano fino é acoplado à face superior de um tambor lacrado. A pressão em qualquer ponto do tambor aumenta linearmente com a altura da coluna de água no cano. Assim, um pequeno volume de água acrescentado ao cano gera grande aumento na pressão do tambor, o que é um fenômeno pouco intuitivo.

Figura 2.13
Barômetro de mercúrio. O tubo vertical inserido na cuba de mercúrio foi previamente evacuado, de forma que a pressão na superfície superior da coluna de mercúrio é nula.

e de lb/pol², há uma unidade de pressão muito utilizada em medidas de vácuo: o torr (denominação dada em homenagem a *Evangelista Torricelli* [1608–1647], discípulo de Galileu e inventor do barômetro de mercúrio), correspondente à pressão de 1 mm de mercúrio. Os melhores vácuos obtidos em laboratório à temperatura ambiente correspondem a pressões da ordem 10^{-12} – 10^{-11} torr.

Exercícios

E 2.10 Exprima o torr em termos do pascal.

E 2.11 Em um macaco hidráulico, o cilindro em que se aplica a força a ser amplificada tem diâmetro interno de 2,0 mm e o cilindro que transmite a força amplificada tem diâmetro de 5,0 cm. Qual é o fator f de amplificação da força?

E 2.12 O tambor da Figura 2.12 suporta uma pressão diferencial (diferença entre pressões interna e externa) máxima de 8,0 N/cm². Qual é a altura máxima da coluna de água que pode ser colocada no cano? Despreze a altura do tambor.

Seção 2.7 ■ Variação da pressão atmosférica com a altitude

Se ignorarmos o fato de que a temperatura da atmosfera decresce com a altitude, podemos calcular a variação com a altitude da pressão do ar. De fato, considerando a temperatura uniforme, concluímos que a densidade do ar decai na mesma proporção da sua pressão, ou seja,

$$\frac{\rho}{\rho_o} = \frac{p}{p_o}. \tag{2.19}$$

Considerando a Equação 2.15, podemos neste caso escrever:

$$\frac{dp}{dz} = -g\rho_o \frac{p}{p_o}. \tag{2.20}$$

Portanto,

$$\frac{dp}{p} = -\frac{g\rho_o}{p_o} dz. \tag{2.21}$$

Tomando a origem do eixo z no nível do mar, p_o será a pressão atmosférica. Integrando a Equação 2.21, obtemos a pressão à altitude h:

$$\int_{p_o}^{p} \frac{dp}{p} = -\int_{0}^{h} \frac{g\rho_o}{p_o} dz, \tag{2.22}$$

$$\ln \frac{p}{p_o} = -\frac{g\rho_o}{p_o} h. \tag{2.23}$$

Logo,

■ Variação da pressão atmosférica com a altitude h

$$p = p_o e^{-(g\rho_o/p_o)h}. \tag{2.24}$$

Esta equação pode ser reescrita na forma mais compacta

$$p = p_o e^{-h/H}, \tag{2.25}$$

onde

$$H \equiv \frac{p_o}{g\rho_o}. \tag{2.26}$$

Usando os valores numéricos $p_o = 1$ atm $= 1,01 \times 10^5$ Pa, $g = 9,81$ m/s² e $\rho_o = 1,21$ kg/m³ (que corresponde à densidade a 20º C), obtemos $H = 8,51$ km.

Exercícios

E 2.13 Calcule a pressão da atmosfera no pico do monte Evereste, cuja altitude é 8,88 km.

E 2.14 A superfície do lago Paranoá, em Brasília, está 1000 m acima do nível do mar. Que altura teria a coluna de mercúrio de um barômetro como o da Figura 1.13, em um barco naquele lago?

E 2.15 Um indivíduo dispõe de um barômetro capaz de medir a pressão do ar com precisão de 0,1 torr. Com ele pretende determinar a altura de um edifício medindo a diferença da pressão entre sua base e seu topo. Qual é o erro contido na sua medida?

Seção 2.8 ■ Princípio de Arquimedes

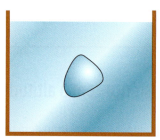

Figura 2.14
Porção de um fluido em equilíbrio, contida dentro de uma superfície imaginária.

Figura 2.15
Corpo sólido imerso em um fluido em equilíbrio. As pressões, em cada ponto do corpo, serão iguais às dos pontos equivalentes na superfície imaginária da Figura 2.14.

Empuxo hidrostático é a força para cima que um fluido exerce sobre um corpo em repouso, parcialmente ou totalmente imerso nele

Considere um fluido em equilíbrio e uma porção do mesmo, contida dentro de uma superfície imaginária, como mostra a Figura 2.14. Naturalmente, o restante do fluido realiza sobre essa porção uma força para cima cujo módulo é igual ao peso da mesma. Tal força é denominada *empuxo hidrostático*. Imagine agora que aquela porção do fluido seja substituída por um corpo sólido de forma e posição idênticas, como mostra a Figura 2.15. Uma vez que a pressão do fluido em um dado ponto depende apenas da profundidade, ela não irá se alterar em nenhum ponto devido a essa alteração. Logo, podemos concluir que o empuxo sobre o corpo é igual ao peso da massa de fluido deslocada por ele. Conseqüentemente, o corpo ficará em equilíbrio se a sua densidade for igual à do fluido. Se a densidade do corpo for maior, ele afundará, e se for menor ele tenderá a subir. Neste último caso, se o fluido for um líquido com a superfície superior livre, o corpo emergirá parcialmente até que a parte submersa desloque um volume de líquido de massa igual à de todo o corpo. Podemos então enunciar o *princípio de Arquimedes* (século III a. C.):

■ Princípio de Arquimedes

Em condições estáticas, um corpo parcial ou totalmente submerso em um líquido sofre um empuxo hidrostático para cima igual ao peso do líquido por ele deslocado.

A Figura 2.16 mostra um navio flutuando na água devido ao empuxo hidrostático da água. O peso do navio é igual ao empuxo, que por sua vez é igual ao peso da água que ele desloca.

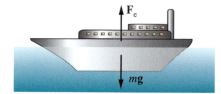

Figura 2.16
Navio sustentado pelo empuxo da água. A força de empuxo $\mathbf{F}_e$ é igual ao peso $m\mathbf{g}$ do navio, e também é igual ao peso da água que ele desloca.

O princípio de Arquimedes pode ser utilizado para a medida da densidade dos materiais sólidos (mas há métodos mais precisos), e segundo a lenda Arquimedes teria verificado que o ouro de uma coroa que o rei de Siracusa encomendara a um ourives tinha sido adulterado com mistura de outro metal, uma vez que sua densidade era menor que a do ouro. No Brasil, a concentração de álcool na gasolina é monitorada, nas bombas de gasolina, com base no princípio de Arquimedes, por um método inventado por *Arísio Nunes dos Santos*. Bolas de pingue-pongue são preenchidas com uma mistura de gasolina e álcool de concentração tal que o corpo final tenha a densidade média igual à da mistura prescrita para uso em automóveis. Se a mistura do combustível da bomba estiver correta, as bolas ficarão totalmente submersas no combustível, sem se apoiar no fundo.

E-E Exercício-exemplo 2.4

■ *Balão de hélio*. Os melhores balões são preenchidos com hélio, que a 20° C e à pressão atmosférica tem uma densidade de 0,18 kg/m^3, enquanto a densidade do ar nas mesmas condições é de 1,21 kg/m^3. Considere um balão de hélio cuja massa — de sua carga e do próprio balão, fora a massa do hélio — seja de 200 kg. Qual deve ser o seu volume para que ele possa flutuar?

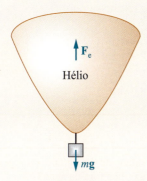

Figura 2.17
Balão de hélio.

■ Solução

A Figura 2.17 mostra o balão, com sua carga. O volume da carga é muito pequeno, em comparação com o do balão, e pode ser ignorado. O empuxo sofrido pelo balão é $F_e = \rho_{ar} V g$, sendo V o seu volume. A massa total do balão, incluindo a do hélio que o preenche, é:

$m = 200\text{kg} + \rho_{He} V.$

A condição para que o balão possa flutuar é $F_e = mg$,

ou

$$\rho_{ar} V g = (200\text{kg} + \rho_{He} V)g \Rightarrow V = \frac{200 \text{ kg}}{\rho_{ar} - \rho_{He}}.$$

Substituindo os valores numéricos, temos:

$$V = \frac{200\text{kg}}{1,21\text{kg/m}^3 - 0,18\text{kg/m}^3} = 194 \text{ m}^3.$$

Exercício-exemplo 2.5

■ Uma canoa tem um volume (volume do casco mais volume interno) de 0,900 m³ e uma massa de 80 kg. (A) Se a canoa flutua sem carga em um lago, qual é o volume da água que ela desloca? (B) Qual é carga máxima que se pode colocar na canoa sem que ela afunde?

■ Solução

(A) A canoa vazia desloca um volume V de água cuja massa é igual à da canoa; essa é a condição para que o empuxo hidrostático seja igual ao peso da canoa. A massa deslocada é dada por $\rho_{água}V$. Logo, podemos escrever:

$$\rho_{água}V = m_{canoa},$$

ou

$$V = \frac{m_{canoa}}{\rho_{água}} = \frac{80\text{ kg}}{1,0\times10^3\text{ kg/m}^3} = 0,080\text{ m}^3.$$

(B) A canoa afundará quando deslocar um volume de água igual ao seu próprio volume. Nesse caso limite, o empuxo da água será igual à soma dos pesos da canoa e da sua carga. Em termos matemáticos, isso se expressa por:

$$(\rho_{água}V_{canoa})g = (m_{canoa} + m_{carga})g \Rightarrow m_{carga} = \rho_{água}V_{canoa} - m_{canoa}.$$

Substituindo os valores numéricos, obtemos:

$$m_{carga} = 1,0\times10^3\,\frac{\text{kg}}{\text{m}^3}\times 0,900\text{m}^3 - 80\text{kg} = 900\text{kg} - 80\text{kg} = 820\text{ kg}.$$

Exercícios

E 2.16 Num *iceberg*, o gelo da água do mar, com densidade de 0,92 g/cm³, emerge parcialmente d água cuja densidade é de 1,03 g/cm³. Que fração do *iceberg* fica fora da água?

E 2.17 Os três reservatórios da Figura 2.18 são idênticos e o nível da água em todos eles é o mesmo O objeto no reservatório C é mais denso que a água, e apóia-se no fundo do reservatório. Compare peso dos reservatórios, com o conteúdo, dizendo qual é mais pesado que o outro.

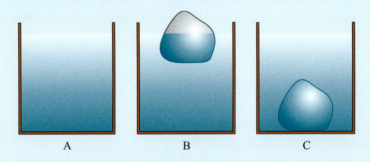

Figura 2.18
Qual dos três reservatórios com seu conteúdo, é mai pesado?

E 2.18 Uma criança está em uma canoa dentro de uma piscina. Em dado momento, ela pega alguma pedras densas contidas na canoa e as joga na água; as pedras acabam repousando no fundo da piscina O nível da água na piscina sobe, desce ou permanece inalterado?

Seção 2.9 ■ Descrição de fluidos em movimento: considerações gerais

Na descrição do movimento de um fluido, este é dividido em pequenas células, denomi nadas partículas. As células são infinitesimais, em um sentido físico. Suas dimensões sã minúsculas o suficiente para que o movimento do fluido seja homogêneo em cada célula, ma são ainda muito grandes comparadas à escala molecular. Na escala molecular, o moviment do fluido nunca é homogêneo, devido ao movimento browniano das moléculas. Entretanto, o movimento browniano resulta em velocidade nula para o centro de massa da partícula se esta contiver um número muito grande de moléculas, e nesse caso pode ser ignorado. Portanto, na descrição do movimento de um fluido, a sua natureza molecular é de fato ignorada e ele é tratado como um meio contínuo.

O movimento das partículas do fluido pode ser tornado visível por meio de marcadores. Por exemplo, podemos colocar uma pequena gota de corante no fluido, se este for líquido, e acompanhar o movimento da mancha colorida. Naturalmente, esse método não permite observação muito longa porque o movimento browniano acaba gerando difusão do corante no líquido, ou seja, a mancha se desfaz. Existe um interesse especial no estudo da dinâmica do ar, devido à sua influência no movimento de automóveis, aviões e vários outros objetos. Para tal estudo, é comum fazer-se marcação com fumaça. O movimento da fumaça permite a visualização do movimento do ar.

Em uma análise muito adotada da cinemática de um fluido, nossa observação envolve simultaneamente todos os pontos do espaço. No instante t, a partícula no ponto $\mathbf{r}$ (posição relativa a um eixo fixo de coordenadas) se movimenta com velocidade $\mathbf{v}$. Neste caso, o movimento do fluido é descrito por um *campo de velocidades*. Escrevemos

> ■ Campo de velocidades de um fluido

$$\mathbf{v} = \mathbf{v}(\mathbf{r}, t). \tag{2.27}$$

> O campo que descreve uma grandeza é a função de $\mathbf{r}$ e t que dá o seu valor no ponto genérico $\mathbf{r}$ e no instante genérico t

O campo que descreve uma grandeza é a função de $\mathbf{r}$ e t que dá o seu valor no ponto genérico $\mathbf{r}$ e no instante genérico t. Essa descrição dos fluidos em termos de um campo de velocidades é muito semelhante à que fazemos de outros campos, como, por exemplo, um campo elétrico $\mathbf{E}(\mathbf{r},t)$ ou um campo de temperaturas $T(\mathbf{r},t)$. Analogamente ao campo elétrico, o campo de velocidades é vetorial. Se a densidade do fluido não for uniforme, teremos de considerar também um outro campo escalar, o da densidade $\rho(\mathbf{r}, t)$. Assim, em um dado ponto $\mathbf{r}$ e no instante t, a partícula terá uma densidade $\rho(\mathbf{r}, t)$ e uma velocidade $\mathbf{v} = \mathbf{v}(\mathbf{r}, t)$. Observe-se que, nesta descrição do fluido, não se observa a evolução do movimento de uma dada partícula. Nossa atenção está voltada para o valor da densidade e da velocidade das diferentes partículas que passam por um dado ponto fixo $\mathbf{r}$ do espaço. Esse tipo de descrição foi introduzido por *Leonhard Euler* (1707–1783). Estudaremos os fluidos pelo método de Euler. Em um outro método, devido a *Joseph Louis Lagrange* (1736–1813), acompanha-se o movimento de cada partícula do fluido sujeito às forças que sobre ele atuam.

> Método de Euler para estudo do movimento dos fluidos: no ponto $\mathbf{r}$ e no instante t, a partícula terá densidade $\rho(\mathbf{r}, t)$ e velocidade $\mathbf{v} = \mathbf{v}(\mathbf{r}, t)$

A análise da cinemática dos fluidos também se baseia em um esquema de classificação dos movimentos que envolve conceitos de categorias distintas, os quais descreveremos a seguir. A primeira distinção a se fazer é entre *fluidos incompressíveis* e *fluidos compressíveis*. Nos primeiros, a densidade de massa permanece estática e homogênea durante o movimento. Quase sempre os líquidos podem ser tratados como fluidos incompressíveis.

Além dessa classificação das propriedades elásticas do fluido, é importante distinguirem-se diferentes regimes de escoamento. Uma categoria particularmente simples e importante é o *escoamento estacionário*, também denominado *regime permanente*. Neste, a velocidade em cada ponto do espaço permanece constante no tempo, de forma que o campo de velocidades é estático. Podemos então escrever

> ■ Escoamento estacionário, no qual a velocidade em cada ponto não depende do tempo

$$\mathbf{v} = \mathbf{v}(\mathbf{r}). \tag{2.28}$$

Não se pode confundir estacionário com estático, que significa desprovido de movimento.

O campo de velocidades pode ser descrito por linhas de corrente análogas às linhas de força de um campo elétrico. Em cada ponto, as linhas de corrente são tangentes à velocidade $\mathbf{v}$. No caso do escoamento estacionário, as linhas de corrente são estáticas no espaço e correspondem também às trajetórias das partículas do fluido. Neste caso, as linhas de corrente podem ser visualizadas por meio de fotografias de longa exposição do fluido que contém marcadores.

> As linhas de corrente são definidas de modo que em cada ponto sua tangente é paralela à velocidade $\mathbf{v}$ do fluido

Em alguns regimes de escoamento, o campo de velocidades muda com o tempo de forma aparentemente aleatória. Este regime é denominado escoamento turbulento, e até o momento é muito pouco compreendido. Cachoeiras e corredeiras em rios são exemplos de escoamento

> Escoamento turbulento é aquele em que o campo de velocidade do fluido flutua de forma caótica e imprevisível

turbulento. O escoamento turbulento é um assunto de grande atualidade, e se insere no vasto campo do estudo da complexidade e do caos. Movimento turbulento de fluidos é um dos mais árduos temas da pesquisa contemporânea, e até o momento só pode ser investigado por meio de experimentos e de simulação numérica em computador.

Além do movimento de translação até agora analisado, as partículas do fluido podem apresentar também movimento de rotação em torno do seu centro de massa. Nesse caso, o escoamento é denominado *rotacional*. Quando o momento angular de todas as partículas em torno do seu centro de massa é nulo, dizemos que o escoamento é *irrotacional*. É necessário salientar um ponto essencial nesta classificação. Considere o escoamento lento da água em uma pia se esvaziando. Quase sempre, as partículas apresentam uma rotação em torno do eixo de vazamento. Isto, porém, não caracteriza um regime rotacional. Para classificar o escoamento, podemos soltar hélices minúsculas na água. Se estas giram em torno do próprio eixo, o escoamento é rotacional.

A Figura 2.19 mostra o escoamento estacionário de um líquido contornando um cilindro longo perpendicular à corrente. As linhas de corrente, que neste caso coincidem com as trajetórias das partículas, foram tornadas visíveis pela injeção de corante no líquido.

> No *escoamento rotacional*, as partículas do fluido giram enquanto transladam

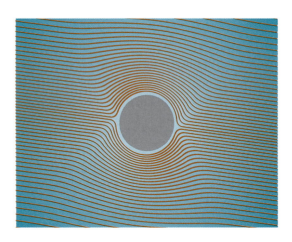

Figura 2.19
Representação esquemática do escoamento estacionário de um líquido que contorna um longo cilindro perpendicular à corrente. As linhas de corrente, que neste caso coincidem com as trajetórias das partículas, foram tornadas visíveis pela injeção de corante no líquido.

Um exemplo pode ilustrar estes conceitos. Consideremos o escoamento da água de um reservatório através de um cano, como mostra a Figura 2.20. Se o cano for suficientemente longo e estreito, o escoamento será lento e, nesse caso, ele será irrotacional e não-turbulento. Se o nível de água no reservatório for mantido constante, o escoamento será também estacionário. Se o escoamento for muito rápido, será turbulento e neste caso geralmente rotacional.

Figura 2.20
Água de um reservatório, escoando por um cano.

Seção 2.10 ■ Equação de continuidade

Tubo de corrente é uma superfície formada pelas linhas de corrente que passam por uma curva fechada C

Um conceito muito útil na dinâmica de fluidos é o de tubo de corrente. Em um dado instante, um tubo de corrente é a superfície formada pelas linhas de corrente que passam por uma curva fechada C. Deve-se salientar que duas linhas de corrente nunca se cruzam, pois em cada ponto e instante as partículas têm velocidades bem definidas. Sendo assim, nenhuma linha de corrente pode cruzar o tubo de corrente. Para um fluido incompressível, isto gera um resultado muito importante. Consideremos o tubo de corrente mostrado na Figura 2.21, e suponhamos que o tubo seja estreito o suficiente para que a velocidade em uma seção reta seja uniforme.

Figura 2.21
Tubo de corrente em um fluido que escoa em regime não-turbulento.

Neste caso, as velocidades nas seções retas de áreas A_1 e A_2 serão $\mathbf{v}_1$ e $\mathbf{v}_2$, respectivamente. Em um intervalo de tempo Δt, os volumes de fluido que atravessam as duas seções serão:

$$\Delta m_1 = \rho_1 v_1 A_1 \Delta t, \quad \Delta m_2 = \rho_2 v_2 A_2 \Delta t. \tag{2.29}$$

Em regime estacionário de escoamento, as duas massas Δm_1 e Δm_2 são iguais, pois o fluido que entra na extremidade esquerda do tubo tem de sair na extremidade direita. Logo,

$$\rho_1 v_1 A_1 = \rho_2 v_2 A_2. \tag{2.30}$$

A Equação 2.30 exprime o fato de que a vazão Φ em qualquer seção do tubo é a mesma, ou seja,

■ Equação de continuidade

$$\Phi = \rho v A = \text{constante}. \tag{2.31}$$

Se o fluido for incompressível, sua densidade será constante, e nesse caso $vA = \text{constante}$. Ou seja, a densidade de linhas de corrente em um dado ponto é proporcional à velocidade das partículas. Vê-se então que para um fluido incompressível as linhas de corrente têm uma analogia perfeita com as linhas de força do campo elétrico, em que a densidade de linhas de força é proporcional à intensidade do campo.

Seção 2.11 ■ Equação de Bernoulli

A conservação da energia mecânica, aplicada ao escoamento estacionário de um fluido incompressível e perfeito (sem viscosidade), leva a um resultado importante, obtido por *Daniel Bernoulli*, que demonstraremos a seguir. Considere um tubo de corrente, que pode ser um tubo real, em um fluido escoando e sob o efeito da gravidade, como mostra a Figura 2.22. Em um dado intervalo de tempo, uma massa Δm de fluido passa pela seção reta à esquerda, de área A_1. Sendo o escoamento estacionário, nesse intervalo de tempo a mesma massa passa pela seção reta à direita, de área A_2. Logo, o resultado líquido desse processo é a transferência de um elemento de massa $\Delta m = \rho \Delta V$ de fluido do ponto 1 para o ponto 2. Nessa transferência, o elemento de massa tem uma alteração de energia mecânica (cinética mais potencial gravitacional) igual a

$$\Delta U = \Delta m g (z_2 - z_1) + \frac{1}{2} \Delta m (v_2^2 - v_1^2). \tag{2.32}$$

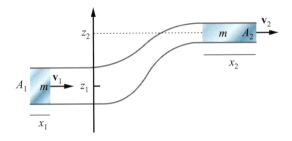

Figura 2.22
Escoamento estacionário de um fluido incompressível. No intervalo de tempo Δt a mesma massa Δm de fluido entra na extremidade esquerda do tubo de corrente e sai na extremidade direita.

Essa alteração na energia mecânica decorre de um trabalho não-nulo realizado sobre o elemento pela pressão do fluido. Para se injetar o elemento de fluido na entrada à esquerda é realizado sobre ele um trabalho dado por

$$W_{in} = F_1 \Delta x_1 = p_1 A_1 \Delta x_1 = p_1 \Delta V = p_1 \frac{\Delta m}{\rho}, \qquad (2.33)$$

e na saída à direita o elemento de fluido realiza um trabalho dado por

$$W_{out} = F_2 \Delta x_2 = p_2 A_2 \Delta x_2 = p_2 \Delta V = p_2 \frac{\Delta m}{\rho}. \qquad (2.34)$$

Pela conservação da energia mecânica, temos

$$\Delta U = W_{in} - W_{out} = \frac{\Delta m}{\rho}(p_1 - p_2),$$

$$\Delta m g (z_2 - z_1) + \frac{1}{2}\Delta m (v_2^2 - v_1^2) = \frac{\Delta m}{\rho}(p_1 - p_2). \qquad (2.35)$$

Multiplicando-se esta equação por $\rho / \Delta m$ e com mais alguma manipulação, pode-se colocá-la na forma

$$p_1 + \rho g z_1 + \frac{1}{2}\rho v_1^2 = p_2 + \rho g z_2 + \frac{1}{2}\rho v_2^2. \qquad (2.36)$$

Observe-se que, para que a pressão seja rigorosamente uniforme nas duas extremidades do tubo da Figura 2.22, tubo deve ser infinitamente estreito, ou seja, devemos ver o tubo como uma linha de corrente. A Equação 2.36 pode ser escrita na forma:

■ **Equação de Bernoulli**

$$p + \rho g z + \frac{1}{2}\rho v^2 = \text{constante em uma linha de corrente.} \qquad (2.37)$$

A equação diz que no escoamento de um fluido há uma grandeza que se conserva ao longo de uma linha de corrente. Nota-se que, na equação, a pressão desempenha o papel de uma densidade de energia potencial. A equação de Bernoulli diz:

■ **Equação de Bernoulli expressa em palavras**

Em um fluido perfeito incompressível em escoamento estacionário, a soma da densidade de energia cinética $\frac{1}{2}\rho v^2$ com a densidade de energia potencial generalizada $p + \rho g z$ é uniforme ao longo de uma linha de corrente.

Uma manifestação da equação de Bernoulli se vê no vazamento de água de um tanque perfurado, como mostra a Figura 2.23. Na superfície livre da água dentro do tanque, a velocidade é nula e a pressão é a atmosférica. Na saída da água, a pressão é também a da atmosfera, e a velocidade é **v**. Da Equação 2.37, obtém-se

$$p_{atm} = p_{atm} - \rho g h + \frac{1}{2}\rho v^2, \qquad (2.38)$$

$$v = \sqrt{2gh}. \qquad (2.39)$$

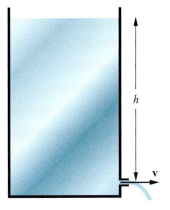

Figura 2.23
Vazamento de água em um tanque perfurado. A equação de Bernoulli possibilita o cálculo da velocidade de vazamento.

Vê-se, portanto, que a água sai pelo furo com a mesma velocidade que atingiria em queda livre da altura h. Este exemplo expõe de forma muito clara a conexão entre a equação de Bernoulli e a lei de conservação da energia. Outras aplicações da equação de Bernoulli serão mostradas nas seções seguintes.

Exercício-exemplo 2.6

■ Um tanque de água tem uma torneira próxima de seu fundo, cujo diâmetro interno é de 20 mm. O nível da água está 3,0 m acima do nível da torneira. Qual é a vazão da torneira quando inteiramente aberta?

■ **Solução**

A vazão — ou fluxo — da água na torneira, medida em volume por unidade de tempo (note que algumas vezes temos falado em fluxo em termos de massa por unidade de tempo), é o produto da área de seção da torneira pela velocidade do escoamento:

$$\Phi = vA = A\sqrt{2gh}$$

Substituindo os valores numéricos temos:

$$\Phi = 3{,}14 \times (1{,}0 \times 10^{-2}\text{m})^2 \sqrt{2 \times 9{,}81 \text{m/s}^2 \times 3{,}0\text{m}},$$

$$\Phi = 2{,}4 \times 10^{-3} \text{ m}^3/\text{s} = 2{,}4 \text{ litros / s}.$$

Exercício

E 2.19 A caixa d'água de um prédio é alimentada por um cano com diâmetro interno de 20 mm. A caixa está 30 m acima do nível da rua, de onde sai o cano. A vazão no cano é de 2,5 litros por segundo. Qual é a diferença de pressão entre as duas extremidades do cano?

Seção 2.12 ■ Escoamento de fluidos viscosos: lei de Poiseuille

Não fosse o efeito da viscosidade, a água poderia fluir nos encanamentos sem nenhum gasto de energia, exceto para levá-la até alturas mais elevadas, quando fosse o caso. O sangue poderia fluir muito mais livremente em nossas artérias e veias, o que eliminaria quase todos os problemas circulatórios. Mas, como mostra a Tabela 2.2, a água e o sangue têm viscosidade, e esta não pode ser ignorada nos problemas que envolvam sua circulação. Em 1840, o médico e fisiologista Poiseuille descobriu empiricamente a lei que determina o fluxo lamelar (irrotacional e não-turbulento) de um fluido viscoso e incompressível em um tubo de seção cilíndrica uniforme, que será apresentada a seguir. A Figura 2.24 mostra um seguimento de comprimento L de um tubo no qual escoa um fluido viscoso incompressível, em regime estacionário e lamelar. Nas adjacências da parede do tubo a velocidade do fluido é nula e no eixo do tubo ela é máxima. Se designarmos por r a distância ao eixo do tubo, a velocidade do fluido segue a lei:

$$v = \frac{p_1 - p_2}{4\eta L}(R^2 - r^2) = \frac{\Delta p}{4\eta L}(R^2 - r^2). \quad (2.40)$$

O fluxo (volume por unidade de tempo) do fluido será

$$\Phi = \int_S \mathbf{v} \cdot d\mathbf{A}, \quad (2.41)$$

e da Equação 2.40 resulta a *lei de Poiseuille*:

■ Lei de Poiseuille

$$\Phi = \frac{\pi R^4}{8\eta} \frac{\Delta p}{L}. \quad (2.42)$$

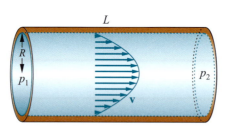

Figura 2.24

Um fluido viscoso incompressível flui em um tubo de raio interno R; um segmento de comprimento L do tubo é mostrado. Em um extremo do seguimento a pressão é p_1 e, no outro, é p_2. A velocidade do fluido é nula nas adjacências da parede do tubo e atinge o valor máximo no seu eixo.

Vê-se então que a vazão de um fluido viscoso em um tubo, para um dado diferencial de pressão, varia com a quarta potência do seu raio. Isso tem implicações muito importantes na circulação sanguínea. Devido a depósito de placas de gordura, as artérias e veias sofrem redução do raio interno. Com uma redução de 10% no raio de uma artéria, mantido o gradiente de pressão, o fluxo de sangue fica reduzido por um fator $f = (0,90)^4 = 0,66$, ou seja, o fluxo sofre uma redução de 34%. Na tentativa de manter o fluxo de sangue, o organismo aumenta a pressão sanguínea. A pressão tem de aumentar pelo fator $F = (1/f) = 1,52$, ou seja, o fluxo de sangue só pode ser mantido se a pressão aumentar em 52%.

Exercício-exemplo 2.7

■ Um cano leva água de um açude para uma lavoura irrigada. O cano tem diâmetro interno de 50 mm e comprimento de 2,0 km. A vazão do cano é de 80 litros/s. Qual é a diferença de pressão entre as suas extremidades? Ignore o desnível entre o açude e a lavoura.

■ **Solução**

A Equação 2.36 nos possibilita escrever:

$$\Delta p = \frac{8\eta L \Phi}{\pi R^4}. \quad (2.43)$$

Com os valores numéricos do problema, calculamos:

$$\Delta p = \frac{8 \times 1,0 \times 10^{-3} \, \text{Pa·s} \times 2,0 \times 10^3 \, \text{m} \times 8,0 \times 10^{-2} \, \text{m}^3\text{s}^{-1}}{3,14 \times (2,5 \times 10^{-2} \, \text{m})^4},$$

$\Delta p = 10 \times 10^5$ Pa = 10 atm.

Exercício

E 2.20 A cada sístole, o sangue sai do coração através da artéria aorta, cujo raio interno típico em um adulto é de 1,0 cm. Se fluxo de sangue for de 6,0 litros por minuto e o sangue tiver viscosidade de 0,0035 Pa · s, qual será o gradiente dp/dx da pressão ao longo da artéria?

Seção 2.13 ■ Empuxo aerodinâmico (opcional)

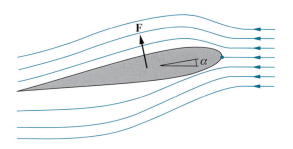

Figura 2.25
Linhas de corrente do ar contornando um aerofólio. Na parte inferior do aerofólio, o ar é freado, tendo portanto velocidade menor do que na parte de cima. Como conseqüência da equação de Bernoulli, a pressão embaixo é maior do que em cima, e o aerofólio sofre um empuxo com componente vertical para cima.

As asas de um avião têm forma e orientação especialmente projetadas para que a pressão do ar sobre elas resulte em um empuxo para cima, o qual deve sustentar o peso do avião. Um corte transverso na asa é mostrado na Figura 2.25, na qual também se vêem as linhas de corrente do ar durante o vôo. O perfil em forma de peixe minimiza a força de atrito do ar que oferece resistência ao movimento do avião. Essa força de atrito seria mínima se o ângulo de ataque α fosse nulo. Entretanto, nesse caso, o escoamento do ar na asa seria simétrico (igual em cima e embaixo) e o empuxo vertical seria nulo. Com uma ligeira inclinação da asa, o escoamento fica como esquematicamente mostrado na figura. Na parte de baixo, o ar é freado, ou seja, sua velocidade fica menor. Vejamos agora o que a equação de Bernoulli nos diz sobre as pressões em cima e embaixo da asa. No lado de baixo, o termo $\rho g z$ da Equação 2.37 é menor. Entretanto, essa diferença pode ser ignorada em comparação com a variação no termo $\rho v^2/2$ (ver Exercício-exemplo 2.8). Logo, pela equação de Bernoulli, a pressão embaixo, onde a velocidade é menor, fica maior, o que gera uma resultante **F** de forças na asa com uma componente para cima. Essa componente, denominada empuxo aerodinâmico, sustenta o avião em vôo. O empuxo não deve ser confundido com o atrito, pois enquanto este é antiparalelo à velocidade do avião, o empuxo é ortogonal a ela. E empuxo requer que o corpo seja assimétrico ou que se mova assimetricamente em relação ao fluido. Movimento assimétrico, neste caso, significa movimento com velocidade não paralela ao eixo de simetria do corpo. Uma peça cuja função seja gerar um empuxo aerodinâmico em um corpo em movimento é denominada aerofólio. O empuxo aerodinâmico obviamente depende da velocidade do avião. Para que o avião possa equilibrar-se para velocidades distintas, as asas têm partes móveis que possibilitam que se ajuste o empuxo ao peso para qualquer velocidade, dentro de dados limites.

Os carros de corrida têm aerofólios que resultam em um empuxo negativo (para baixo), o que provoca maior pressão dos pneus contra o solo. Desta forma, em curvas os carros conseguem acelerações centrípetas muito maiores do que a da gravidade. Em um carro no qual não houvesse empuxo aerodinâmico, a aceleração centrípeta máxima possível seria μg, sendo μ o coeficiente de atrito estático entre os pneus e a pista, cujo valor é bem menor do que 1. Na verdade, também um automóvel de passeio moderno é projetado de forma a sofrer um empuxo para baixo, e acelerações centrípetas de até 0,8 a 1,0g são obtidas. A razão entre a aceleração centrípeta máxima e a aceleração da gravidade é denominada aderência lateral. Em um carro de corrida é possível obter-se aderência lateral muito maior do que 1, podendo atingir valor maior do que 3, enquanto a aderência lateral de um carro de passeio geralmente está entre 0,8 e 1,0.

> Empuxo aerodinâmico é a força transversa (ortogonal à velocidade) que um corpo, em certas condições, sente ao se mover em um fluido. Um corpo projetado para sentir empuxo aerodinâmico é denominado aerofólio

E·E Exercício-exemplo 2.8

■ Um avião voa com velocidade de $v = 100$ m/s (360 km/h). Para qual variação de altitude Δz a variação de pressão $\Delta p_{grav} = \rho g \Delta z$ seria igual a $\rho v^2 / 2$?

■ Solução

Da equação

$$\rho g \Delta z = \rho v^2 / 2,$$

obtemos:

$$\Delta z = \frac{v^2}{2g} = \frac{10.000 \text{m}^2 \text{s}^{-2}}{20 \text{ms}^{-2}} = 0,50 \text{ km}.$$

Isso mostra que o termo $\rho g z$ contido na equação de Bernoulli pode ser ignorado ao tratarmos das diferenças de pressão nos dois lados da asa de um avião.

E·E Exercício-exemplo 2.9

■ Em uma estrada com pista plana há uma curva cujo raio é de 120 m. (A) Qual é a velocidade máxima com a qual um carro cuja aderência lateral vale 0,88 pode percorrer a curva? (B) Supondo-se que o coeficiente de atrito do pneu com a pista seja igual a 0,60, e que o carro tenha massa de 1200 kg, qual é o empuxo aerodinâmico que o ar exerce sobre o carro?

■ Solução

(A) A aceleração centrípeta máxima que o carro pode ter é igual a fg, sendo f a sua aderência lateral e g a aceleração da gravidade. Podemos então escrever:

$$a_{c,máx} = \frac{v_{máx}^2}{R}.$$

Uma vez que $a_{c,máx} = fg$, obtemos

$$v_{máx} = \sqrt{a_{c,máx} R} = \sqrt{fgR}.$$

Substituindo os valores numéricos:

$$v_{máx} = \sqrt{0,88 \times 9,8 \text{m/s}^2 \times 120 \text{m}} = 32 \text{ m/s} = 116 \text{ km/h}$$

(B) A força centrípeta de atrito lateral entre os pneus e a pista é dada por

$$F_{c,máx} = \mu N = m a_{c,máx},$$

onde N é a força normal (vertical) sobre os pneus. Mas esta força é igual à soma do peso do carro com o empuxo hidrodinâmico, ou seja, $N = mg + F_E$. Logo,

$$\mu(mg + F_E) = m a_{c,máx} \quad \Rightarrow F_E = \frac{m a_{c,máx}}{\mu} - mg,$$

ou

$$F_E = \frac{mfg}{\mu} - mg = mg(\frac{f}{\mu} - 1).$$

Com os valores numéricos do problema, obtemos:

$$F_E = 1200 \frac{\text{Ns}^2}{\text{m}} \times 9,8 \frac{\text{m}}{\text{s}^2} \left(\frac{0,88}{0,60} - 1 \right) = 5,5 \text{ kN}.$$

Exercício

E 2.21 Refaça o Exercício-exemplo 2.9 para o caso de um carro de corrida, supondo que $\mu = 0{,}80$, $f = 3{,}0$ e $m = 550$ kg.

Seção 2.14 ■ Camada limite (opcional)

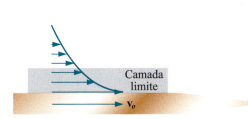

Figura 2.26
Um projétil move-se em um fluido com velocidade v_o. A fina camada do fluido adjacente ao projétil o acompanha em seu movimento, arrastando consigo a camada superior. A velocidade do fluido decresce continuamente do valor v_o a zero, para pontos mais distantes. A camada do fluido com velocidade próxima de v_o é denominada camada limite.

Quando um corpo move-se em um fluido viscoso, a camada de fluido adjacente ao corpo, chamada camada limite, tende a mover-se com ele

Próximo à superfície de um corpo sólido movendo-se dentro de um fluido viscoso, este apresenta um campo de velocidades com uma variação contínua e, fora do regime turbulento, razoavelmente bem entendido. A camada em contato com o corpo move-se com a mesma velocidade v_o deste, e à medida que nos afastamos da superfície do corpo observamos velocidades cada vez menores. A camada em que o fluido apresenta velocidade significativa, próxima de v_o, é denominada camada limite. O conceito de camada limite tem uma importância fundamental na hidrodinâmica e na aerodinâmica. A Figura 2.26 mostra o campo de velocidades próximo a uma face paralela (ao movimento) de um corpo movendo-se dentro de um fluido viscoso. Se o fluido fosse perfeito, não se moveria junto com o corpo, e a camada limite teria espessura nula.

A existência da camada limite manifesta-se em alguns fenômenos da experiência diária. Um desses fenômenos é o depósito de poeira nas hélices de um ventilador. Isto parece paradoxal, pois as correntes de ar geradas pelo ventilador deveriam ser capazes de retirar a poeira de sua superfície. Entretanto, devido à camada limite, o ar adjacente à superfície das hélices move-se junto com estas, e não há mecanismo eficaz para a remoção da poeira. Outra manifestação da camada limite é o efeito Magnus, a ser estudado na próxima seção.

Seção 2.15 ■ Efeito Magnus (opcional)

Efeito Magnus é o encurvamento da trajetória de uma bola que gira enquanto translada

A camada limite manifesta-se de forma muito interessante quando uma bola é lançada com "efeito", isto é, girando em torno do seu centro de massa. É bem sabido que nesse caso a bola sofre um desvio lateral em sua trajetória. Em vários esportes praticados com bola, principalmente no futebol, esse fenômeno é explorado pelos jogadores para imprimir à bola uma trajetória curva. Nesta seção, discutiremos esse fenômeno, denominado efeito Magnus. Naturalmente, devido à gravidade, a trajetória da bola sempre se encurva para baixo. No efeito Magnus, o plano da curvatura é determinado pela direção em que se orienta o eixo de giro da bola. O mais comum é que esse eixo seja vertical, e nesse caso a bola também se desvia em uma direção horizontal. O efeito Magnus sempre se superpõe à curvatura gerada pela gravidade, mas para simplificar vamos ignorar o efeito da gravidade. O efeito decorre do fato de que, devido à sua viscosidade, o ar adjacente à bola tende a acompanhar seu movimento, criando a camada limite.

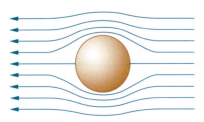
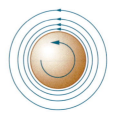

Figura 2.27
Uma bola move-se para a direita no ar, sem girar. No referencial da bola, o ar move-se para a esquerda, e seu campo de velocidades é estacionário. As linhas de corrente são mostradas.

Figura 2.28
Uma bola gira no ar, sem transladar. Devido à camada limite, o ar na vizinhança da bola também gira com um campo de velocidades estacionário. As linhas de corrente são mostradas.

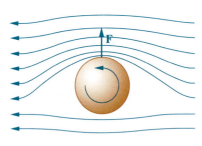
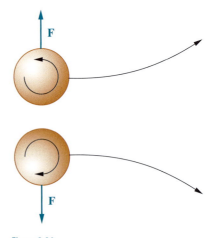

Figura 2.29
Uma bola move-se para a direita no ar e ao mesmo tempo gira. No referencial da bola, a velocidade do ar em cada ponto é a soma das velocidades ilustradas nas Figuras 2.27 e 2.28. Esse campo é estacionário, e a variação da densidade do ar pode ser, em primeira aproximação, ignorada. Temos, portanto, as condições em que a equação de Bernoulli pode ser aplicada. A velocidade do ar no lado de cima é maior do que no lado de baixo; logo, a pressão no lado de baixo é maior e a bola sobre uma força **F** de empuxo para cima.

Figura 2.30
A bola que se move girando no ar sofre uma força de empuxo aerodinâmico lateral que curva a sua trajetória para a direita ou para a esquerda, dependendo do sentido do seu giro. Esse é o *efeito Magnus*.

Para entender o efeito Magnus, é conveniente analisar de maneira separada o movimento de translação de uma bola sem giro e depois o giro da bola sem translação. A Figura 2.27 mostra o campo de velocidades do ar próximo a uma bola que se move para a direita sem girar. Adotamos, ao fazer a figura, o referencial em que a bola está parada, pois nesse referencial o escoamento do ar é estacionário, e podemos então aplicar a equação de Bernoulli, que é essencial para o entendimento do efeito Magnus. No referencial da bola, ela está parada e o ar flui para a esquerda. As linhas de corrente do fluxo do ar desviam-se de forma simétrica para se desviarem da bola.

A Figura 2.28 mostra o escoamento do ar em torno de uma bola que gira sem transladar. Vê-se que o ar circula a bola, de forma que a camada imediatamente adjacente a ela segue inteiramente seu movimento. Em outros termos, a camada limite gira junto com a bola.

A Figura 2.29 mostra o escoamento do ar próximo a uma bola que translada e ao mesmo tempo gira. Esse escoamento é uma combinação daqueles mostrados nas Figuras 2.27 e 2.28. Da Figura 2.29, vê-se que a velocidade do ar *no lado de cima* da figura é maior que a velocidade no lado de baixo. Logo, pela equação de Bernoulli, a pressão embaixo (o lado direito da bola em movimento) é maior que a pressão encima, e isso gera um empuxo hidrodinâmico **F** na bola que aponta para cima. Como resultado do empuxo hidrodinâmico, a trajetória da bola curva-se para o lado esquerdo do seu movimento. Naturalmente, esquerdo e direito são

---

Se o eixo de rotação é vertical, a bola está sendo vista de cima e todos os pontos das Figuras 1.27 a 1.29 estão em um plano horizontal. Assim, o lado de cima nas figuras é o lado esquerdo da bola em movimento, em um plano horizontal

Capítulo 2 ■ Fluidos   49

definidos pelo vetor de rotação da bola. Se a bola girasse no sentido horário — vetor de rotação apontando para dentro do papel —, sua trajetória se curvaria para a direita. A curvatura da trajetória da bola é mostrada na Figura 2.30, para os dois sentidos do giro. Se a bola gira no sentido anti-horário, a trajetória se curva para a esquerda, e se o giro é no sentido horário ela se curva para a direita. É importante destacar que o efeito Magnus só aparece porque o ar é viscoso. Em um fluido perfeito, o efeito seria inexistente.

E·E Exercício-exemplo 2.10

■ *Conceitual.* A equação de Bernoulli vale ao longo de uma dada linha de corrente. Entretanto, na discussão do efeito Magnus, comparamos pressões em linhas distintas, uma passando acima e outra abaixo da bola. Por que isso pôde ser feito?

■ **Solução**

Quando nos afastamos suficientemente da bola, para a esquerda ou para a direita, as linhas de corrente são paralelas, o que reflete o fato de que a pressão é a mesma em todas as linhas em pontos afastados da bola. Por isso, a equação de Bernoulli permanece válida mesmo que passemos de uma linha de corrente para outra. Em outras palavras, a grandeza $p + \rho v^2 / 2$ tem valor constante em todo o ar. Obviamente estamos ignorando a variação da pressão com variações de altitude da ordem da dimensão da bola.

PROBLEMAS

P 2.1 Suponha que o tambor da Figura 2.12 tenha um volume de 100 litros e um fundo com área de 0,30 m². Seja $H = 4,0$ m a altura da água no cano. Calcule a força exercida pela água sobre o fundo do tambor. Discuta o fato de que essa força é muito maior do que o peso da água.

P 2.2 A Figura 2.31 mostra esquematicamente uma barragem de largura L represando uma lâmina de água de profundidade H. Calcule a força e o torque (em relação ao eixo definido pelo plano vertical da barragem e o fundo do lago) sobre a barragem, exercidos pela pressão hidrostática do sistema água + atmosfera.

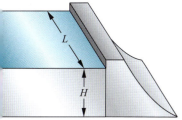

Figura 2.31
(Problema 2.2).

P 2.3 Após inventar a bomba de vácuo mecânica, Otto von Guecke, o burgomestre de Magdeburgo, fez, em 1654, uma demonstração sobre a força da pressão atmosférica. Evacuou uma esfera oca de raio igual a 0,30 m, composta de dois hemisférios bem encaixados, e demonstrou que dois conjuntos de oito cavalos não podiam vencer a força hidrostática e separar os hemisférios. A Figura 2.32 mostra uma variante da experiência de Magdeburgo. Qual é o valor mínimo da massa M capaz de separar os hemisférios?

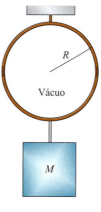

Figura 2.32
(Problema 2.3).

P 2.4 Mostre que para elevar o bloco, de massa M, da Figura 2.33, de uma altura Δh, a força **F** tem de realizar um trabalho igual a $Mg\Delta h$.

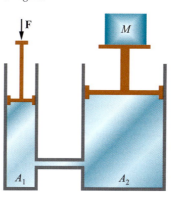

Figura 2.33
(Problema 2.4).

P 2.5 Uma bomba de sucção faz a água de um reservatório elevar-se dentro de um cano (com uma das extremidades imersas na água) por sucção da outra extremidade, de maneira similar ao que ocorre quando usamos canudinho para tomar um líquido. Qual é a altura máxima à qual a água pode ser bombeada?

P 2.6 O método utilizado por Arquimedes para conferir a composição da coroa do Rei consiste em medir o peso da coroa imersa no ar (P) e seu peso imerso em água (P_{ap}). (A) Mostre que

$$\frac{\Delta P}{P} = \frac{P - P_{ap}}{P} = \frac{\rho_c}{\rho_a},$$

onde ρ_c e ρ_a são as densidades da coroa e da água, respectivamente. Suponha que o ouro, cuja densidade é 19,32 g/cm³, tenha recebido uma mistura de 40% em peso de cobre, cuja densidade é 8,96 g/cm³. Calcule $\Delta P / P$ (B) para o ouro; (C) para a coroa.

P 2.7 Um homem constrói uma jangada com pau-de-balsa, cuja densidade é 0,30 g/cm³. Que volume mínimo de madeira deve ser utilizado na jangada para que ela possa transportar uma carga de 210 kg sem afundar? A densidade da água do mar é 1,03 g/cm³.

P 2.8 Um balde contendo água sofre uma aceleração a para cima. Calcule a variação da pressão hidrostática com a profundidade h da água.

P 2.9* Newton fez uma célebre experiência para verificar o efeito de forças inerciais que aparecem em um sistema de coordenadas girando em relação ao que ele considerava ser o espaço absoluto. Colocou um balde cilíndrico contendo água em rotação em torno de seu eixo vertical com velocidade angular ω e observou que no estado estacionário a superfície da água assumia a forma de um parabolóide, como mostra a Figura 2.34. Mostre que esse parabolóide é descrito pela equação $y = \omega^2 r^2 / 2g$, onde y é a elevação do nível da água à distância r do eixo do cilindro. *Sugestão*: o efeito da aceleração centrífuga $\omega^2 r$ é equivalente ao de uma aceleração gravitacional horizontal.

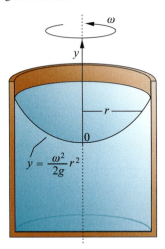

Figura 2.34
(Problema 2.9).

P 2.10 Um tubo em forma de U e seção interna uniforme contém um líquido homogêneo, o qual preenche um comprimento L do tubo. Se inicialmente o nível do líquido em um dos lados do tubo estiver mais alto que o outro, o sistema oscilará até atingir o equilíbrio. Calcule a freqüência angular de oscilação.

P 2.11 *Por que nossa atmosfera tem pouco hidrogênio*. A atmosfera terrestre deve ter sido no passado muito mais rica em hidrogênio, que acabou libertando-se da gravidade terrestre. Dois fatores geraram esse fenômeno de perda. Primeiro, a velocidade térmica das moléculas de hidrogênio a uma dada temperatura é muito maior que as de moléculas de nitrogênio e oxigênio. O outro fator decorre de que em uma atmosfera de hidrogênio a pressão (e também a densidade) decresce muito mais lentamente com a altitude. Sabendo que à temperatura de 0° C e à pressão de um atmosfera o gás hidrogênio tem densidade de 0,090 kg/m³, calcule a altura típica H de uma atmosfera de hidrogênio.

P 2.12 Um fluido incompressível e perfeito flui por um cano de diâmetro uniforme, o qual passa por pontos com diferentes elevações z. Mostre que, neste caso, a equação de Bernoulli é o resultado de duas equações independentes:

$v = $ constante,

$p + \rho g z = $ constante.

P 2.13 Água sobe por um cano cujo diâmetro interno sofre uma redução de $D_1 = 2,54$ cm para $D_2 = 1,905$ cm. No ponto 1, a pressão do líquido é $p_1 = 2,00$ atm (Figura 2.35). Sabendo que a vazão no cano é de 0,500 litros por segundo, calcule a pressão no ponto 2 situado 5,0 m acima do ponto 1.

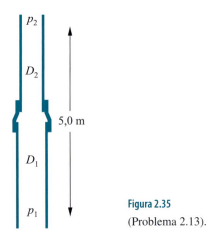

Figura 2.35
(Problema 2.13).

P 2.14 A Figura 2.36 mostra um *medidor de Venturi* de fluxo de um fluido. O cano pelo qual passa o fluido sofre um estrangulamento, onde sua área de seção reduz-se de A para a. Na região de área reduzida, o fluido flui com maior velocidade, e pela equação de Bernoulli sua pressão fica reduzida. Um manômetro diferencial mede a queda de pressão Δp no fluido decorrente do aumento de velocidade. Mostre que o fluxo do fluido é

$$\Phi = A\sqrt{\frac{2\Delta p}{\rho(A^2/a^2 - 1)}},$$

onde ρ é a sua densidade.

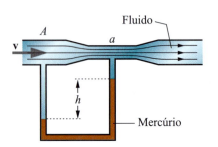

Figura 2.36
(Problemas 2.14 2.15).

P 2.15 Suponha que a diferença de pressão no medidor de Venturi (Problema 2.14) seja medida pelo desnível h de uma coluna de mercúrio, como mostra a Figura 2.36. Sejam ρ_{mer} e ρ as densidades do mercúrio e do fluido, respectivamente. Mostre que

$$\Delta p = (\rho_{mer} - \rho)gh.$$

Capítulo 2 ■ Fluidos

51

P 2.16 Uma janela tem área de 2,0 m². Estando a janela fechada, uma ventania com velocidade de 20 m/s passa paralela à janela. Calcule a força para fora exercida sobre a janela.

P 2.17 Um tambor cilíndrico cuja base tem área A está cheio de água até a altura h. Um orifício de área a, é aberto em seu fundo, por onde a água começa a escoar. Calcule o tempo gasto para esvaziar o tambor.

P 2.18 Calcule a integral definida pela Equação 2.41, sendo v dado pela Equação 2.40, para obter a Equação 2.42.

P 2.19* Considere o fluxo de um fluido viscoso por um cano com seção cilíndrica de raio R. A diferença de pressão entre as extremidades do cano, de comprimento L, é Δp, e o fluxo de fluido no cano é Φ. (A) Mostre que o trabalho externo necessário para que um volume V de fluido passe pelo cano é $W = V\Delta p$. (B) Mostre que a potência despendida para manter no cano o fluxo é

$$P = \frac{4\eta L}{\pi R^4} \Phi^2.$$

Respostas dos exercícios

E 2.2 1 atm = 14,70 lb/in² = 1,033 kgf/cm²

E 2.3 (A) 4,7%; (B) 0,059%; (C) 0,0083%

E 2.4 R: 1 GPa

E 2.5 $T = 65$ Pa

E 2.6 $\eta = 0,40$ Pa · s

E 2.7 1,8%

E 2.8 54 kPa

E 2.9 3,28 bar

E 2.10 1 torr = 133 Pa

E 2.11 $f = 625$

E 2.12 $H = 8,2$ m

E 2.13 $p = 0,35$ atm

E 2.14 $H = 676$ mm

E 2.15 1,1 m

E 2.16 11%

E 2.17 Os reservatórios A e B têm o mesmo peso, e são mais leves que o C

E 2.18 Desce

E 2.19 2,9 bar

E 2.20 90 Pa/m

E 2.21 (A) $v_{máx} = 59$ m/s. (B) $F_E = 15$ kN

Respostas dos problemas

P 2.1 $f = 4,3 \times 10^4$ N

P 2.2 $F = \rho g\, LH^2 / 2$, $T = \rho g\, LH^3 / 6$

P 2.3 $2,9 \times 10^4$ N

P 2.5 10,3 m

P 2.6 (B) 5,18%; (C) 7,58%

P 2.7 $V = 0,29$ m³

P 2.8 $p = p_o + (g + a)\rho h$

P 2.10 $\omega = \sqrt{2g / L}$

P 2.11 $1,1 \times 10^5$ km

P 2.13 1,42 atm

P 2.16 $5,2 \times 10^2$ N

P 2.17 $\dfrac{a}{A}\sqrt{\dfrac{2h}{g}}$

3

Oscilador Harmônico

Seção 3.1 ▪ Movimento harmônico simples, 54
Seção 3.2 ▪ Oscilador harmônico simples, 55
Seção 3.3 ▪ Exemplos de oscilador harmônico simples, 57
Seção 3.4 ▪ Relações de energia no oscilador harmônico, 63
Seção 3.5 ▪ Oscilador harmônico amortecido, 66
Seção 3.6 ▪ Oscilador forçado e ressonância, 68
Problemas, 72
Respostas dos exercícios, 73
Respostas dos problemas, 73

Seção 3.1 ▪ Movimento harmônico simples

A Natureza apresenta inúmeros exemplos de movimentos periódicos, ou seja, movimentos que se repetem em ciclos. Exemplos notáveis são o movimento da Terra e dos outros planetas em torno do Sol, o movimento de rotação da Terra em torno do seu eixo, o movimento de um pêndulo etc. Por isso, o estudo dos movimentos periódicos tem grande importância na física. Um tipo particular de movimento periódico tem uma importância especial: o movimento harmônico simples (mhs). O movimento harmônico simples é a projeção em um dado eixo do movimento circular uniforme. Consideremos uma partícula em movimento circular uniforme, com velocidade angular ω, em um círculo de raio R, como mostra a Figura 3.1.

▪ Movimento harmônico simples (mhs) é o movimento da projeção em um dado eixo de uma partícula em movimento circular uniforme

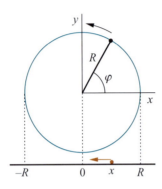

Figura 3.1
A projeção em um eixo do movimento circular uniforme de uma partícula é denominada movimento harmônico simples.

A posição da partícula é descrita pelo ângulo φ, que depende do tempo t e será dado por

$$\varphi(t) = \omega t + \varphi_o. \tag{3.1}$$

A projeção em um dado eixo, digamos eixo x, do movimento da partícula será descrita pela sua coordenada x, expressa por

$$x = R \cos[\varphi(t)] \;\Rightarrow\; x(t) = R \cos(\omega t + \varphi_o). \tag{3.2}$$

▪ O ângulo $\varphi(t)$ que aparece como argumento da função x é denominado ângulo de fase do movimento harmônico simples. R é o valor máximo da coordenada x e é denominado amplitude do mhs

A Equação 3.2 exprime matematicamente o movimento harmônico simples. A coordenada x oscila senoidalmente entre os valores $-R$ e R. Por isso, R é denominado amplitude do mhs. O ângulo $\varphi(t)$ que aparece como argumento da função x nessa equação é denominado ângulo de fase, ou simplesmente fase do movimento. Vê-se que φ_o é a fase inicial do movimento, ou seja, o ângulo de fase em $t = 0$. O período do movimento é o tempo T necessário para se completar um ciclo. Uma vez que o valor da coordenada x se repete a cada ciclo, ou seja, $x(t + T) = x(t)$, obtém-se

$$\cos[\omega(t+T)+\varphi_o] = \cos[\omega t + \varphi_o], \tag{3.3}$$

▪ Relação entre período T e freqüência angular ω no mhs

$$\omega T = 2\pi \;\Rightarrow\; T = \frac{2\pi}{\omega}.$$

No movimento circular, ω é a velocidade angular, ou seja, representa o ângulo percorrido pela partícula por unidade de tempo. No movimento harmônico simples essa grandeza é usualmente denominada freqüência angular. A freqüência angular corresponde ao número de radianos varrido por unidade de tempo. Não se deve confundi-la com a freqüência ν do movimento, que é o número de ciclos completados por unidade de tempo. Como cada ciclo tem uma duração T, a freqüência ν será dada por

▪ Relação entre período T e freqüência ν no mhs

$$\nu = 1/T \;\Rightarrow\; \nu = \omega/2\pi. \tag{3.4}$$

A unidade de freqüência no SI é 1 ciclo por segundo. Tal unidade tem um nome e um símbolo especiais, o hertz, símbolo Hz:

1 Hz ≡ 1 ciclo por segundo.

A velocidade e a aceleração da partícula que realiza o movimento harmônico simples descrito pela Equação 3.2 são dadas, respectivamente, por

$$\dot{x} = -\omega R \, \text{sen}(\omega t + \varphi_o) = \omega R \cos(\omega t + \varphi_o + \pi/2), \qquad (3.5)$$

$$\ddot{x} = -\omega^2 R \cos(\omega t + \varphi_o) = \omega^2 R \cos(\omega t + \varphi_o + \pi). \qquad (3.6)$$

Vê-se portanto que, exceto pelo fator de escala ω ou ω^2, a velocidade e a aceleração da partícula variam no tempo de modo análogo à sua posição. A única diferença entre as funções x, $\dot{x}$ e $\ddot{x}$ está ligada ao ângulo de fase φ. As fases de $\dot{x}$ e $\ddot{x}$ estão adiantadas de $\pi/2$ e π, respectivamente, em relação à fase de x. A Figura 3.2 mostra a variação no tempo da posição x, da velocidade $v = \dot{x}$ e da aceleração $a = \ddot{x}$ da partícula para o caso particular em que $\omega = 1$.

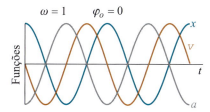

Figura 3.2

Variação temporal da posição, velocidade e aceleração de um oscilador harmônico simples.

Exercícios

E 3.1 Uma partícula anda com velocidade de módulo 5,0 m/s em um círculo situado no plano xy, cujo raio vale 1,0 m. Considere o sistema de coordenadas xy com origem no centro do círculo. No instante $t = 0$, as coordenadas da partícula são $x = \frac{1}{2}$ m, $y = \frac{\sqrt{3}}{2}$ m. (A) Escreva as funções $x(t)$ e $y(t)$. (B) Escreva as funções $v_x(t)$ e $v_y(t)$.

E3.2 A coordenada y da partícula na Figura 3.1 também executa um movimento harmônico simples. Determine a diferença de fase entre esse movimento e o da coordenada x.

Seção 3.2 ■ Oscilador harmônico simples

Oscilador harmônico simples é um sistema com um grau de liberdade que oscila livremente na forma de movimento harmônico simples

Define-se um oscilador harmônico simples como sendo qualquer sistema com um grau de liberdade capaz de oscilar na forma de movimento harmônico simples. Tal sistema pode ser um corpo movendo-se de maneira oscilatória sobre uma dada reta ou curva. O oscilador harmônico simples é um modelo exato ou aproximado de muitos sistemas físicos de grande importância, o que justifica o seu estudo detalhado.

Comparando-se as Equações 3.2 e 3.6, deduz-se que oscilador harmônico simples é um sistema com um grau de liberdade cuja coordenada x obedece à seguinte equação de movimento:

$$\ddot{x} = -\omega^2 x. \qquad (3.7)$$

As soluções genéricas $x(t)$ e a velocidade $\dot{x}(t)$ desta equação são semelhantes às Equações 3.2 e 3.5, respectivamente:

$$x = x_m \cos(\omega t + \varphi_o), \qquad (3.8)$$

$$\dot{x} = -\omega x_m \, \text{sen}(\omega t + \varphi_o), \quad \dot{x}_m \equiv \omega x_m, \qquad (3.9)$$

onde $\dot{x}_m$ é a amplitude da velocidade.

Como a Equação 3.7 é uma equação diferencial de segunda ordem, sua solução, expressa na Equação 3.8, contém duas constantes de integração, a amplitude x_m e a fase inicial φ_o.

56 | Física Básica ■ Gravitação | Fluidos | Ondas | Termodinâmica

Sendo assim, o movimento do corpo só fica completamente definido quando os valores dessa constantes são determinados. Para determiná-los é necessário conhecer as condições iniciai do movimento, ou seja, sua posição e sua velocidade iniciais. Quando se faz $t = 0$ nas Equa ções 3.8 e 3.9, obtém-se

$$x_o = x_{\mathrm{m}} \cos\varphi_o, \quad \dot{x}_o = -\omega x_{\mathrm{m}} \mathrm{sen}\varphi_o. \tag{3.10}$$

As Equações 3.10 mostram que, se conhecermos x_o e $\dot{x}_o$, obteremos as constantes x_{m} e φ_o Ou então, se soubermos o valor de x e de $\dot{x}$, não em $t = 0$ mas em algum outro instante $t_o \neq 0$ as constantes x_{m} e φ_o também podem ser determinadas, pois substituindo t por t_o nas Equaçõe 3.8 e 3.9 obtemos de novo duas equações com duas incógnitas.

A Equação 3.7 mostra que a aceleração do oscilador é proporcional ao seu deslocament com sinal invertido. Se x é uma coordenada linear e m representa a massa do corpo oscilante a força resultante que atua sobre o corpo, que pela segunda lei de Newton é igual a $m\ddot{x}$, ser proporcional e contrária ao seu deslocamento x:

$$m\ddot{x} = F = -m\omega^2 x. \tag{3.11}$$

> **Força restauradora** para um ponto de equilíbrio é uma força sempre contrária ao deslocamento relativo a esse ponto

Uma força sempre contrária ao deslocamento é denominada **força restauradora**, pois sempre tende a trazer o corpo para a sua posição de equilíbrio, no presente caso $x = 0$. Caso x repre sente uma coordenada angular, o sistema tem um momento de inércia I em relação ao eixo de rotação e o torque resultante sobre o sistema deve ser $I\ddot{x}$. Esse torque também será proporciona e contrário ao ângulo x, ou seja, será um *torque restaurador*:

> Um oscilador harmônico se caracteriza por uma força, ou um torque, resultante contrária e proporcional à coordenada, que é o deslocamento em relação ao equilíbrio

$$I\ddot{x} = \tau = -I\omega^2 x. \tag{3.12}$$

Faremos agora uma digressão matemática. A Equação de movimento 3.7 admite como solução tanto a função $\cos(\omega t)$ quanto a função $\mathrm{sen}(\omega t)$, pois a derivada segunda de qualque uma dessas funções é igual a $-\omega^2$ vezes a própria função. Portanto, a solução geral da Equaçã 3.7 deve ser uma combinação linear delas:

$$x(t) = A\cos(\omega t) + B\,\mathrm{sen}(\omega t). \tag{3.13}$$

Neste caso, a velocidade será dada por

$$\dot{x}(t) = -\omega A\,\mathrm{sen}(\omega t) + \omega B\cos(\omega t). \tag{3.14}$$

A solução da Equação 3.13 deve ser completamente equivalente à da Equação 3.8 — e d fato o é, como poderemos ver se aplicarmos à Equação 3.8 a regra de expansão do co-seno de uma soma. Fazendo essa expansão e igualando-a ao lado direito da Equação 3.13, conclui-se que as duas soluções são idênticas desde que se obedeça às seguintes relações:

$$A = x_{\mathrm{m}} \cos(\varphi_o) \text{ e } B = x_{\mathrm{m}} \,\mathrm{sen}(\varphi_o). \tag{3.15}$$

As relações 3.15 podem ser invertidas para se calcular x_{m} e φ_o a partir de A e B :

$$\mathrm{tg}(\varphi_o) = -\frac{B}{A} \quad \text{e} \quad x_m^2 = A^2 + B^2. \tag{3.16}$$

Quando a solução se expressa na forma de uma soma de seno e co-seno como a Equaçã 3.13, fica muito simples substituir as constantes A e B pelas condições iniciais. Fazend $t = 0$ nas Equações 3.13 e 3.14, obtemos:

$$A = x(0); \quad B = \frac{\dot{x}(0)}{\omega}. \tag{3.17}$$

> ■ **Coordenada do oscilador harmônico expressa em termos de sua coordenada e sua velocidade iniciais**

Estas relações nos permitem reescrever a Equação 3.13 na seguinte forma:

$$x(t) = x(0)\cos(\omega t) + \frac{\dot{x}(0)}{\omega}\,\mathrm{sen}(\omega t). \tag{3.18}$$

Capítulo 3 ■ Oscilador Harmônico

E·E Exercício-exemplo 3.1

■ Um oscilador tem as condições iniciais $x_o = 8,0$ cm, $v_o = 20,0$ cm/s, e sua freqüência angular vale 10/s. Calcule $x(t)$ e $v(t)$ e $a(t)$.

■ **Solução**

O valor de $x(t)$ pode ser obtido substituindo-se os dados do problema na Equação 3.18:

$$x(t) = 8,0\text{cm} \cdot \cos\left(10\frac{t}{s}\right) + \frac{20,0\text{cm/s}}{10/s} \cdot \text{sen}\left(10\frac{t}{s}\right) \Rightarrow$$

$$x(t) = 8,0\text{cm} \cdot \cos\left(10\frac{t}{s}\right) + 2,0\text{cm} \cdot \text{sen}\left(10\frac{t}{s}\right).$$

Derivando $x(t)$ obtemos $v(t)$:

$$v(t) = -80\text{cm/s} \cdot \text{sen}\left(10\frac{t}{s}\right) + 20\text{cm/s} \cdot \cos\left(10\frac{t}{s}\right).$$

Derivando $v(t)$ obtemos $a(t)$:

$$a(t) = -800\text{cm/s}^2 \cdot \cos\left(10\frac{t}{s}\right) - 200\text{cm/s}^2 \cdot \text{sen}\left(10\frac{t}{s}\right).$$

Observe-se que $a(t) = -\omega^2 x(t)$, como exige a Equação 3.7.

Exercícios

E 3.3 O movimento de um oscilador harmônico é descrito por $x = 0,75$cm $\cdot \cos(5,0t/s) - 0,40$cm $\cdot$ sen$(5,0t/s)$. Escreva esse movimento na forma $x = x_m \cos(\omega t + \varphi_o)$.

E 3.4 Um oscilador harmônico apresenta no instante $t = 0$ os seguintes valores para suas variáveis de movimento: $x = -2,50$ cm, $v = -43,3$ cm/s, $a = 250$ cm/s^2. Calcule a amplitude, a freqüência angular e a fase inicial do oscilador.

Seção 3.3 ■ Exemplos de oscilador harmônico simples

3.3.1 Sistema massa–mola

Consideremos um corpo de massa m, movendo-se sob a ação de uma mola de massa desprezível e constante de mola k, como mostra a Figura 3.3. Quando o corpo sofre um deslocamento x de sua posição de equilíbrio, se x for suficientemente pequeno, a mola exercerá uma força restauradora sobre o corpo que será proporcional ao seu deslocamento:

$$F = -kx. \tag{3.19}$$

A equação de movimento do sistema terá a forma simples

$$m\ddot{x} = -kx. \tag{3.20}$$

Comparando-se as Equações 3.20 e 3.11, deduz-se que o sistema é um oscilador harmônico simples cuja freqüência angular natural é

■ Freqüência angular natural do oscilador massa–mola

$$\omega_o = \sqrt{\frac{k}{m}}. \tag{3.21}$$

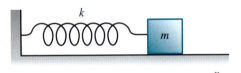

Figura 3.3
Sistema massa–mola, exemplo de oscilador harmônico simples.

Note que estamos usando o símbolo ω_o para representar a freqüência natural de um oscilador harmônico simples. Portanto, quando o sistema estiver fora de equilíbrio seu movimento será descrito pela Equação 3.8, onde ω é agora substituído por ω_o.

E·E Exercício-exemplo 3.2

■ Uma massa de 0,100 kg está presa a uma mola cuja constante de mola vale 0,100N/cm. (A) Calcule a freqüência e o período de oscilação natural do sistema. (B) Em $t = 0$, o corpo estava em sua posição de equilíbrio $x_o = 0$ e sofreu uma colisão que lhe transmitiu uma velocidade inicial $v_o = 0{,}50$ m/s. Descreva o movimento subseqüente.

■ **Solução**

(A) A freqüência angular natural será, conforme a Equação 3.21,

$$\omega_o = \sqrt{\frac{0{,}100\text{N/cm}}{0{,}100\text{kg}}} = \sqrt{\frac{10{,}0\text{N/m}}{0{,}100\text{Ns}^2/\text{m}}} = 10 \text{ s}^{-1}.$$

O período e a freqüência do oscilador serão, respectivamente,

$$T = \frac{2\pi}{\omega_o} = \frac{6{,}28}{10{,}0\text{s}^{-1}} = 0{,}628 \text{ s},$$

$$\nu_o = \frac{1}{0{,}628\text{s}} = 1{,}59 \text{ s}^{-1} = 1{,}59 \text{ Hz}.$$

(B) 1ª solução: substituindo os valores $x(0) = 0$, $\dot{x}(0) = v_o = 0{,}5$ m/s e $\omega_o = 10\text{s}^{-1}$ na Equação 3.18, teremos:

$$x(t) = \frac{0{,}50\text{m/s}}{10\text{s}^{-1}}\text{sen}(10\text{s}^{-1}t) = 5{,}0\text{cm} \cdot \text{sen}(10\text{s}^{-1}t).$$

(B) 2ª solução: substituindo as condições iniciais nas Equações 3.10, obtemos

$$\cos\varphi_o = 0 \Rightarrow \varphi_o = \pm\pi/2$$

e $\text{sen}\varphi_o = -\dfrac{v_o}{\omega_o x_m} = -\dfrac{0{,}50\text{m/s}}{10\text{s}^{-1} \cdot x_m}$.

Como $\text{sen}\varphi_o < 0 \Rightarrow \varphi_o = -\pi/2$.

Da Equação de seno acima obtemos

$$x_m = -\frac{0{,}50\text{m/s}}{10\text{s}^{-1} \cdot \text{sen}(-\pi/2)} = 5{,}0 \text{ cm}.$$

A solução completa da equação de movimento será, portanto,

$$x = 5{,}0 \text{ cm} \cdot \cos(10t/s - \pi/2) = 5{,}0 \text{ cm} \cdot \text{sen}(10t/s).$$

Exercícios

E 3.5 Quando um oscilador massa–mola está na posição $x = -6{,}0$ cm, sua velocidade é de 30 cm/s e sua aceleração é de 150 m/s². (*A*) Qual é a freqüência do oscilador? (*B*) Qual é a amplitude da oscilação?

E 3.6 A Figura 3.4 mostra a oscilação de um corpo com massa de 0,50 kg preso a uma mola. (*A*) Quanto vale a constante de força da mola? (*B*) Escreva a equação que descreve $x(t)$.

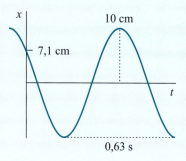

Figura 3.4
Exercício E 3.6.

3.3.2 Pêndulo simples

O pêndulo simples é o sistema constituído de uma partícula de massa m pendurada por um fio inelástico e sem massa de comprimento l. A Figura 3.5 mostra o pêndulo e as forças atuando sobre a partícula. A força resultante F é tangencial à trajetória, e é dada por

$$F = -mg\operatorname{sen}\theta. \tag{3.22}$$

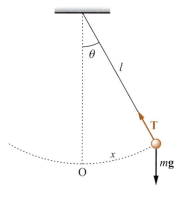

Figura 3.5
Pêndulo simples, exemplo de oscilador harmônico simples.

O sinal menos na equação acima exprime o fato de que a força é sempre oposta ao deslocamento do pêndulo, ou seja, é uma força de restauração ao equilíbrio. Os deslocamentos x da partícula correspondem a arcos do círculo de raio l. Podemos optar por usar coordenadas lineares $(x, \dot{x}, \ddot{x})$ ou angulares $(\theta, \dot{\theta}, \ddot{\theta})$. As relações entre elas são

$$x = l\theta,\ v = \dot{x} = l\dot{\theta},\ a = \ddot{x} = l\ddot{\theta}. \tag{3.23}$$

Usando as Equações 3.22 e 3.23 e a Segunda Lei de Newton, a equação de movimento do pêndulo em coordenadas angulares será

$$\ddot{\theta} = -\frac{g}{l}\operatorname{sen}\theta. \tag{3.24}$$

É importante notar que a Equação 3.24 não é similar à Equação 3.7 de um oscilador harmônico simples. Ou seja, a aceleração $\ddot{\theta}$ não é proporcional ao ângulo θ, mas sim ao seu seno. A solução $\theta(t)$ da Equação 3.24 não é uma função simples. Entretanto, para pequenos ângulos de oscilação, podemos adotar a aproximação $\operatorname{sen}\theta \cong \theta$ para escrever

$$\ddot{\theta} = -\frac{g}{l}\theta. \tag{3.25}$$

60   Física Básica ■ Gravitação | Fluidos | Ondas | Termodinâmica

Portanto, para oscilações de pequenas amplitudes o pêndulo simples se comporta como um oscilador harmônico simples e tem freqüência angular natural:

■ Freqüência angular natural
do pêndulo simples

$$\omega_o = \sqrt{\frac{g}{l}}.$$

(3.26)

E·E Exercício-exemplo 3.3

■ (A) Qual é o comprimento de um pêndulo simples cuja freqüência natural é 1,00 Hz? (B) Sabendo que em $t = 0$ sua posição inicial era $\theta_o = 0,5$ rad e sua velocidade angular inicial era $\dot\theta_o = \pi$ rad/s, determine a amplitude do movimento.

■ **Solução**

(A) Com base nas Equações 3.3, 3.4 e 3.26, podemos escrever

$$v_o = \frac{\omega_o}{2\pi} = \frac{1}{2\pi}\sqrt{\frac{g}{l}}.$$

Portanto,

$$l = \frac{g}{4\pi^2 v^2} = \frac{9,81\,\text{ms}^{-2}}{39,48 \times 1,00\,\text{s}^{-2}} = 0,248 \text{ m}.$$

(B) A freqüência angular do oscilador é $\omega_o = 2\pi v_o = 2,0\pi$ rad/s. Usando este resultado e os valores de θ_o e $\dot\theta_o$ na Equação 3.18 obtemos a solução para $\theta(t)$:

$$\theta(t) = 0,50\cos(2,00\pi\,\text{s}^{-1}t) + \frac{1,0\pi}{2,00\pi}\,\text{sen}(2,00\pi\,\text{s}^{-1}t), \text{ ou}$$

$$\theta(t) = 0,50\cos(2,00\pi\,\text{s}^{-1}t) + 0,50\,\text{sen}(2,00\pi\,\text{s}^{-1}t).$$

Podemos também expressar $\theta(t)$ na forma $\theta(t) = \theta_\text{m}\cos(2,00\pi\,\text{s}^{-1}t + \varphi_o)$. Expandindo esse co-seno de uma soma de ângulos e comparando com a expressão anterior obtida para $\theta(t)$, concluímos que

$$\theta_\text{m}\cos(\varphi_o) = 0,50 \text{ e } \theta_\text{m}\,\text{sen}(\varphi_o) = -0,50 \Rightarrow \theta_\text{m}^2 = (0,50)^2 + (0,50)^2.$$

Portanto, a amplitude do movimento será $\theta_\text{m} = \sqrt{2} \cdot 0,50 \text{ rad} = 0,70 \text{ rad}$.

Uma outra maneira de se encontrar o valor de θ_m baseia-se no cálculo do instante t_m em que a velocidade $\dot\theta(t)$ se anula; calcula-se então o valor de θ neste instante t_m.

Exercício   E 3.7 Um pêndulo constituído de uma esfera presa por um fio oscila, e a velocidade máxima da esfera é de 6,0 m/s. A amplitude da oscilação é de 10°. Qual é o comprimento do fio?

3.3.3 Pêndulo de torção

Quando uma barra ou um cabo é torcido em torno de seu eixo, de um ângulo θ em relação à sua posição de equilíbrio, reage com um torque de restauração proporcional a θ. Matematicamente, isso se exprime por

$$\tau = -\kappa\theta,$$

(3.27)

onde κ é a constante elástica de torção da barra ou do cabo. Considere um corpo suspenso por um cabo, e seja I o momento de inércia do corpo em relação ao eixo definido pelo cabo, como mostra a Figura 3.6. Quando girado para fora do equilíbrio, o corpo se moverá regido pela Segunda Lei de Newton para rotações, que neste caso será

$$I\ddot\theta = -\kappa\theta.$$

(3.28)

Capítulo 3 ■ Oscilador Harmônico　　61

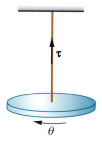

Figura 3.6
Pêndulo de torção, exemplo de oscilador harmônico simples.

Portanto, o sistema constitui um oscilador harmônico simples com freqüência angular natural dada por

■ Freqüência angular natural do pêndulo de torção

$$\omega_o = \sqrt{\frac{\kappa}{I}}.$$

(3.29)

Exercício-exemplo 3.4

■ Um disco homogêneo com massa de 0,200 kg e raio de 0,100 m é suspenso por uma barra fina formando um pêndulo de torção, como mostra a Figura 3.6. O período de oscilação natural do pêndulo é de 0,200 s. Qual é a constante de torção κ da barra?

■ **Solução**

O período do pêndulo será expresso por

$$T_o = \frac{2\pi}{\omega_o} = 2\pi \sqrt{\frac{I}{\kappa}}.$$

Portanto,

$$\kappa = \frac{4\pi^2 I}{T_o^2}.$$

Sabendo que o momento de inércia do disco vale $I = MR^2 / 2$, podemos escrever

$$\kappa = \frac{2\pi^2 MR^2}{T_o^2} = \frac{19,74 \times 0,200 \text{kg} \times 0,0100 \text{m}^2}{0,0160 \text{s}^2} = 2,47 \text{ Nm/rad}.$$

Observe que a unidade rad não aparece automaticamente nos cálculos, e foi acrescentada posteriormente.

Exercício　　**E 3.8** Considere o pêndulo de torção mostrado na Figura 3.6. O disco tem massa de 200 g e raio de 10,0 cm; a constante de torção da barra vale $3{,}0 \times 10^{-2}$ Nm. Qual é o período de oscilação do pêndulo?

3.3.4 Pêndulo físico

Um pêndulo convencional, como o de um antigo relógio de parede, é denominado pêndulo físico. A Figura 3.7 mostra um pêndulo físico e alguns dos seus parâmetros relevantes. O pêndulo, de massa M, é livre para oscilar em torno do eixo de suspensão E, seu centro de massa está à distância l do eixo. Seu momento de inércia para rotações em torno do eixo vale I. A única força que atua sobre o pêndulo, capaz de gerar torque em relação ao eixo de rotação, é seu próprio peso $M\mathbf{g}$. O torque dessa força pode ser obtido supondo-se que ela esteja aplicada no centro de massa do sistema:

$$\tau = -Mgl\,\text{sen}\,\theta,$$

(3.30)

Figura 3.7
Pêndulo físico, exemplo de oscilador harmônico simples.

Na Equação 3.30, o sinal menos nos lembra que o torque tem sinal oposto ao ângulo θ. Aplicando ao pêndulo a Segunda Lei de Newton para rotações, obtemos

$$\tau = I\ddot{\theta} \Rightarrow g l \operatorname{sen}\theta = -I\ddot{\theta}. \tag{3.31}$$

Para pequenas oscilações, fazemos a aproximação $\operatorname{sen}\theta = \theta$ e escrevemos

$$\ddot{\theta} = -\frac{Mgl}{I}\theta. \tag{3.32}$$

A freqüência angular natural do pêndulo será

■ Freqüência angular natural do pêndulo físico

$$\omega_o = \sqrt{\frac{Mgl}{I}}. \tag{3.33}$$

Observe que o pêndulo simples é um caso particular do pêndulo físico cujo momento de inércia é $I = Ml^2$.

E·E Exercício-exemplo 3.5

■ Uma barra fina de comprimento L e massa M é livre para oscilar em torno de um eixo horizontal próximo a uma das suas extremidades. Calcule o período da oscilação.

■ **Solução**

A distância do centro de massa ao eixo de rotação é $l = L/2$, e o momento de inércia da barra é $I = ML^2/3$. A Equação 3.33 nos permite então escrever

$$\omega_o = \sqrt{\frac{MgL/2}{ML^2/3}} = \sqrt{\frac{3g}{2L}}.$$

O período de oscilação será

$$T_o = 2\pi\sqrt{\frac{2L}{3g}}.$$

Exercício

E3.9 Um anel, com raio de 10 cm, está pendurado em um eixo fino em torno do qual oscila sem deslizar, sob a ação da gravidade (Figura 3.8). Determine a freqüência angular e o período de oscilação.

Figura 3.8
Anel oscilando.

Seção 3.4 ▪ Relações de energia no oscilador harmônico

Vimos na Equação 3.11 que a força restauradora em um oscilador harmônico simples é dada por

$$F = -kx; \quad k \equiv m\omega_o^2. \tag{3.34}$$

Se a coordenada x do oscilador for um ângulo, a Equação 3.34 continuará válida desde que a força seja substituída pelo torque no oscilador e a massa m seja substituída pelo momento de inércia I. Portanto, vamos abordar as relações energéticas para o caso do deslocamento linear, e quando for necessário tratar um oscilador com deslocamento angular faremos as substituições mencionadas.

Um sistema submetido a uma força $-kx$ terá uma energia potencial $U(x)$ dada por

$$U(x) = -\int F dx = k \int x dx = \frac{kx^2}{2} + C,$$

onde C é uma constante de integração que pode ser escolhida como nula para que a energia potencial do sistema seja também nula quando o sistema estiver em sua posição de equilíbrio $x = 0$. Assim, teremos para a energia potencial de um oscilador harmônico simples:

$$U = \frac{1}{2}kx^2 = \frac{1}{2}kx_m^2 \cos^2(\omega_o t + \varphi_o) \tag{3.35}$$
$$= \frac{1}{2}m\omega_o^2 x_m^2 \cos^2(\omega_o t + \varphi_o).$$

A energia cinética do oscilador é

$$K = \frac{1}{2}m\dot{x}^2 = \frac{1}{2}m\omega_o^2 x_m^2 \text{sen}^2(\omega_o t + \varphi_o) \tag{3.36}$$
$$= \frac{1}{2}kx_m^2 \text{sen}^2(\omega_o t + \varphi_o).$$

A partir das Equações 3.35 e 3.36, vê-se que as energias potencial e cinética são funções oscilatórias de mesma amplitude $m\omega^2 x_m^2/2$ com defasagem de $\pi/2$ uma em relação à outra. Quando a energia potencial é máxima a energia cinética é mínima, e vice-versa.

A Figura 3.9 mostra a variação de U e K no tempo para o caso particular $\varphi_o = 0$. O crescimento e o decréscimo alternados das energias potencial e cinética, ambas oscilando da mesma maneira, uma defasada da outra, é um dos fatos mais importantes ligados ao oscilador harmônico. A Figura 3.10 ilustra essa alternância para o caso particular do sistema massa–mola. Nessa ilustração, o instante inicial foi escolhido de modo que $\varphi_o = 0$.

A energia total do oscilador é dada pela soma de U e K:

$$E = U + K = \frac{1}{2}kx_m^2 \left[\cos^2(\omega_o t + \varphi_o) + \text{sen}^2(\omega_o t + \varphi_o) \right] = \frac{1}{2}kx_m^2. \tag{3.37}$$

A energia total é uma constante, pois não há nenhuma força externa atuando sobre o oscilador. O valor da energia total é igual ao valor máximo da energia potencial ou da energia cinética. Isto porque quando a energia potencial está em seu valor máximo a energia cinética é nula e vice-versa.

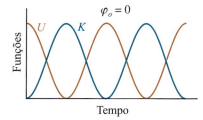

Figura 3.9

Variação no tempo das energias potencial e cinética do oscilador harmônico simples.

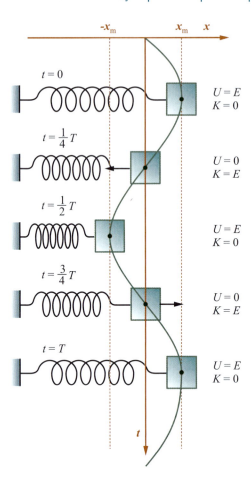

Figura 3.10
No oscilador harmônico massa–mola, a energia fica oscilando entre as formas potencial e cinética. Em alguns pontos especiais do ciclo, a energia é puramente potencial ou puramente cinética. Esta é uma característica comum a todos os osciladores.

Como o movimento é cíclico, é interessante saber os valores médios no tempo das energias potencial e cinética. A média no tempo é a média em um ciclo, ou seja, em um período T. Portanto, teremos para as médias de U e de K:

$$\langle U \rangle \equiv \frac{1}{T}\int_0^T U(t)dt, \quad \langle K \rangle \equiv \frac{1}{T}\int_0^T K(t)dt. \tag{3.38}$$

Usando as Equações 3.35 e 3.36, podemos reescrever as Equações 3.38 na seguinte forma:

$$\langle U \rangle = \frac{1}{2}kx_m^2 \langle \cos(\omega_o t + \varphi_o)^2 \rangle; \quad \langle K \rangle = \frac{1}{2}m\omega_o^2 \langle \operatorname{sen}(\omega_o t + \varphi_o)^2 \rangle. \tag{3.39}$$

Observe-se que

$$\langle \cos(\omega_o t + \varphi_o)^2 \rangle = \frac{1}{T}\int_0^T \cos(\omega_o t + \varphi_o)^2 dt = \frac{1}{2},$$

$$\langle \operatorname{sen}(\omega_o t + \varphi_o)^2 \rangle = \frac{1}{T}\int_0^T \operatorname{sen}(\omega_o t + \varphi_o)^2 dt = \frac{1}{2}. \tag{3.40}$$

Conclui-se então que a média da energia potencial é igual à média da energia cinética e igual a metade da energia total obtida na Equação 3.37:

$$\langle U \rangle = \langle K \rangle = \frac{1}{4}kx_m^2 = \frac{1}{2}E. \tag{3.41}$$

Os resultados $\langle \cos^2\varphi \rangle = \langle \operatorname{sen}^2\varphi \rangle = \frac{1}{2}$ mostrados na Equação 3.40 serão úteis em várias situações futuras neste livro.

Capítulo 3 ■ Oscilador Harmônico

65

E-E Exercício-exemplo 3.6

■ Um oscilador massa–mola é constituído de um bloco com massa de 0,20 kg preso a uma mola cuja constante vale 0,15 N/cm. O oscilador oscila com amplitude de 10 cm. Calcule a energia mecânica do oscilador, a velocidade máxima e a aceleração máxima do bloco.

■ Solução

A energia mecânica será

$$E = \frac{1}{2}kx_m^2 = \frac{1}{2}15\frac{N}{m} \times 0,010m^2 = 0,075 \text{ J}.$$

Quando o bloco passa pela posição $x = 0$, sua velocidade é máxima e toda a energia do oscilador é cinética. Podemos então escrever

$$\frac{1}{2}mv_m^2 = E \Rightarrow v_m = \sqrt{\frac{2E}{m}} = \sqrt{\frac{0,15J}{0,20kg}} = 0,87\text{m/s}.$$

A aceleração máxima do bloco ocorrerá quando a força for máxima, o que ocorre quando a distensão da mola for máxima, ou seja, $x = x_m$. A segunda lei de Newton dá

$$kx_m = ma_m \quad \Rightarrow \quad a_m = \frac{kx_m}{m} = \frac{15N/m \times 0,10m}{0,20kg} = 7,5 \text{ m/s}^2.$$

E-E Exercício-exemplo 3.7

■ Um disco maciço de densidade uniforme, com massa de 0,500 kg e raio de 50,0 cm, pendurado por uma haste vertical presa em seu centro, oscila angularmente de modo que a posição angular de uma marca no disco é dada por $\theta = 0,800\text{rad} \cdot \cos(3,20 \cdot \text{rad} \cdot s^{-1} t)$. (A) Determine a energia do oscilador; (B) calcule a constante elástica de torção da haste; (C) calcule o valor da energia cinética no instante em que ela for igual à energia potencial do oscilador.

■ Solução

(A) Sabemos do Capítulo 10 que o momento de inércia I de um disco em relação ao eixo que passa pelo seu centro é $I = MR^2 / 2$. Logo, para o disco desse problema teremos

$$I = 0,500\text{kg} \cdot (0,500\text{m})^2 / 2 = 6,25 \times 10^{-2} \cdot \text{m}^2.$$

Portanto, a constante de torção será

$$\kappa = I\omega_o^2 = 6,25 \times 10^{-2} \text{ kg} \cdot \text{m}^2 \times (3,20\text{rad/s})^2 = 0,160\text{kg} \cdot (\text{m/s})^2.$$

(B) A energia total do oscilador é

$$E = \frac{1}{2}\kappa\theta_m^2 = \frac{1}{2}0,160\text{kg} \cdot (\text{m/s})^2 \cdot (0,800\text{rad})^2 = 51,2 \text{ mJ}.$$

(C) Quando a energia cinética for igual à energia potencial, cada uma valerá metade da energia total:

$$U = K = 51,2 \text{ mJ} / 2 = 25,6 \text{ mJ}.$$

Exercícios

E 3.10 Reconsiderando o pêndulo do Exercício 3.8, qual é sua energia mecânica se no instante em que o ângulo de torção for $\theta = 5,00°$, sua velocidade angular for 0,600 rad/s?

E 3.11 Uma caixa presa a uma mola oscila com amplitude de 5,0 cm. A energia cinética máxima alcançada pela caixa é de 0,20 J. Quanto vale a constante de força da mola?

Seção 3.5 ■ Oscilador harmônico amortecido

Até aqui ignoramos atrito na análise do oscilador harmônico. Entretanto, o atrito é um agente importante em quase todos os osciladores reais, e tem de ser levado em conta. Muitas vezes isso resulta em grandes dificuldades de cálculo. Considere, por exemplo, um pêndulo simples ou um bloco suspenso por uma mola. Em ambos os casos, a principal contribuição para a força de atrito é a resistência do ar ao movimento do bloco ou do corpo que compõe o pêndulo. Tal força é sempre oposta à velocidade do corpo e tem duas componentes, uma proporcional à velocidade e outra proporcional ao quadrado da velocidade. A expressão geral para a força de atrito é

$$F_{at} = -bv - c|v|v,$$ (3.42)

onde b e c são constantes que dependem da geometria do corpo. Além da força de atrito, o oscilador fica obviamente sujeito à sua força de restauração $-kx$, que na verdade é a responsável pela oscilação. Assim, no caso do oscilador massa–mola, a força total sobre o corpo é

$$F = -kx + F_{at} = -kx - bv - c|v|v.$$ (3.43)

Temos aqui um sério obstáculo, pois não existe uma solução analítica exata para o movimento de um corpo sujeito a esse tipo de força, e seu movimento tem de ser obtido por integração numérica em computador.

Por outro lado, porém, quando o corpo envolvido no oscilador tem dimensões minúsculas, o termo proporcional ao quadrado da velocidade na Equação 3.43 em geral fica desprezível, e a força de atrito é, com ótima aproximação, proporcional à velocidade. Nesse caso, a equação de movimento para o oscilador toma a forma

$$m\ddot{x} + b\dot{x} + kx = 0.$$ (3.44)

Esta equação descreve uma importante classe de osciladores, incluindo osciladores atômicos e moleculares, vibrações em sólidos, osciladores eletromagnéticos e outros. Analisaremos a seguir sua solução, sem mostrar como ela foi obtida. O comportamento do oscilador depende da relação entre os parâmetros m, b e k. A grandeza que define o tipo de solução é ω'^2 dada por

$$\omega'^2 = \frac{k}{m} - \left(\frac{b}{2m}\right)^2.$$ (3.45)

Se o atrito, definido pela constante b, não for excessivamente intenso, de modo que ω'^2 seja positivo, a solução geral pode ser posta na forma

$$x = Ae^{-\frac{b}{2m}t}\cos(\omega't + \varphi_o),$$ (3.46)

onde A e φ_o são constantes cujos valores são determinados pelas condições iniciais (posição e velocidade iniciais) do oscilador.

As Equações 3.46 e 3.45 mostram que o sistema oscila com freqüência angular menor que a freqüência $\omega_o = \sqrt{k/m}$ que teria na ausência de atrito. Além disso, sua amplitude de oscilação decai exponencialmente no tempo, ou seja,

$$x_m = Ae^{-\frac{b}{2m}t}.$$ (3.47)

Um oscilador é subamortecido quando o atrito é pequeno o suficiente para que ele oscile. Seu comportamento é mostrado na Figura 3.11

A Figura 3.11 mostra a evolução temporal da posição x do oscilador em função do tempo para o caso em que $\varphi_o = 0$. Um oscilador que se comporta segundo a Equação 3.46 e a Figura 3.9 é chamado oscilador subamortecido.

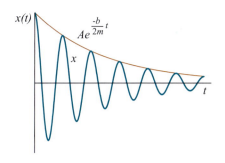

Figura 3.11
Variação no tempo do deslocamento e da amplitude de um oscilador subamortecido.

Exercício-exemplo 3.8

■ Um corpo com massa de 20 g é suspenso por uma mola cuja constante vale 2,0 N/m. Qual deve ser o valor da constante de atrito b para que a freqüência do oscilador seja metade de ω_o?

■ **Solução**

Queremos que $\omega' = \omega_o/2$. Empregando a Equação 3.45,

$$\sqrt{\frac{k}{m} - \left(\frac{b}{2m}\right)^2} = \frac{1}{2}\sqrt{\frac{k}{m}} \Rightarrow \frac{k}{m} - \frac{b^2}{4m^2} = \frac{k}{4m} \Rightarrow b = \sqrt{3km}.$$

Substituindo os valores numéricos,

$$b = \sqrt{3 \times 2{,}0\,\frac{\text{N}}{\text{m}} \times 0{,}020\,\frac{\text{Ns}^2}{\text{m}}} = 0{,}35\,\frac{\text{Ns}}{\text{m}}.$$

Se o atrito no oscilador for muito intenso, pode ocorrer que $\omega'^2 < 0$. Nesse caso, a freqüência ω' na Equação 3.45 é um número imaginário, e a solução expressa pela Equação 3.46 não é mais adequada para o oscilador. Para exprimir a nova solução, definimos o parâmetro com dimensão de freqüência:

$$\Gamma = \sqrt{-\omega'^2} = \sqrt{\left(\frac{b}{2m}\right)^2 - \frac{k}{m}}. \tag{3.48}$$

A solução geral do oscilador é agora dada por

$$x = A\,e^{-\left(\frac{b}{2m} - \Gamma\right)t} + B\,e^{-\left(\frac{b}{2m} + \Gamma\right)t}, \tag{3.49}$$

> Um oscilador é superamortecido quando seu atrito é grande o suficiente para que valha a relação $\omega'^2 < 0$. Isso impede que ele oscile

onde A e B são constantes definidas pelas condições iniciais do oscilador. O oscilador caracterizado pela Equação 3.49 é denominado oscilador superamortecido. Observa-se que o oscilador superamortecido não apresenta oscilações. Uma vez colocado fora do equilíbrio, ele decai para o estado de equilíbrio em um processo descrito por duas exponenciais. A primeira delas acarreta um decaimento lento e a outra um decaimento mais *rápido*.

Quando os parâmetros b, m e k do oscilador se ajustam de modo tal que $\Gamma = 0$ ou $\omega'^2 = 0$, temos o chamado *oscilador crítico*. Sua solução geral tem a forma

$$x = (C + Dt)e^{-\frac{b}{2m}t}, \tag{3.50}$$

onde C e D são constantes cujos valores são definidos pelas condições iniciais do oscilador. Nota-se que o oscilador crítico, quando retirado da condição de equilíbrio, também decai para o estado de equilíbrio sem oscilar. Assim, ele pode ser considerado um caso-limite do oscilador superamortecido em que o atrito tem o valor mínimo para impedir a oscilação. Para dados valores de m e k, quando b tem o valor ajustado para que o oscilador seja crítico ele decai para o equilíbrio da maneira mais rápida possível. Se aumentarmos o valor de b,

Física Básica ■ Gravitação | Fluidos | Ondas | Termodinâmica

o decaimento para o equilíbrio será mais lento. Esse efeito tem uso prático em amortecedo res de carros. Tais amortecedores, cuja função é atenuar as trepidações do carro devidas à imperfeições da pista, em vários modelos contêm uma mola presa a um pistão imerso em óleo viscoso, cuja finalidade é aumentar o atrito durante o movimento do pistão. A massa do oscilador é a própria massa do carro. Para que o carro volte à sua posição (altura) de equilí brio rapidamente quando deslocado por um defeito na pista, o sistema amortecedores–carro deve formar um oscilador crítico, ou com atrito um pouco acima do valor crítico. Com o uso o atrito dos amortecedores se reduz, e o sistema acaba ficando subamortecido. O teste usua para se verificar se os amortecedores do carro ainda estão em ordem consiste em baixar a traseira do automóvel e verificar se o carro retorna ao equilíbrio sem oscilar. Para testar os amortecedores dianteiros, faz-se o mesmo com a parte dianteira do carro.

E·E Exercício-exemplo 3.9

■ Um carro tem massa $m_o = 1200$ kg. Quando 4 passageiros, somando massa de 250 kg, entram no carro, este baixa 3,0 cm. (A) Calcule o valor da constante de mola do conjunto dos amortecedores. (B) Qual deve ser o valor do parâmetro b para o conjunto dos amortecedores para que o carro, com sua carga, se compor- te como amortecedor crítico?

■ Solução

(A) A constante de mola pode ser calculada pela equação

$$kx = g\Delta m,$$

$$k = \frac{9,8\text{m/s}^2 \times 250\text{kg}}{0,030\,\text{m}} = 8,2 \times 10^4\,\frac{\text{N}}{\text{m}}.$$

(B) A condição para que o carro carregado funcione como oscilador crítico é

$$\frac{b^2}{4m^2} = \frac{k}{m} \quad \Rightarrow \quad b = 2\sqrt{mk},$$

$$b = 2\sqrt{1,45\times10^3\,kg \times 0,82\times10^5\,\text{N/m}} = 2,2\times10^4\,\text{Ns/m}.$$

Exercícios

E 3.12 Um oscilador massa–mola tem seu movimento regido pela equação $50,00\text{g} \cdot \ddot{x} + 1{,}000 \times 10^{-2}\text{Ns}^{-1} \cdot \dot{x} + 5{,}000\text{Ncm}^{-1} \cdot x = 0$ e em $t = 0$ tem-se $x(0) = 10{,}00$ cm e $v(0) = 0$. (A) Determine $x(t)$ (B) Se a força de atrito aumenta de modo que o coeficiente de $\dot{x}$ passa a ser $4{,}000\text{Ns}^{-1}$ qual será a nova expressão para $x(t)$?

E 3.13 Definindo o período $T = 2\pi / \omega'$ para o oscilador subamortecido, (A) mostre que

$$\frac{x(t+nT)}{x(t)} = \frac{v(t+nT)}{v(t)} = e^{-\frac{b}{2m}nT} \quad \text{e que} \quad \frac{E(t+nT)}{E(t)} = e^{-\frac{b}{m}nT},$$ onde n é um número inteiro e E é a energia

total $E(t) \equiv K(t) + U(t)$. (B) Para um oscilador amortecido, definido pelos parâmetros $\omega_o = 1{,}00 \times 10^6$ s$^-$ e $b / 2m = 5{,}00$ s^{-1}, oscilando livremente, determine qual fração de sua energia é perdida em cada ciclo e (C) em quantos ciclos o oscilador perde metade de sua energia inicial.

E 3.14 Determine $x(t)$ para o oscilador com amortecimento crítico para as seguintes condições em $t = 0$: $x(0) = x_o$ e $v(0) = 0$.

Seção 3.6 ■ Oscilador forçado e ressonância

Até aqui, consideramos osciladores livres, ou seja, que oscilam livres de forças externas Vamos considerar agora um oscilador que, para sermos mais específicos, suporemos do tipo

Capítulo 3 ■ Oscilador Harmônico

massa–mola amortecido, estimulado por uma força externa que oscila no tempo na forma $F_o \cos\omega t$. A equação de movimento do oscilador será

$$m\ddot{x} + b\dot{x} + kx = F_o \cos\omega t. \tag{3.51}$$

Temos agora de considerar duas freqüências angulares na análise do sistema, a freqüência natural ω_o do oscilador e a freqüência ω da força externa. Naturalmente, o parâmetro b que define o atrito do oscilador também é relevante. Para tornar as equações mais compactas, é usual definir-se o símbolo

$$\gamma \equiv \frac{b}{m}. \tag{3.52}$$

> Solução estacionária de um oscilador forçado é aquela que permanece enquanto existir o estímulo externo. O transiente é a solução que depende das condições iniciais e decai com o tempo

A solução matemática da Equação 3.51 não será apresentada neste texto. Tal solução mostra que o sistema inicialmente apresenta um movimento composto de uma oscilação com a freqüência angular ω da força externa e um movimento amortecido (subamortecido, superamortecido ou com amortecimento crítico, de acordo com o valor de ω'^2). A primeira parte da solução é denominada solução estacionária e a segunda parte é denominada transiente, porque desaparece após algum tempo devido aos fatores exponenciais nas Equações 3.46, 3.49 e 3.50. Assim, a solução que de fato nos interessa é a estacionária e ela pode ser expressa na seguinte forma:

$$x(t) = x_{\mathrm{m}} \cos(\omega t + \varphi_o)\,, \text{ onde } x_{\mathrm{m}} = \frac{F_o}{m\left[(\omega_o^2 - \omega^2)^2 + (\gamma\omega)^2\right]^{\frac{1}{2}}}. \tag{3.53}$$

A velocidade do oscilador forçado será dada pela derivada de $x(t)$:

$$\dot{x}(t) = -x_{\mathrm{m}}\omega\,\mathrm{sen}(\omega t + \varphi_o). \tag{3.54}$$

Outra grandeza relevante no oscilador forçado é o valor médio tomado durante um ciclo, da potência cedida ao oscilador pela força oscilatória que atua sobre ele. Tal potência média é expressa por $\langle F(t) \cdot \dot{x}(t) \rangle$. Como o sistema está em regime estacionário (acabou-se o transiente), a energia média do oscilador não varia. Nesse caso, pela conservação da energia a potência média cedida ao oscilador pela força externa $F(t)$ deve ser igual em módulo à potência média realizada pela força de atrito. Em outras palavras, para que o movimento mantenha a mesma amplitude, e portanto a mesma energia, é necessário que a potência cedida pela força externa seja igual à potência dissipada pela força de atrito. Esta pode ser expressa por

$$P_{\mathrm{a}} = -\langle F_{\mathrm{a}} \cdot \dot{x} \rangle = -\langle b \cdot \dot{x}^2 \rangle = -b(x_{\mathrm{m}}\omega)^2 \langle \mathrm{sen}^2(\omega t + \varphi_o) \rangle. \tag{3.55}$$

Como o valor médio em um ciclo do seno ao quadrado é $\frac{1}{2}$, a potência média fornecida pela força oscilatória será

$$P = \frac{1}{2} b(x_{\mathrm{m}}\omega)^2 = \frac{b}{2m^2} \frac{F_o^2 \omega^2}{(\omega_o^2 - \omega^2)^2 + (\gamma\omega)^2}$$
$$= \frac{F_o^2}{2b} \frac{(b/m)^2 \omega^2}{(\omega_o^2 - \omega^2)^2 + (\gamma\omega)^2} = \frac{F_o^2}{2b} \frac{(\gamma\omega)^2}{(\omega_o^2 - \omega^2)^2 + (\gamma\omega)^2}. \tag{3.56}$$

> Um oscilador está em ressonância quando é excitado com freqüência igual à sua freqüência natural

As Equações 3.54 e 3.56 mostram que tanto a amplitude da velocidade do oscilador quanto a potência que ele absorve têm um valor máximo quando $\omega = \omega_o$, ou seja, quando a freqüência da força externa é igual à freqüência natural do oscilador. Tal condição é denominada ressonância.

70 Física Básica ■ Gravitação | Fluidos | Ondas | Termodinâmica

E·E Exercício-exemplo 3.10

■ Calcule, em termos de F_o e b, a potência absorvida por um oscilador de freqüência angular natural ω_o (A) quando excitado com a freqüência ω_o e (B) quando excitado com a freqüência $\omega_o + \gamma / 2$, supondo que $\gamma \ll \omega_o$.

■ Solução

(A) Calculando P expresso pela Equação 3.56 para $\omega = \omega_o$, obtemos

$$P(\omega_o) = \frac{F_o^{\,2}}{2b} \frac{(\gamma\omega_o)^2}{(\omega_o^{\,2} - \omega_o^{\,2})^2 + (\gamma\omega_o)^2} = \frac{F_o^{\,2}}{2b}. \tag{3.57}$$

(B) Fazendo agora $\omega = \omega_o + \gamma / 2$:

$$P(\omega_o + \gamma / 2) = \frac{F_o^{\,2}}{2b} \frac{\left[\gamma(\omega_o + \gamma / 2)\right]^2}{\left[\omega_o^{\,2} - (\omega_o + \gamma / 2)^2\right]^2 + \left[\gamma(\omega_o + \gamma / 2)\right]^2}.$$

Como $\gamma \ll \omega_o$, podemos fazer as aproximações

$\gamma(\omega_o + \gamma / 2) \cong \gamma\omega_o$ e $(\omega_o + \gamma / 2)^2 \cong \omega_o^2 + \omega_o\gamma$, para obter

$$P(\omega_o + \gamma / 2) = \frac{F_o^{\,2}}{2b} \frac{(\gamma\omega_o)^2}{(\gamma\omega_o)^2 + (\gamma\omega_o)^2} = \frac{1}{2}\frac{F_o^{\,2}}{2b}.$$

Vê-se, portanto, que

$$P(\omega_o + \gamma / 2) = \frac{1}{2} P(\omega_o). \tag{3.58}$$

A potência se reduz a metade de seu valor máximo quando a freqüência ω da força aumenta de $\gamma / 2$ em relação à freqüência de ressonância.

E·E Exercício-exemplo 3.11

■ Suponha que o oscilador do Exercício-exemplo 3.8 seja estimulado com a força

$$F(t) = 0{,}050 \, \text{Ncos}\left(10 \frac{t}{\text{s}}\right).$$

Calcule $x_{\text{m}}, \dot{x}_{\text{m}}$ e P.

■ Solução

Note que a freqüência angular da força que estimula o oscilador coincide com a sua freqüência natural, ou seja, a força está em ressonância com o oscilador. Portanto, pela Equação 3.53, obtemos

$$x_{\text{m}} = \frac{F_o}{m\gamma\omega_o} = \frac{F_o}{b\omega_o} = \frac{0{,}050\text{N}}{0{,}35\text{Ns/m} \times 10/\text{s}} = 1{,}4 \, \text{cm}.$$

Pela Equação 3.54, podemos também escrever

$$\dot{x}_{\text{m}} = x_{\text{m}}\omega_o = 1{,}4 \, \text{cm} \times 10 / \text{s} = 14 \, \text{cm/s}.$$

A potência absorvida pode ser calculada pelo uso da Equação 3.57:

$$P = \frac{F_o^{\,2}}{2b} = \frac{(0{,}050)^2\,\text{N}^2}{0{,}70\text{Ns/m}} = 3{,}6 \times 10^{-3} \frac{\text{Nm}}{\text{s}} = 3{,}6 \, \text{mW}.$$

Exercícios

E 3.15 Suponha que o oscilador descrito no Exercício 3.12 seja submetido a uma força oscilatória descrita por $F = 0{,}20\text{N} \cdot \cos(100{,}10\text{s}^{-1} \cdot t)$ e que a constante de mola seja 5,000 N/cm. Calcule a amplitude x_m das oscilações, em regime permanente.

E 3.16 Se o oscilador descrito no Exercício 3.12 for submetido a uma força oscilatória de amplitude 0,40 N, na condição de ressonância, qual será a potência média entregue ao oscilador pela força externa? A constante de mola é 5,000 N/cm.

E 3.17 Considere um oscilador forçado pouco amortecido, ou seja, no qual valha a relação $\omega_o \gg \gamma$. Calcule a razão $x_m(\omega_o)/x_m(2\omega_o)$, ou seja, a razão entre a amplitude da oscilação para força externa na freqüência de ressonância e a amplitude da oscilação para força externa com freqüência igual a duas vezes a freqüência de ressonância.

A Figura 3.12 mostra a potência absorvida por osciladores de freqüência angular natural ω_o quando excitados por uma força de freqüência ω. Nota-se que a largura do pico de ressonância diminui quando o parâmetro γ que mede o atrito do oscilador diminui, e ao mesmo tempo a intensidade da ressonância — medida pela altura do pico — aumenta. Esses resultados já eram esperados, considerando-se as Equações 3.57 e 3.58.

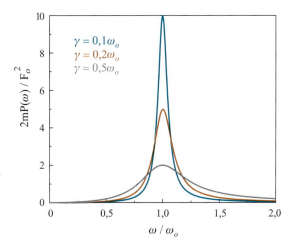

Figura 3.12

Curvas de ressonância para osciladores de massa e freqüência iguais e valores distintos do parâmetro γ que mede o atrito. Nota-se que o pico de ressonância é mais estreito e intenso para osciladores com menor atrito.

O fenômeno da ressonância é amplamente utilizado em aplicações práticas. Quando sintonizamos um receptor de rádio ou tevê, o que fazemos é variar a freqüência natural do seu circuito, que funciona como um oscilador amortecido, até que sua freqüência natural coincida com a freqüência da emissora, cuja onda emitida funciona como o estímulo (força externa) para o circuito. O fenômeno de ressonância, envolvendo osciladores mecânicos, é utilizado para afinar instrumentos de corda. Um diapasão, que é um oscilador de baixo atrito, é excitado, e então vibra com sua freqüência natural. A freqüência natural da corda a ser afinada pode ser sintonizada variando-se a sua tensão. Quando a freqüência natural da corda coincide com a do diapasão, o som emitido por este entra em ressonância com a corda, que passa a vibrar de modo perceptível. Assim, a freqüência natural da corda é colocada no valor pretendido.

O fenômeno da ressonância tem grande importância na segurança de construções civis tais como pontes e edifícios. Os ventos e terremotos não têm uma freqüência definida, mas são compostos por um contínuo de freqüências. Uma dessas freqüências pode entrar em ressonância com uma oscilação natural da edificação, e se o sistema tiver pouco atrito a ressonância pode ser forte o suficiente para danificar ou destruir a edificação. Em edificações modernas, principalmente em locais propensos a terremotos, tornou-se comum o uso de amortecedores gigantes para atenuar mais intensamente as oscilações da edificação e, desse modo, diminuir a intensidade das possíveis ressonâncias.

Problemas

P 3.1 Calcule a freqüência de oscilação do sistema visto na Figura 3.13.

Figura 3.13
(Problema 3.1).

P 3.2 Mostre que o único efeito da gravidade no oscilador mostrado na Figura 3.14 é deslocar o seu ponto de equilíbrio. *Sugestão*: supondo $x = 0$ quando a mola está em seu tamanho natural, encontre o valor x_o da distensão da mola devido à gravidade. Suponha então que a partir de x_o a mola seja distendida de Δx. Mostre que a força resultante, considerando-se tanto a gravidade quanto a mola, será $F = -k\Delta x$.

Figura 3.14
(Problema 3.2).

P 3.3 (A) O período de um pêndulo situado no equador é definido pela aceleração real da gravidade $g = Gm/R^2$, onde M e R são o raio da Terra, ou pela aceleração aparente $g' = g - \omega_T^2 R$, onde ω_T é a velocidade angular da Terra. (B) Calcule a correção relativa $\Delta T/T$ no período de um pêndulo simples, situado no equador, devida à rotação da Terra. (C) Calcule a correção relativa no período para um pêndulo situado à latitude de 45°.

P 3.4 Considere o pêndulo simples mostrado na Figura 3.5 do texto. Suponha que o pêndulo seja abandonado, do repouso, no instante $t = 0$, a um ângulo de θ_o. Obtenha a função $T(t)$ que descreve a evolução da tensão no fio com o do tempo.

P 3.5 Um carro sem carga tem massa de 1200 kg. Quando dois passageiros com massa conjunta de 150 kg entram no carro, sua plataforma sofre um deslocamento de 3,0 cm para baixo. O carro, com seus passageiros, transita em uma pista que apresenta uma modulação aproximadamente periódica, com período de 15 m. A que velocidade o carro sofrerá trepidação máxima?

P 3.6 Considere uma régua homogênea e elástica de 30 cm, e suponha que uma força de distensão faça com que a régua atinja o comprimento de 33 cm. Mostre que a separação entre as marcas consecutivas de centímetros da régua passará a ter o valor de 1,1 cm.

P 3.7 A Figura 3.15 mostra um bloco de massa m suspenso por duas molas, em duas configurações distintas. Calcule a freqüência angular da oscilação do sistema, nas duas configurações a e b. *Sugestão*: para determinar a constante elástica do sistema de duas molas, cada qual com constante elástica k, conectadas em série, como na configuração a, calcule a elongação do sistema quando lhe aplicamos uma força de distensão F. Faça o mesmo para o caso das molas conectadas em paralelo, como na configuração b. No caso da configuração b, analise o sistema de outra maneira: considere que cada metade do bloco está sendo sustentada por uma das molas. esta análise leva ao mesmo resultado para o cálculo da freqüência do oscilador?

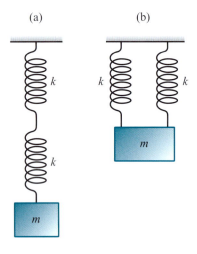

Figura 3.15
(Problema 3.7).

P 3.8 O conjunto de amortecedores do carro descrito no Exercício-exemplo 3.9 tem uma constante de amortecimento $b = 2,0 \times 10^4$ Ns/m. Suponha que a força vertical sobre o carro provocada pela modulação na estrada tenha o comportamento $F = 2,0 \times 10^3$ N $\cdot \cos(0,42\text{m}^{-1} \cdot vt)$, onde v é a velocidade de trânsito do carro. Faça um gráfico da amplitude da oscilação vertical do carro em função da sua velocidade.

P 3.9 Quando forçada pela mola, a roda vista na Figura 3.16 rola sem deslizar sobre o piso, girando em torno de seu eixo. Calcule a freqüência de oscilação do sistema.

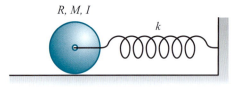

Figura 3.16
(Problema 3.9).

P 3.10 Um disco homogêneo de massa M e raio R oscila verticalmente em torno de um eixo horizontal à distância h do seu centro. Calcule o seu período de oscilação. *Sugestão*: use o teorema dos eixos paralelos para calcular o momento de inércia do disco.

P 3.11 Mostre que, para tempos suficientemente longos, a razão entre $x(t)$ de um oscilador com amortecimento crítico e de um superamortecido se comporta como $t \exp(-\Gamma t)$. Isto mostra que com amortecimento crítico as amplitudes decaem mais rapidamente.

P 3.12 Um oscilador harmônico do tipo massa–mola é colocado para oscilar com uma energia total de 0,5 J. No instante inicial

Capítulo 3 ■ Oscilador Harmônico

energia cinética do sistema era de 0,2 J, a mola estava um pouco comprimida e comprimindo-se mais ainda. (A) Encontre o ângulo de fase inicial do movimento. (B) Sabendo que a amplitude do movimento é de 25 cm e seu período é 0,99 s, encontre a constante de força e a massa do oscilador.

P 3.13 Um pêndulo simples de massa M e comprimento l está em repouso quando uma pequena quantidade de material adesivo, de massa m e velocidade horizontal v_o, choca-se com o pêndulo e adere a ele. (A) Encontre a posição angular $\theta(t)$ e (B) a energia cinética $K(t)$ do sistema.

P 3.14 Uma pequena esfera de massa m pode deslizar sem atrito dentro de uma calota esférica de raio R. Mostre que seu movimento, para deslocamentos muito menores do que R, é equivalente ao de um pêndulo simples de comprimento R.

P 3.15 Com relação ao Problema 3.14, mostre que, se houver atrito suficiente para que a esferinha role sem deslizar, o seu movimento é equivalente ao de um pêndulo simples de comprimento $7R/5$.

P 3.16 Encontre a solução $x(t)$ do oscilador superamortecido no limite em que $\omega_o \to 0$ com as condições $x(0) = x_o$ e $v(0) = v_o$. Interprete o resultado.

P 3.17 Suponha que a solução da Equação 3.44 seja do tipo $x \propto e^{\alpha t}$. (A) Substitua esta solução na referida equação e encontre os valores de α possíveis. (B) Mostre que, se $\left(\dfrac{b}{2m}\right)^2 > \dfrac{k}{m}$, as suas duas soluções são as duas parcelas da Equação 3.49.

Comentário: para o caso em que $\left(\dfrac{b}{2m}\right)^2 < \dfrac{k}{m}$, suas duas respostas contêm exponenciais de números complexos cuja combinação leva à solução dada na Equação 3.46.

P 3.18 Limite estático das oscilações forçadas. Considere um oscilador amortecido sujeito a uma força estática F_o, ou seja, uma força $F_o \cos\omega t$ em que $\omega = 0$. Demonstre, usando a Equação 3.53, que seu deslocamento é $x = F_o / k$. Isso mostra que nosso tratamento para oscilações forçadas funciona no limite de forças estáticas.

P 3.19 Oscilador superamortecido forçado. Faça gráficos de $x_m(\omega)$ e de $P(\omega)$ para um oscilador superamortecido em que $\gamma = 3\omega_o$.

P 3.20 Oscilador amortecido livre. Faça um gráfico de $x(t)$ para um oscilador amortecido livre para o qual (A) $\gamma = \omega_o / 5$; (B) $\gamma = \omega_o$. Em ambos os casos, faça $\varphi_o = 0$.

Respostas dos exercícios

E 3.1 (A) $x(t) = 5,0\text{m} \cos (5,0\text{s}^{-1} t + \pi / 3)$;
$y(t) = 5,0\text{m} \operatorname{sen} (5,0\text{s}^{-1} t + \pi / 3)$;

(B) $v_x(t) = -25 \dfrac{\text{m}}{\text{s}} \operatorname{sen} (5,0\text{s}^{-1} t + \pi / 3)$

$v_y(t) = 25 \dfrac{\text{m}}{\text{s}} \cos (5,0\text{s}^{-1} t + \pi / 3)$

E 3.2 $-\pi / 2$

E 3.3 $x = 0,85$ cm $\cos(5,0t /\text{s} + 28°)$

E 3.4 $x_m = 5,00$ cm, $\omega = 10,0 / \text{s}$, $\varphi_o = 120°$

E 3.5 (A) 0,796Hz; (B) 8,5cm.

E 3.6 (A) 50 N/m; (B) $x = 10$ cm $\cos(10t + 45°)$

E 3.7 1,2 m

E 3.8 1,15 s

E 3.9 $\omega = 7$ rad/s; $T = 0,90$s

E 3.10 $2,94 \times 10^{-4}$ J

E 3.11 $1,6 \times 10^2$ N/m

E 3.12 (A) $x = 10,00$ cm $\cdot e^{-0,1000\text{s}^{-1}t} \cos(100,00\text{s}^{-1}t)$;
(B) $x = 10,77$ cm $\cdot e^{-40,00\text{s}^{-1}t} \cos(99,80\text{s}^{-1}t - 0,3812)$

E 3.13 (B) $6,28 \times 10^{-6}$; (C) 11032 ciclos.

E 3.14 $x(t) = x_o(1 + \omega_o t)e^{-\omega_o t}$

E 3.15 1,41 cm

E 3.16 8 W

E 3.17 $x(\omega_o) / x(2\omega_o) \cong 3\omega_o / \gamma$

Respostas dos problemas

P 3.1 $\dfrac{1}{2\pi}\sqrt{\dfrac{2k}{m}}$

P 3.2 $x_o = mg / k$

P 3.3 (A) aparente; (B) 0,34%; (C) 0,24%

P 3.4 $T(t) = mg\left[1 - \dfrac{1}{2}\theta_o^2 \cos^2\left(\sqrt{\dfrac{g}{l}}t\right)\right]$

P 3.5 14,4 m/s

P 3.7 série: $\omega = \sqrt{k/2m}$; paralelo: $\omega = \sqrt{2k/m}$

P 3.9 $\dfrac{1}{2\pi}\sqrt{\dfrac{2k}{3m}}$

P 3.10 $\sqrt{\dfrac{2gh}{R^2 + 2h^2}}$

P 3.12 (A) 141°; (B) 16 N/m e 0,40 kg

P 3.13 (A) $\theta(t) = \dfrac{m}{M+m}\dfrac{v_o}{\sqrt{gl}}\operatorname{sen}\left(\sqrt{\dfrac{g}{l}}t\right)$;

(B) $K(t) = \dfrac{m^2 v_o^2}{2(M+m)}\cos^2\left(\sqrt{\dfrac{g}{l}}t\right)$.

P 3.16 $x(t) = x_o + \dfrac{mv_o}{b}\left(1 - e^{-\frac{b}{m}t}\right)$

P 3.17 $\alpha = -\dfrac{b}{2m} \pm \sqrt{\left(\dfrac{b}{2m}\right)^2 - \dfrac{k}{m}}$

4

Ondas I | Cinemática

Seção 4.1 ■ O que são ondas, 76
Seção 4.2 ■ Ondas transversais e ondas longitudinais, 76
Seção 4.3 ■ Ondas harmônicas propagantes, 77
Seção 4.4 ■ Superposição de ondas, 82
Seção 4.5 ■ Interferência de ondas, 83
Seção 4.6 ■ Superposição de duas ondas de freqüências próximas, 85
Seção 4.7 ■ Velocidade de grupo de uma onda, 86
Seção 4.8 ■ Relação de dispersão de uma onda, 87
Seção 4.9 ■ Ondas estacionárias, 89
Seção 4.10 ■ Equação de onda, 92
Problemas, 94
Respostas dos exercícios, 95
Respostas dos problemas, 95

Seção 4.1 ▪ O que são ondas

Onda é um dos fenômenos comuns e importantes da Natureza, e constitui uma classe especial de movimento. Existem vários tipos de ondas, e muitas delas fazem parte da nossa experiência cotidiana. Algumas ondas têm caráter mecânico, e freqüentemente nossa percepção é capaz de reconhecer o seu caráter distinto, o seu caráter ondulatório. Isso é o que ocorre por exemplo, com ondas na água ou em uma corda esticada. Na verdade, o termo onda tem origem nas ondas que percebemos na superfície da água. Vários outros tipos de ondas não são prontamente reconhecidos como tal, como é o caso do som e da luz. Algumas características distintivas do movimento ondulatório podem ser observadas facilmente no caso da onda na água. Consideremos um lago com superfície inicialmente tranqüila, no qual se atira uma pedra. Uma deformação circular se forma, com centro no ponto atingido pela pedra, cujo raio cresce linearmente com o tempo. Outros círculos de deformação são sucessivamente gerados a partir daquele ponto, e durante um dado intervalo de tempo o espelho de água fica marcado por um padrão de círculos que irradiam com velocidade uniforme do ponto inicial onde a pedra caiu. Com o passar do tempo a intensidade das deformações vai decaindo, até que finalmente o lago volta à sua quietude inicial.

Mas na mesma água em que ocorrem essas ondas de superfície, pode propagar-se o som, outro tipo de onda mecânica. O som pode propagar-se em qualquer meio contínuo, seja um fluido, como a água ou o ar, ou um sólido. Na verdade, a constituição contínua é uma propriedade essencial de um corpo, ou de um meio, para que nele possa ocorrer uma onda. Mas deve-se destacar que a continuidade do meio é um conceito que depende da nossa escala de observação. Por exemplo, a matéria é atômica, não um contínuo. Por isso, para que um movimento ondulatório, digamos uma onda de som, possa ser visto e tratado como onda, é necessário que nossa escala de observação e de descrição não seja capaz de perceber a constituição atômica do meio.

Há ondas que prescindem de um meio material para sua propagação. Esse é o caso da luz, que pode propagar-se tanto no vácuo como em um meio material. Na mecânica quântica aparece ainda outro tipo de onda que pode propagar-se no vácuo. Com efeito, a descrição do movimento de uma partícula microscópica, como por exemplo um elétron, tem de ser feita não em termos de posição e velocidade bem definidas, mas em termos de uma onda. Esse tipo de onda que descreve o movimento de uma partícula tem caráter inteiramente distinto das ondas de que trataremos neste livro.

Seção 4.2 ▪ Ondas transversais e ondas longitudinais

Há várias formas de classificar as ondas, cada qual focalizando um dos seus aspectos.

Em uma das classificações, o foco é a orientação relativa entre o deslocamento das partículas do meio e a velocidade de propagação da onda. Para defini-la, apelaremos para a Figura 4.1, que mostra ondas em uma mola (4.1A) e em uma corda esticada (4.1B e 4.1C). Inicialmente, é importante notar que em todos os casos a onda se propaga com velocidade **v** na direção x, mas uma partícula do meio (um elemento infinitesimal da mola ou da corda) sofre deslocamentos relativamente pequenos em relação à sua posição de equilíbrio. No caso da onda na mola, vê-se que os deslocamentos das partículas são orientados na mesma direção x. Nesse caso, temos uma onda longitudinal. No caso da onda na corda (4.1B e 4.1C), as partículas se deslocam na direção y, que é ortogonal à direção de propagação da onda, e temos então uma onda transversal.

Onda longitudinal é aquela em que as partículas do meio movimentam-se na mesma direção de propagação da onda; já na onda transversal, o movimento das partículas é ortogonal (transverso) à direção de propagação

Há casos em que a onda não é puramente transversal nem longitudinal. Isso é o que ocorre com a onda na superfície da água. Podemos observar o movimento das partículas de água espalhando pequenos corpos flutuantes (cortiça, bolinhas de pingue-pongue) na superfície da água. Nesse caso, veremos que as partículas realizam oscilações compostas de movimentos para cima e para baixo e movimentos para a frente e para trás. Esse movimento composto resulta em órbitas elípticas para as partículas.

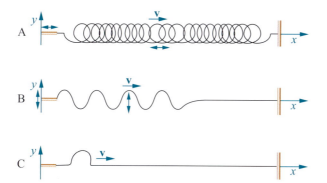

Figura 4.1
Ondas em uma mola (A) e em uma corda esticada (B e C). A onda na mola é longitudinal, ou seja, o deslocamento de uma partícula típica da mola é paralelo à direção de propagação da onda. Já a onda na corda é transversal, ou seja, o movimento de uma partícula da corda é ortogonal à direção de propagação. No caso da Figura 4.1C, o que temos é um pulso de onda.

Além de transportar energia, as ondas são também capazes de transferir informação. A forma mais comum de comunicação entre as pessoas é a conversação, isto é, pacotes de ondas de som codificados pelo emissor de forma inteligível para o receptor. As telecomunicações modernas, como o rádio, a televisão, o telefone etc., se baseiam na transferência de pacotes de ondas eletromagnéticas com a informação codificada. Tudo isso motiva um grande interesse prático no estudo das ondas, que se soma à enorme importância fundamental desse tipo de fenômeno.

Seção 4.3 ■ Ondas harmônicas propagantes

As ondas descritas até aqui são propagantes; elas se distinguem das ondas estacionárias, descritas na Seção 4.9. Tais ondas são geradas em um ponto e dele irradiam com certa velocidade. Nos casos considerados na Figura 4.1, a onda é unidimensional, ou seja, propaga-se em uma única direção. Mas ondas podem também propagar-se em duas ou três dimensões. Por exemplo, a onda gerada na superfície de um lago pelo impacto de uma pedra é bidimensional. A onda de luz gerada por uma fonte luminosa, tal como uma lâmpada ou uma estrela, é tridimensional. Nesta seção, trataremos de um tipo muito especial de onda, a onda harmônica propagante. Sua descrição é mais simples no caso unidimensional, que estudaremos a seguir tomando como exemplo a onda em uma corda. Consideremos uma corda esticada na direção x. Sua extremidade esquerda, que tomaremos como posição $x = 0$, é forçada por um vibrador, o que a obriga a um movimento vertical em forma de oscilador harmônico. O deslocamento vertical da corda no ponto x e no instante t é descrito pela função $y(x, t)$. Em $x = 0$ tem-se

$$y(0, t) = A \cos(\omega t - \phi_o). \tag{4.1}$$

Por ora, vamos ignorar a existência da outra extremidade da corda, ou seja, tomaremos a corda como sendo semi-infinita. Além disso, consideraremos uma corda ideal em que não haja atrito e, conseqüentemente, nenhuma energia será dissipada em forma de calor. Neste caso, todos os pontos da corda irão apresentar o mesmo tipo de movimento harmônico, com a única diferença de que os osciladores nos diversos pontos estarão defasados uns dos outros. Ou seja, a fase inicial ϕ_o do oscilador em $x = 0$ é substituída no ponto genérico x pela fase

$$\phi_o(x) = \phi_o + \frac{2\pi}{\lambda} x. \tag{4.2}$$

Portanto, o deslocamento de um ponto genérico da corda é dado por

$$y(x, t) = A \cos[\omega t - \phi_o(x)]. \tag{4.3}$$

Substituindo a Equação 4.2 na Equação 4.3 e lembrando que a função co-seno é par, obtemos

Função de onda é a função matemática que descreve a variação no espaço e no tempo da grandeza que descreve a onda. No caso da onda na corda, essa grandeza é o deslocamento de uma partícula genérica da corda

$$y(x,t) = A\cos(\frac{2\pi}{\lambda}x - \omega t + \phi_o). \tag{4.4}$$

A função $y(x, t)$ que define o deslocamento da corda é denominada **função de onda**. Em um dado instante, por exemplo $t = 0$, o perfil de deslocamento da corda tem a forma

$$y(x,0) = A\cos(\frac{2\pi}{\lambda}x + \phi_o). \tag{4.5}$$

A **amplitude de uma onda** é o valor máximo atingido pela variável que descreve a sua oscilação

Nosso objetivo agora será descrever o significado das grandezas que aparecem na Equação 4.4. O deslocamento máximo dos pontos da corda é igual a A e é denominado amplitude da onda. A **amplitude de uma onda** é o valor máximo atingido pela variável que descreve a sua oscilação. No caso específico da onda na corda, é o seu deslocamento máximo em relação à posição de equilíbrio. O valor de $y(x, 0)$ se repete periodicamente no espaço. Em outras palavras, no instante $t = 0$ (ou em qualquer outro) a corda apresenta uma ondulação periódica no espaço. Tal periodicidade está expressa pela função co-seno, que se repete quando o argumento sofre um incremento igual a 2π. Portanto, o deslocamento da corda se repete quando a posição x sofre um incremento igual a λ. Com efeito, vemos que

$$y(x+\lambda,0) = A\cos\left[\frac{2\pi}{\lambda}(x+\lambda)+\phi_o\right] = A\cos\left[\frac{2\pi}{\lambda}x + 2\pi + \phi_o\right], \tag{4.6}$$

ou

$$y(x+\lambda, 0) = y(x, 0). \tag{4.7}$$

O **comprimento de onda**, designado pelo símbolo λ, é o comprimento que mede a periodicidade da onda no espaço. A **fase da onda** é o argumento da função co-seno que a descreve

Esse valor λ que mede a periodicidade da onda no espaço é denominado **comprimento de onda**. O argumento da função co-seno é denominado **fase da onda**. A fase se repete quando x sofre incrementos iguais a λ. A grandeza ϕ_o foi incluída no argumento do co-seno porque o valor de y em $x = 0$ é arbitrário e depende de como se escolheu o instante inicial. Por isso, ϕ_o é denominado *fase inicial* da onda. Exceto quando a análise exigir o contrário, para simplificar as equações vamos supor que $\phi_o = 0$.

Para $\phi_o = 0$, a Equação 4.4 pode ser reescrita na forma

$$y(x,t) = A\cos\left[\frac{2\pi}{\lambda}(x - \frac{\lambda\omega}{2\pi}t)\right]. \tag{4.8}$$

A fase da onda varia com x e t. Com isto, o perfil de deslocamento da corda se move continuamente para a direita, como mostra a Figura 4.2, na qual se vê o perfil nos instantes t e $t + \Delta t$.

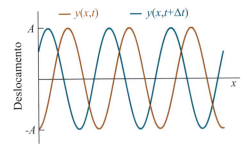

Figura 4.2
Perfil da corda, mostrando como se propaga a onda descrita pela Equação 4.8 em dois instantes próximos t e $t + \Delta t$.

Um observador correndo ao lado da corda verá a mesma fase e, portanto, o mesmo deslocamento para o ponto da corda ao seu lado, se seu deslocamento for tal que

$$x - \frac{\lambda\omega}{2\pi}t = \text{constante}. \tag{4.9}$$

A **velocidade de fase** de uma onda harmônica é a sua velocidade de propagação

Derivando esta equação em relação ao tempo, temos $v \equiv dx/dt = \lambda\omega/2\pi$. Logo, o observador acompanhará um ponto de deslocamento constante da corda se se mover para a direita com a **velocidade de fase**, dada por

Capítulo 4 ■ Ondas I | Cinemática

■ Velocidade de fase da onda

$$v = \frac{\lambda\omega}{2\pi}.$$ (4.10)

Esta é, portanto, a velocidade com que o perfil de deformação da corda se desloca, ou seja, a velocidade de propagação da onda.

Consideremos agora um ponto de coordenada fixa da corda, digamos $x = 0$. Seu deslocamento varia no tempo na forma

$$y(0,t) = A\cos(\omega t) = A\cos(\frac{2\pi}{\lambda}vt).$$ (4.11)

Tal deslocamento se repete quando o tempo t sofre incrementos iguais a T. Para calcular esse tempo com o qual o deslocamento se repete, partimos do fato de que $y(0, t + T) = y(0, t)$. Logo, pela Equação 4.11, temos

$$A\cos\left[\frac{2\pi}{\lambda}v(t+T)\right] = A\cos\left[\frac{2\pi}{\lambda}vt\right].$$ (4.12)

Portanto,

■ Definição do período *T* da onda harmônica

$$\frac{vT}{\lambda} = 1 \quad \Rightarrow T = \frac{\lambda}{v}.$$ (4.13)

O tempo T é o *período da onda*. Seu inverso exprime o número de ciclos que a onda executa por unidade de tempo. Essa grandeza é denominada *freqüência da onda* e designada por ν. Portanto,

$$\nu \equiv \frac{1}{T} = \frac{v}{\lambda}.$$ (4.14)

Comparando as Equações 4.11 e 4.14, concluímos que

$$\nu = \frac{1}{\lambda} \times \frac{\lambda\omega}{2\pi},$$ (4.15)

ou

$$\nu = \frac{\omega}{2\pi},$$ (4.16)

resultado este que já foi obtido no estudo do oscilador harmônico.

Na descrição das ondas, é útil definir-se o *vetor de onda* na forma

■ Definição de vetor de onda *k*

$$k \equiv \frac{2\pi}{\lambda}.$$ (4.17)

Em termos do vetor de onda k e da freqüência angular ω, a função de onda adquire a forma compacta:

$$y(x, t) = A\cos(kx - \omega t).$$ (4.18)

Note-se que a velocidade de fase também pode ser escrita na forma

$$v = \frac{\lambda}{T} = \lambda\nu = \frac{2\pi}{k} \times \frac{\omega}{2\pi},$$ (4.19)

ou

$$v = \frac{\omega}{k}.$$ (4.20)

Em termos do comprimento de onda e da velocidade de fase, a função de onda pode ser escrita na forma (Exercício-exemplo 4.2)

Física Básica ■ Gravitação | Fluidos | Ondas | Termodinâmica

$$y(x,t) = A\cos\left[\frac{2\pi}{\lambda}(x-vt)\right].$$

(4.21)

As Equações 4.18 e 4.21 descrevem ondas que se propagam no sentido de $+x$. Para ondas que se propagassem no sentido $-x$, as equações teriam as formas

$$y(x, t) = A\cos(kx + \omega t),$$

(4.22)

$$y(x,t) = A\cos\left[\frac{2\pi}{\lambda}(x+vt)\right],$$

(4.23)

E·E Exercício-exemplo 4.1

■ Identifique e calcule as várias grandezas associadas à onda
$y(x,t) = 0,020\text{m}\cos(0,250\text{m}^{-1}x - 50,0\text{s}^{-1}t + \frac{\pi}{3})$.

■ Solução

A fase inicial da onda é $\phi_o = \dfrac{\pi}{3}$. Sua amplitude, seu vetor de onda e sua freqüência angular são, respectivamente:

$A = 0,020$ m, $k = 0,250$ m^{-1}, $\omega = 50,0$ s^{-1}.

A velocidade da onda é

$$v = \frac{50,0 \text{ s}^{-1}}{0,250 \text{ m}^{-1}} = 200 \text{ m/s}.$$

O comprimento de onda e a freqüência são, respectivamente,

$$\lambda = \frac{2\pi}{k} = \frac{6,28}{0,250}\text{ m} = 25,1 \text{ m},$$

$$\nu = \frac{\omega}{2\pi} = \frac{50,0}{6,28}\text{ s}^{-1} = 7,96 \text{ s}^{-1}.$$

E·E Exercício-exemplo 4.2

■ Mostre que a função de onda harmônica propagando-se para a direita em uma corda pode ser escrita também em uma das formas alternativas:

(A) $y = A\cos k(x - vt)$; (B) $y = A\cos 2\pi(\dfrac{x}{\lambda} - \dfrac{t}{T})$; (C) $y = A\cos\dfrac{2\pi}{\lambda}(x-vt)$

■ Solução

(A) Consideremos a Equação 4.17. Podemos reescrevê-la na forma

$$y = A\cos k(x - \frac{\omega}{k}t).$$

Mas, uma vez que $v = \omega / k$, obtemos

$$y = A\cos k(x - vt).$$

(B) Partindo ainda da Equação 4.18, podemos escrever

$$y = A\cos(kx - \omega t) = A\cos\left(\frac{2\pi}{\lambda}x - 2\pi\nu t\right).$$

Uma vez que $\nu = 1/T$, obtemos

$$y = A\cos\left(\frac{2\pi}{\lambda}x - 2\pi\frac{t}{T}\right) = A\cos 2\pi\left(\frac{x}{\lambda} - \frac{t}{T}\right).$$

(C) Esta última equação pode ser ainda escrita na forma

$$y = A\cos\frac{2\pi}{\lambda}\left(x - \lambda\frac{t}{T}\right).$$

Mas $v = \lambda/T$ e, portanto,

$$y = A\cos\frac{2\pi}{\lambda}(x - vt).$$

E·E Exercício-exemplo 4.3

■ A Figura 4.3 mostra uma onda $y(x, t)$ em dois instantes distintos. Calcule (A) a sua velocidade de fase; (B) a sua freqüência.

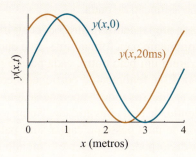

Figura 4.3
(Exercício-exempplo 4.3).

■ Solução

(A) Observamos na figura que em um tempo de 20 ms a onda percorreu uma distância de 0,50 m. Logo, sua velocidade de fase é

$$v = \frac{\Delta x}{\Delta t} = \frac{0,50\,\text{m}}{20\,\text{ms}} = 25\,\frac{\text{m}}{\text{s}}.$$

(B) Também a partir da figura verificamos que o comprimento de onda é igual a 4,0 m. A freqüência da onda pode então ser calculada empregando-se a Equação 4.14:

$$\nu = \frac{v}{\lambda} = \frac{25\,\text{m/s}}{4,0\,\text{m}} = 6,25\,\text{s}^{-1} = 6,25\,\text{Hz}.$$

Exercícios

E 4.1 Calcule (A) a freqüência angular e (B) o período da onda cuja propagação é mostrada na Figura 3.3. (C) Qual é a diferença de fase entre os dois instantes da onda mostrados na figura?

E 4.2 Uma onda é descrita por $y(x, t) = 3{,}0\,\text{cm}\cos(2{,}0\,\text{m}^{-1}x + 120\,\text{s}^{-1}t + \pi/4)$. Calcule (A) seu período de oscilação; (B) sua velocidade de fase; (C) sua fase inicial.

E 4.3 Qual é a velocidade de fase de uma onda cuja freqüência é 220 Hz e cujo comprimento de onda é 1,56 m?

E 4.4 Uma onda tem freqüência de 440 Hz e propaga-se com a velocidade de fase de 343 m/s. Sabendo-se que entre os pontos A e B há uma diferença de fase de 45°, qual é a menor distância possível entre esses pontos?

E 4.5 O vetor de onda de um lá médio (A_4) vale 8,06 m^{-1}, e sua freqüência é 440 Hz. (A) Qual é a velocidade da onda? (B) Qual é a distância mínima entre dois pontos do espaço para que a diferença de fase entre eles seja de 90°?

E 4.6 Mostre que o vetor de onda de uma onda com freqüência ν e velocidade de fase v vale $2\pi\nu/v$.

Seção 4.4 ▪ Superposição de ondas

Princípio de superposição de ondas: quando duas ou mais ondas se propagam no mesmo meio, o resultado, denominado onda resultante, é uma onda cuja função é a soma das funções das ondas que se combinam

As ondas obedecem ao **princípio da superposição**, o qual diz que se duas ondas de funções de onda $y_1(x, t)$ e $y_2(x, t)$ se propagam no mesmo meio, o resultado, denominado **onda resultante**, é uma onda de função de onda dada por

$$y(x, t) = y_1(x, t) + y_2(x, t). \tag{4.24}$$

Algumas ondas, denominadas ondas não-lineares, não obedecem ao princípio da superposição. Não estudaremos esse tipo de onda neste livro. Sempre que falarmos de ondas, na verdade estaremos nos referindo a ondas lineares

Para sermos concretos, podemos supor que estejamos falando de duas ondas em uma corda esticada. Nesse caso, $y_1(x, t)$ e $y_2(x, t)$ são os deslocamentos da corda gerados por cada uma das ondas, consideradas separadamente, e a Equação 4.24 diz que $y(x, t)$ é o deslocamento resultante quando as duas ondas se propagam ao mesmo tempo na corda. Ou seja, o deslocamento resultante é simplesmente a soma algébrica dos deslocamentos gerados pelas duas ondas. Mas é importante notar que nossas conclusões têm caráter geral e que a variável y pode ser qualquer grandeza que caracterize a função de onda.

A Figura 4.4 mostra dois pulsos de ondas se propagando em direções contrárias e passando um pelo outro. Pela superposição, eles se combinam para formar uma onda que é a soma das duas, como diz a Equação 4.24. Após cruzarem um pelo outro, cada pacote prossegue seu caminho sem ter sofrido qualquer alteração. Esse fenômeno é corriqueiro em nossa experiência diária. A luz que vem de um objeto até nossos olhos superpõe-se, em seu caminho, com outros feixes de luz sem perder sua identidade e sua integridade. No meio de um fundo de sons diversos, podemos identificar a voz de uma pessoa e captar suas palavras. Se não valesse o princípio da superposição, nada disso poderia ocorrer e o mundo nos pareceria muito mais confuso.

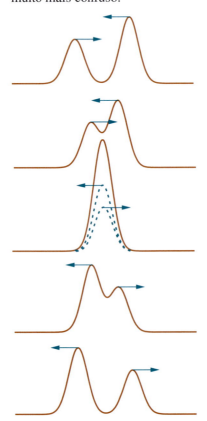

Figura 4.4

Duas ondas se propagam em direções opostas e uma passa pela outra. A onda composta é a soma das duas ondas.

Seção 4.5 ■ Interferência de ondas

Interferência é o nome dado para a superposição de ondas de mesma freqüência

Quando duas ou mais ondas propagantes de mesma freqüência se superpõem, temos o fenômeno de **interferência**. Estudaremos a interferência no caso mais simples de duas ondas unidimensionais e que se propagam no mesmo sentido. Sejam $y_1(x,t) = A_1 \cos(kx - \omega t)$ e $y_2(x, t) = A_2 \cos(kx - \omega t + \phi_o)$ as funções que descrevem as duas ondas. Como as duas ondas têm a mesma freqüência, o vetor de onda também tem o mesmo valor para ambas, o que já foi considerado ao escrevermos as duas funções. Podemos sempre escolher a origem do tempo de modo que a fase inicial de uma das ondas seja nula, mas a outra onda (digamos a onda 2) terá uma fase inicial ϕ_o, cujo valor já não temos a liberdade de escolher. Assim, as duas ondas irão propagar-se com uma diferença de fase que tem o valor fixo ϕ_o, e essa diferença de fase irá definir o tipo de interferência entre elas. Dois casos extremos são especialmente importantes, e são ilustrados nas Figuras 4.5 e 4.6. No caso da Figura 4.5, $\phi_o = 0$, ou seja, as ondas têm a mesma fase. Nesse caso, a onda resultante é descrita pela função

$$y = y_1 + y_2 = A_1 \cos(kx - \omega t) + A_2 \cos(kx - \omega t) \qquad (4.25)$$
$$= (A_1 + A_2) \cos(kx - \omega t).$$

Vê-se então que a onda resultante tem amplitude igual à soma das amplitudes das ondas que se superpõem. Dizemos nesse caso que a interferência é **construtiva**. Já no caso da Figura 4.6, $\phi_o = \pi$. Nesse caso, as duas ondas se propagam em oposição de fase, e a onda resultante é descrita pela função

Quando duas ondas se superpõem com a mesma fase, entre elas há **interferência construtiva**. Quando elas se superpõem com diferença de fase de 180°, entre elas há **interferência destrutiva**

$$y = y_1 + y_2 = A_1 \cos(kx - \omega t) + A_2 \cos(kx - \omega t + \pi) \qquad (4.26)$$
$$= (A_1 - A_2) \cos(kx - \omega t).$$

Nesta equação, foi usado o fato de que $\cos(\phi + \pi) = -\cos\phi$. A onda resultante tem agora amplitude igual à diferença das amplitudes das ondas que se superpõem, e nesse caso dizemos que a interferência é **destrutiva**.

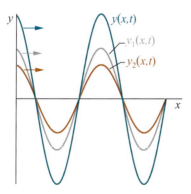

Figura 4.5

Interferência construtiva de duas ondas. Duas ondas de mesma freqüência e com a mesma fase inicial superpõem se. A onda resultante tem amplitude igual à soma das amplitudes das duas ondas.

Além desses dois extremos considerados, em que a interferência é (inteiramente) construtiva ou (inteiramente) destrutiva, ocorrem os casos de interferência intermediária, cujo caráter construtivo ou destrutivo depende do valor de ϕ_o.

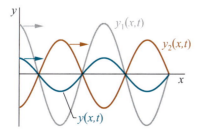

Figura 4.6

Interferência destrutiva de duas ondas. Duas ondas de mesma freqüência e com a mesma fase inicial superpõem-se. A onda resultante tem amplitude igual à diferença das amplitudes das duas ondas.

84 Física Básica ■ Gravitação | Fluidos | Ondas | Termodinâmica

E·E Exercício-exemplo 4.4

■ Duas ondas lineares de mesma amplitude e de mesma freqüência, propagando-se no mesmo sentido, superpõem-se. Entre elas há uma diferença de fase ϕ_o de valor genérico. Calcule a função da onda resultante.

■ **Solução**

Pelo princípio da superposição, a onda resultante tem função dada por

$$y = A \cos(kx - \omega t) + A \cos(kx - \omega t + \phi_o).$$

Mas a trigonometria nos diz que $\cos \alpha + \cos \beta = 2 \cos \frac{1}{2}(\alpha + \beta) \cos \frac{1}{2}(\beta - \alpha)$.
Aplicando esta relação para os valores $\alpha = kx - \omega t$ e $\beta = kx - \omega t + \phi_o$ obtemos:

$$\tfrac{1}{2}(\alpha + \beta) = (kx - \omega t + \phi_o / 2,$$

$$\tfrac{1}{2}(\beta - \alpha) = \phi_o / 2,$$

e, finalmente,

$$y = 2 A \cos(\phi_o / 2) \cos(kx - \omega t + \phi_o / 2). \tag{4.27}$$

Observa-se que a amplitude da onda resultante é igual a $2A$ quando $\phi_o = 0$ e igual a 0 quando $\phi_o = \pi$. Esses são os limites em que a interferência é inteiramente construtiva ou inteiramente destrutiva.

E·E Exercício-exemplo 4.5

■ Duas ondas de mesma freqüência propagam-se em uma corda. Ambas têm a amplitude de 1,00 cm, mas elas estão defasadas 45°. (A) Calcule a amplitude da onda resultante da sua superposição. (B) Qual teria de ser a defasagem entre elas para que a amplitude da onda resultante também fosse igual a 1,00 cm?

■ **Solução**

(A) Podemos resolver o problema por aplicação direta da Equação 4.27. Ali vemos que a amplitude da onda resultante é igual a $2 A \cos(\phi_o / 2)$. Uma vez que $A = 1,00$ cm e $\phi_o = 45°$, obtemos:

$$A_{\text{resultante}} = 2 \times 1,00 \text{ cm} \times \cos 22,5° = 1,85 \text{ cm}.$$

(B) Pretende-se que a onda resultante tenha a mesma amplitude das ondas que interferem. Nesse caso, podemos escrever:

$$A = 2 A \cos(\phi_o / 2) \quad \Rightarrow \quad \cos(\phi_o / 2) \, 1 / 2.$$

Logo,

$$\phi_o / 2 = 60° \quad \Rightarrow \quad \phi_o = 120°.$$

Exercícios

E 4.7 Duas ondas de mesma amplitude A, mesma freqüência e a mesma direção de propagação, se superpõem em um dado meio. Sendo 90° a diferença de fase entre as duas ondas, qual é a amplitude da onda resultante?

E 4.8 Duas ondas de mesma amplitude A, mesma freqüência e mesma direção de propagação, se superpõem em um dado meio. Qual deve ser a diferença de fase entre elas para que a onda resultante tenha amplitude (A) $A/2$? (B) $3A/2$?

Seção 4.6 ■ Superposição de duas ondas de freqüências próximas

Consideremos um caso muito especial e importante de superposição de ondas: duas ondas de mesma amplitude A e freqüências angulares $\omega - \frac{1}{2}\Delta\omega$ e $\omega + \frac{1}{2}\Delta\omega$, próximas uma da outra, superpondo-se. Seus vetores de onda $k - \frac{1}{2}\Delta k$ e $k + \frac{1}{2}\Delta k$ também terão valores próximos. Podemos simplificar a álgebra, sem perder a generalidade das nossas conclusões, supondo que as duas ondas tenham a mesma fase inicial. Nesse caso, suas funções de onda são:

$$y_1(x,t) = A\cos[(k - \tfrac{1}{2}\Delta k)x - (\omega - \tfrac{1}{2}\Delta\omega)t],$$
$$y_2(x,t) = A\cos[(k + \tfrac{1}{2}\Delta k)x - (\omega + \tfrac{1}{2}\Delta\omega)t].$$
(4.28)

Para facilitar os cálculos, será introduzida a notação compacta

$$\phi = kx - \omega t,$$
$$\Delta\phi = \tfrac{1}{2}(\Delta k \cdot x - \Delta\omega \cdot t).$$
(4.29)

A função de onda resultante será

$$y = y_1 + y_2 = A\cos(\phi - \Delta\phi) + A\cos(\phi + \Delta\phi).$$
(4.30)

Utilizando a relação trigonométrica $\cos(a \pm b) = \cos a \cos b \mp \mathrm{sen}\, a \,\mathrm{sen}\, b$, podemos escrever a Equação 4.30 na forma

$$y = 2A\cos\Delta\phi \cdot \cos\phi.$$
(4.31)

Substituindo agora os valores de ϕ e de $\Delta\phi$, obtemos

$$y(x,t) = 2A\cos(\tfrac{\Delta k}{2}x - \tfrac{\Delta\omega}{2}t)\cdot\cos(kx - \omega t).$$
(4.32)

Buscaremos agora interpretar essa função de onda. A Equação 4.32 expressa o que chamamos onda com *amplitude modulada*, e que descreveremos em mais detalhe. Uma onda harmônica propagante, como por exemplo a expressa pela Equação 4.18, é uma onda senoidal com amplitude constante. Em uma onda de amplitude modulada, a função permanece senoidal, mas sua amplitude varia no espaço e no tempo. Podemos expressá-la na forma

■ Onda com amplitude modulada

$$y(x,t) = A(x,t)\cos(kx - \omega t),$$
(4.33)

onde $A(x, t)$ expressa a variação espaço-temporal da amplitude da onda. Vê-se que esta é exatamente a forma da onda expressa pela Equação 4.32, onde a variação da sua amplitude é dada por

$$A(x,t) = 2A\cos\Delta\phi = 2A\cos(\tfrac{\Delta k}{2}x - \tfrac{\Delta\omega}{2}t).$$
(4.34)

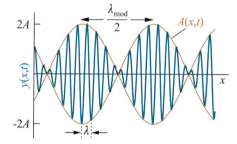

Figura 4.7
Onda gerada pela superposição de duas ondas de mesma amplitude A e com frequências angulares e vetores de onda dados por $\omega - \Delta\omega/2$, $k - \Delta k/2$ e $\omega + \Delta\omega/2$, $k + \Delta k/2$, respectivamente. Observa-se que a onda resultante tem amplitude modulada, conforme discussão no texto. Os valores de λ e λ_{mod} são, respectivamente, $2\pi/k$ e $4\pi/\Delta k$.

Temos aqui um caso muito especial de onda de amplitude modulada em que a variação da amplitude $A(x, t)$ também tem forma senoidal. A Figura 4.7 mostra o perfil da onda $y(x, t)$ em um instante arbitrário. Uma onda de comprimento curto $\lambda = 2\pi/k$ tem sua amplitude modulada por outra onda de comprimento longo $\lambda_{\text{mod}} = 4\pi/\Delta k$. Em um dado ponto do espaço, o que se vê é uma onda de freqüência angular ω oscilar sua amplitude com uma freqüência angular $\Delta\omega / 2$. Note-se que essa freqüência é igual a metade da diferença entre as freqüências das ondas que se superpõem. Esse fenômeno é denominado **batimento**. O batimento é observado sempre que duas ondas harmônicas de freqüências próximas se superpõem, e pode ser facilmente observado em ondas de som. Na verdade, é freqüentemente utilizado para se afinar um instrumento musical com um diapasão. Ao se aproximar a freqüência da nota musical da freqüência do diapasão, ouve-se um som de intensidade variável. Quanto mais próximas forem as duas freqüências, mais lenta será a modulação do som que se ouve.

> **Batimento** é a oscilação da amplitude da onda resultante da superposição de duas ondas de freqüências próximas

Exercícios

E 4.9 Um afinador de piano inicia a afinação pela sintonia do lá médio, cuja freqüência é 440 Hz. Dispõe de um diapasão que oscila precisamente nesta freqüência. Ao aumentar continuamente a tensão na corda lá — o que faz aumentar sua freqüência —, em certo momento ele ouve o batimento entre as duas notas, que, pela sua avaliação, tem um período de 2 s. Em que freqüência está oscilando a corda lá do piano?

Seção 4.7 ■ Velocidade de grupo de uma onda

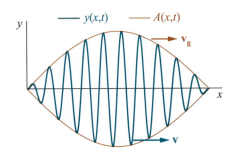

Figura 4.8
Pacote de onda, formado pela superposição de ondas com freqüências vizinhas. O pacote se propaga com a *velocidade de grupo*, v_g, definida no texto, enquanto as ondas que formam o pacote propagam-se com a velocidade de fase v.

Como vimos, a superposição das duas ondas na corda esticada forma uma onda de amplitude variável no espaço e no tempo. Poderíamos superpor um número arbitrário de ondas para criar uma onda mais complexa. Por exemplo, poderíamos formar um pacote de ondas cuja passagem em um determinado ponto tivesse duração finita. A Figura 4.8 mostra um pacote desse tipo. Para entender como se propaga um pacote de onda, estudaremos a propagação da onda de amplitude modulada que já estudamos.

A amplitude da onda gerada pela superposição de duas ondas, como se vê na Equação 4.31, é descrita por uma função $A(x, t)$, que, por sua vez, também é uma onda harmônica propagante. Seu vetor de onda e sua freqüência angular são respectivamente $\frac{1}{2}\Delta k$ e $\frac{1}{2}\Delta\omega$ e portanto, a onda $A(x, t)$ propaga-se com velocidade dada por

$$V = \frac{\Delta\omega}{\Delta k}. \tag{4.35}$$

Tomando o limite em que $\Delta\omega$ e Δk tendem para zero, obtemos a velocidade

> ■ Velocidade de grupo da onda

$$v_g \equiv \frac{d\omega}{dk}, \tag{4.36}$$

> **Velocidade de grupo** é a velocidade com que o centro de um pacote de ondas, formadas por ondas de freqüências próximas umas das outras, se propaga

denominada **velocidade de grupo** da onda. Esta é a velocidade com que se propaga o centro de um pacote formado pela superposição de ondas de freqüências próximas umas das outras. Em algumas situações, a velocidade de fase da onda não varia com a sua freqüência. Este é o caso, por exemplo, da luz no vácuo, cuja relação entre freqüência angular e vetor de onda é

$$\omega = ck, \tag{4.37}$$

onde c é a velocidade da luz, uma constante universal. Neste caso, a velocidade de fase e a velocidade de grupo têm o mesmo valor:

$$v = \frac{\omega}{k} = c, \quad v_g = \frac{d\omega}{dk} = c. \tag{4.38}$$

Seção 4.8 ■ Relação de dispersão de uma onda

No caso geral, entretanto, a relação entre a freqüência angular e o vetor de onda é

$$\omega = \omega(k), \tag{4.39}$$

onde $\omega(k)$ é uma função característica da onda e do meio em que ela se propaga. Nesse caso, geralmente a velocidade de grupo é menor que a velocidade de fase, embora esta não seja uma regra absoluta. A relação dada pela Equação 4.39 é denominada *relação de dispersão* da onda.

Um exemplo muito interessante de relação de dispersão ocorre para ondas mecânicas em um cristal contendo dois tipos de átomo por célula, como é o caso do sal de cozinha, NaCl. A célula cristalina unitária do NaCl é mostrada na Figura 4.9. Neste caso, existem dois tipos de onda possíveis no cristal. Em um tipo de onda, dois átomos de Na e Cl adjacentes se movem no mesmo sentido. Esta onda é denominada *onda acústica*, ou *modo acústico*. No outro tipo de onda, os átomos adjacentes de Na e Cl se movem em sentidos opostos quando a linha que os liga está na direção de propagação da onda. Esta é a *onda óptica*, ou *modo óptico*. A Figura 4.10 mostra os deslocamentos de uma linha de átomos para os modos acústico e óptico propagando-se paralelamente à linha. A Figura 4.11 mostra as relações de dispersão para os dois modos de ondulação do cristal, para ondas movendo-se na direção de um eixo cristalino. A grandeza a que aparece nas Figuras 4.9 e 4.11 é o dobro da distância de equilíbrio entre dois átomos adjacentes do cristal, ou seja, igual à distância entre dois vizinhos mais próximos do mesmo elemento. Este é o comprimento de periodicidade do cristal.

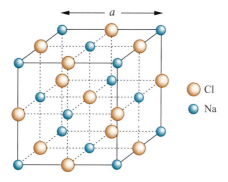

Figura 4.9
Célula unitária de um cristal de NaCl.

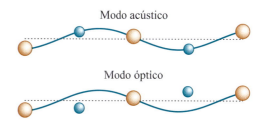

Figura 4.10
Visão simplificada dos modos acústico e óptico em um cristal como NaCl. Apenas uma linha de átomos é mostrada, e a onda considerada propaga-se ao longo de um eixo cristalino.

Há ondas cuja velocidade de fase é infinita, e também ondas cuja velocidade de grupo é nula. A Figura 4.11 ilustra ambos esses extremos

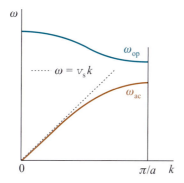

Figura 4.11
Relação de dispersão dos modos acústico e óptico de vibração em um cristal como NaCl, para ondas propagando-se na direção de um dos eixos cristalinos. O parâmetro a mede a periodicidade do cristal.

88 Física Básica ■ Gravitação | Fluidos | Ondas | Termodinâmica

Para o modo acústico, as ondas de baixo vetor de onda têm um comportamento do tipo $\omega_{ac} = v_s k$, onde v_s é a velocidade do som no cristal. Neste limite, as velocidades de fase e de grupo da onda são iguais. Para grandes vetores de onda, $\omega_{ac} < v_s k$ e a velocidade de grupo é menor que a velocidade de fase. No limite de vetor de onda, $k = \pi / a$, a derivada $d\omega_{ac} / dk$ se anula e, portanto, a velocidade de grupo da onda acústica torna-se nula.

O modo óptico tem um comportamento ainda mais digno de nota. Para $k = 0$, tem-se $\omega_{op} \neq 0$. Logo, a velocidade de fase torna-se infinita nesse limite. Nesse mesmo limite de vetor de onda nulo, a velocidade de grupo do modo óptico é nula, já que $d\omega_{op} / dk = 0$ para $k = 0$. À medida que o vetor de onda cresce, a velocidade de fase do modo óptico decresce. Já a sua velocidade de grupo, cresce inicialmente (em módulo) e depois decresce novamente até tornar-se outra vez nula em $k = \pi / a$. Observe-se que a velocidade de grupo do modo óptico é sempre negativa para $k > 0$, ou seja, um pacote de onda se propaga na direção oposta à das ondas que o compõem!

A teoria da relatividade se assenta no pressuposto de que nenhuma informação pode viajar com velocidade maior do que a da luz no vácuo. Neste caso, cabe discutir a compatibilidade entre a teoria e a existência de ondas com velocidade infinita, como acabamos de ver. Ocorre que uma onda harmônica, ou seja, contendo uma única freqüência, não transporta qualquer informação. Seu caráter exatamente repetitivo impede que alguma informação seja codificada. Para transportar informação (*sinal*, na linguagem da física), é necessário que ondas de freqüências distintas sejam combinadas para gerarem um pacote de ondas. Tal pacote, conforme vimos, viaja com a velocidade de grupo da onda. Portanto, a exigência da teoria da relatividade é que nenhuma onda tenha velocidade de grupo maior que a velocidade da luz.

E·E Exercício-exemplo 4.6

■ A relação de dispersão de uma onda é $\omega(k) = (100 \text{ m/s})k - (3,00 \text{ m}^2/\text{s})k^2$, $|k| < 50 \text{ m}^{-1}$. Calcule as velocidades de (A) fase e (B) de grupo para $k = 20 \text{ m}^{-1}$.

■ Solução

(A) A velocidade de fase é definida por $v = \omega / k$. Para calcularmos a velocidade de fase para $k = 20 \text{ m}^{-1}$, primeiro temos de calcular a freqüência angular correspondente a esse vetor de onda. Pelos dados do problema, calculamos:

$$\omega(20\text{m}^{-1}) = 100\frac{\text{m}}{\text{s}} \times 20\text{m}^{-1} - 3,00\frac{\text{m}^2}{\text{s}} \times (20\text{m}^{-1})^2 = 800\frac{1}{\text{s}}.$$

Agora podemos obter a velocidade de fase:

$$v = \frac{800/\text{s}}{20/\text{m}} = 40\frac{\text{m}}{\text{s}}.$$

(B) A expressão geral para a velocidade de grupo é

$$v_g(k) = \frac{d\omega}{dk} = \frac{d}{dk}[(100\text{m}/\text{s})k - (3,00\text{m}^2/\text{s})k^2]$$

$$= 100\text{m}/\text{s} - (6,00\text{m}^2/\text{s})k.$$

Para o vetor de onda $k = 20 \text{ m}^{-1}$, temos

$$v_g(20\text{m}^{-1}) = 100\text{m}/\text{s} - (6,00 \text{ m}^2/\text{s}) \times 20\text{m}^{-1}$$

$$= 100\text{m}/\text{s} - 120\text{m}/\text{s} = -20\text{m}/\text{s}.$$

Exercício

E 4.10 A relação entre a freqüência angular de uma onda é $\omega(k) = (80 \text{ m/s})k - (2,00 \text{ m}^2/\text{s})k^2$, $|k| < 60 \text{ m}^{-1}$. (A) Qual é a sua freqüência quando o comprimento de onda vale 0,628 m? (B) Qual é a velocidade de grupo para esse comprimento de onda?

Seção 4.9 ▪ Ondas estacionárias

Ao encontrar fronteiras para o meio em que se propagam, as ondas são parcialmente ou totalmente refletidas. Em um meio de dimensões finitas, a reflexão total pode resultar em ondas estacionárias. Para investigar este tópico, novamente recorreremos ao exemplo da onda em uma corda. Considere uma onda propagando-se em uma corda cuja extremidade direita seja mantida imóvel por um vínculo. Obviamente, a onda não poderá mais ser descrita pela função de onda expressa na Equação 4.18, pois naquela onda nenhum ponto fica imóvel. Entretanto, a condição de vínculo fica satisfeita pela superposição de duas ondas de mesma amplitude e com vetores de onda de mesmo módulo, cada qual propagando-se em um sentido. Com efeito, consideremos a superposição de duas ondas de mesma freqüência propagando em sentidos opostos:

$$y(x, t) = A\,\mathrm{sen}(kx - \omega t) + B\,\mathrm{sen}(kx + \omega t), \tag{4.40}$$

e vamos impor a condição de vínculo (também denominada condição de contorno)

$$y(L, t) = 0, \tag{4.41}$$

ou

$$A\,\mathrm{sen}(kL - \omega t) + B\,\mathrm{sen}(kL + \omega t) = 0. \tag{4.42}$$

Uma vez $\mathrm{sen}(a \pm b) = \mathrm{sen}\,a\cos b \pm \cos a\,\mathrm{sen}\,b$, obtemos:

$$A\,\mathrm{sen}\,kL \cdot \cos\omega t - A\cos kL \cdot \mathrm{sen}\omega t$$
$$+ B\,\mathrm{sen}\,kL \cdot \cos\omega t + B\cos kL \cdot \mathrm{sen}\omega t = 0. \tag{4.43}$$

Desta equação, obtemos

$$(A + B)\mathrm{sen}\,kL \cdot \cos \omega t - (A - B)\cos kL \cdot \mathrm{sen}\,\omega t = 0. \tag{4.44}$$

Para que a Equação 4.44 seja válida para qualquer t, uma vez que as funções sen ωt e cos ωt são independentes, é necessário que

$$(A + B)\,\mathrm{sen}\,kL = 0,$$
$$(A - B)\cos kL = 0. \tag{4.45}$$

Uma solução desse par de equações é

$$A = B, \quad kL = n\pi, \quad n = 1,2,3\ldots.. \tag{4.46}$$

Logo, a condição de vínculo do sistema é atendida pela onda

$$y(x,t) = A\,\mathrm{sen}(\frac{n\pi}{L}x - \omega t) + A\,\mathrm{sen}(\frac{n\pi}{L}x + \omega t), \tag{4.47}$$

$$y(x,t) = 2A\,\mathrm{sen}\,\frac{n\pi}{L}x \cdot \cos \omega t \;(modos\;a). \tag{4.48}$$

A outra solução do sistema de Equações 4.45 é

$$A = -B, \quad kL = (n - \tfrac{1}{2})\pi, \quad n = 1,2,3\ldots \tag{4.49}$$

Esta solução corresponde à onda

$$y(x,t) = A\,\mathrm{sen}\left[(n - \tfrac{1}{2})\frac{\pi}{L}x - \omega t\right] - A\,\mathrm{sen}\left[(n - \tfrac{1}{2})\frac{\pi}{L}x + \omega t\right], \tag{4.50}$$

$$y(x,t) = -2A\cos\left[(n - \tfrac{1}{2})\frac{\pi}{L}x\right] \cdot \mathrm{sen}\,\omega t \;(modos\;b). \tag{4.51}$$

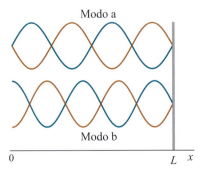

Figura 4.12
Dois tipos distintos de modos normais de onda em uma corda de comprimento L em que uma das extremidades é mantida imóvel. As duas cores representam perfis da onda em instantes defasados de meio período da oscilação (defasagem de 180° na fase).

■ Ondas estacionárias são ondas, em um meio delimitado, que não se propagam. Cada onda estacionária possível no meio é um modo normal de vibração do meio

A Figura 4.12 mostra as duas formas possíveis de vibração da corda. Observe-se que ambas as vibrações são **ondas estacionárias**, ou seja, ondas que não se propagam no espaço. Cada uma dessas formas, para um número n fixo, é um **modo normal de vibração**, ou simplesmente **modo normal** da corda. No seu sentido mais geral, modo normal é qualquer onda estacionária em um meio limitado e com vínculos definidos. Em cada modo normal da corda, há pontos que ficam imóveis, denominados *nodos de vibração*. Há também pontos em que a vibração é mais intensa, denominados *antinodos* ou *ventres de vibração*. Freqüentemente se refere a tais pontos simplesmente como nodos e antinodos ou ventres.

A diferença fundamental entre os modos a e b de vibração da corda mostrados na Figura 4.12 é que para os modos a a extremidade esquerda da corda é um nodo, enquanto para os modos b esta extremidade é um ventre. Portanto, os modos b correspondem ao caso em que a extremidade esquerda da corda está presa a um vibrador, enquanto os modos a correspondem ao caso em que ambas as extremidades da corda são imobilizadas por um vínculo. Esta última é a condição de vínculo em uma guitarra e em outros instrumentos musicais de corda. Isto justifica uma discussão mais detalhada desses modos. Os vetores de onda dos modos a são

$$k_n = n\frac{\pi}{L}, \quad n = \text{número natural}. \tag{4.52}$$

Isto significa que as ondas têm comprimentos de onda dados por

$$\lambda_n = \frac{2\pi}{k_n} = \frac{2L}{n}. \tag{4.53}$$

Como veremos no próximo capítulo (*Ondas II | Dinâmica*), a velocidade v da onda é determinada pela tensão na corda e por sua densidade linear de massa, ou seja, massa por unidade de comprimento. Portanto, para uma dada corda a velocidade é a mesma para todos os modos normais, e conseqüentemente as frequências de vibração dos modos normais são

■ Freqüências dos normais de vibração de uma corda de comprimento L

$$\nu_n = v\frac{k_n}{2\pi} = n\frac{v}{2L}. \tag{4.54}$$

O modo correspondente a $n = 1$ é denominado *modo fundamental*, enquanto os modos correspondentes a $n = 2, 3, 4...$ são denominados *harmônicos*. A Figura 4.13 mostra o modo fundamental de uma corda vibrante e seu primeiro harmônico.

A denominação harmônico tem origem na música. Dois sons cujas frequências são múltiplas uma da outra soam conjuntamente de forma especialmente harmoniosa. Na linguagem musical, esses dois sons são notas de igual nome. Por exemplo, 110 Hz, 220 Hz, 440 Hz, 880 Hz são todos *notas lá*. Nota-se que o enésimo harmônico de uma corda de comprimento L é o fundamental de uma corda de comprimento L/n. Este fato foi descoberto pelos membros da *Escola Pitagórica*, na Grécia antiga. O fato de uma relação de harmonia musical estar relacionada com os números naturais influenciou enormemente o modo de pensar dos membros daquela Escola. Toda uma descrição da Natureza foi por eles elaborada sobre a noção de harmônicos, mais geralmente sobre relações entre números inteiros.

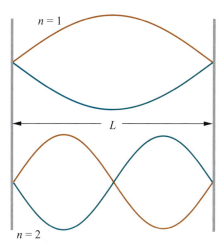

Figura 4.13
Modo fundamental e o primeiro harmônico de uma corda esticada com as extremidades fixas, tal como uma corda de violão.

É notável o fato de a física contemporânea estar permeada de forma crescente por conceitos pitagóricos. O movimento do elétron no átomo é descrito em termos de modos normais e, em conseqüência, os valores das energias permitidas para o elétron estão relacionados entre si por meio de números inteiros. O mesmo acontece com os valores permitidos para o seu momento angular. As partículas subatômicas podem ser classificadas de acordo com padrões que sugerem fortemente que elas próprias sejam modos normais de algo mais fundamental. Tudo isto é realmente muito interessante!

Exercício-exemplo 4.7

■ Supondo que a velocidade de fase seja a mesma em ambos os modos a e b da Figura 4.12, calcule a razão entre suas freqüências.

■ **Solução**

Vemos na figura que para o modo a o comprimento da corda corresponde a duas vezes o comprimento da onda. Ou seja,

$L = 2\lambda_a$.

Expressando isso em termos do vetor de onda, temos:

$$L = 2 \times \frac{2\pi}{k_a} \Rightarrow k_a = \frac{4\pi}{L}.$$

Já no caso do modo b, temos

$$L = (2 + \tfrac{1}{4})\lambda_b = (2 + \tfrac{1}{4})\frac{2\pi}{k_b},$$

ou

$$k_b = (4 + \tfrac{1}{2})\frac{\pi}{L}.$$

Considerando que $\omega = vk$, o que também pode ser escrito na forma $\nu = vk/2\pi$, temos:

$$\frac{\nu_b}{\nu_a} = \frac{k_b}{k_a} = \frac{4 + \tfrac{1}{2}}{4} = \frac{9}{8}.$$

E-E Exercício-exemplo 4.8

■ A primeira corda (a mais aguda) de um violão é afinada em mi, na freqüência de 329,6 Hz. Isso significa que, quando solta, a corda vibra nessa freqüência. O comprimento da corda é 65,5 cm. (A) Qual é a velocidade de fase da onda nessa afinação? (B) Quando a corda é pressionada no quinto traste do espelho do braço, ela soa em lá, com freqüência de 440,0 Hz. Qual é então o comprimento da parte vibrante da corda?

■ Solução

A vibração a que nos referimos corresponde ao modo $n = 1$, mostrado na Figura 4.13. A relação entre a freqüência, o comprimento da corda e a velocidade da onda é dada pela Equação 4.51, de onde podemos escrever

$$v = 2L\nu.$$

Substituindo os valores numéricos do problema, obtemos

$$v = 2 \times 0{,}65 \text{ m} \times 329{,}6 \text{ s}^{-1} = 432 \text{ m/s}.$$

Observe que a velocidade da onda na corda é maior que a velocidade do som no ar, que à pressão de 1 atm e a 20° C é 343 m/s.

(B) Quando a corda é pressionada no quinto traste, seu comprimento livre (o comprimento da parte que vibra) é dado por

$$L_5 = \frac{v}{2\nu_{lá}} = \frac{432 \text{m/s}}{2 \times 440/\text{s}} = 0{,}491 \text{m}.$$

Exercício

E 4.11 Na Figura 4.14, em todas as oscilações a velocidade de fase é a mesma. A freqüência do modo a é de 80 Hz. Quais são as freqüências dos modos b e c?

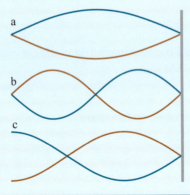

Figura 4.14
Três modos de oscilação em uma corda.

Seção 4.10 ■ Equação de onda

Nesta seção iniciaremos o estudo da equação de movimento que descreve o movimento ondulatório. Destaca-se de início que, se há algo de caráter universal no movimento ondulatório, ou seja, algo que é comum a qualquer onda, seja onda em uma corda esticada, onda na superfície da água, o som ou a luz, isto deve se tornar manifesto em alguma equação básica. Interessa-nos encontrar tal equação. Uma onda pode ser analisada de duas formas. Uma investiga a sua cinemática, ou seja, a forma como a sua configuração evolui no espaço e no tempo. A outra analisa a forma como as interações envolvidas e as suas leis dinâmicas resultam naquela cinemática. Esta é a dinâmica da onda. Dois exemplos ilustram esta classificação. Consideremos um projétil movendo-se próximo à superfície da Terra. Do estudo de sua cinemática verifica-se que o projétil tem uma aceleração uniforme na direção vertical

Capítulo 4 ■ Ondas I | Cinemática

disto resulta que sua trajetória é uma parábola. O estudo da sua dinâmica faz a conexão entre esse movimento, as leis de Newton e a gravitação universal. Outro exemplo é o movimento dos planetas. Brahe e Kepler estudaram a cinemática desse movimento. Kepler conseguiu sintetizar essa cinemática em três leis universais, as leis de Kepler. Novamente, a dinâmica desse movimento baseia-se na gravitação universal e nas leis de Newton. A dinâmica explica a cinemática, mas o oposto não ocorre. O estudo da dinâmica teve início com Newton, que criou esta ciência. A eletrodinâmica, a relatividade e a mecânica quântica são teorias dinâmicas, assim como naturalmente a mecânica de Newton.

Nesta seção estudaremos, de forma introdutória, a cinemática do movimento ondulatório. Aí reside o caráter universal das ondas: na sua cinemática. Já a dinâmica das ondas não é universal. Há *ondas mecânicas*, tais como o som ou a oscilação de uma corda esticada. A dinâmica dessas ondas é dada pelas leis de Newton e mais uma lei de elasticidade, ou seja, uma lei que exprime a relação entre a deformação e a força de restauração ao equilíbrio gerada pelo meio em que a onda se propaga. Essas ondas são também denominadas *ondas elásticas*. As ondas mecânicas requerem um meio material para a sua propagação. Já as *ondas eletromagnéticas* podem se propagar no vácuo. Sua dinâmica tem origem nos efeitos de indução eletromagnética. No próximo capítulo (*Ondas II*), estudaremos a dinâmica de algumas ondas, especificamente da onda em uma corda, do som e da onda eletromagnética.

Voltando à cinemática, estudaremos apenas as ondas não-dispersivas, ou seja, aquelas em que a velocidade não varia com o vetor de onda. Nesse caso, a relação de dispersão tem a forma $\omega = vk$, onde a velocidade v é uma constante. Seja uma onda descrita pela função de onda

$$y(x, t) = A \cos(kx - \omega t). \tag{4.55}$$

Podemos escrever

$$\frac{\partial y}{\partial t} = \omega A \operatorname{sen}(kx - \omega t), \tag{4.56}$$

$$\frac{\partial^2 y}{\partial t^2} = -\omega^2 A \cos(kx - \omega t) = -\omega^2 y, \tag{4.57}$$

$$\frac{\partial y}{\partial x} = -kA \operatorname{sen}(kx - \omega t), \tag{4.58}$$

$$\frac{\partial^2 y}{\partial x^2} = -k^2 A \cos(kx - \omega t) = -k^2 y. \tag{4.59}$$

Das Equações 3.57 e 3.59 obtemos

$$\frac{\partial^2 y}{\partial t^2} = \frac{\omega^2}{k^2} \frac{\partial^2 y}{\partial x^2}, \tag{4.60}$$

ou

■ Equação de onda

$$\frac{\partial^2 y}{\partial t^2} = v^2 \frac{\partial^2 y}{\partial x^2}. \tag{4.61}$$

Esta é a *equação de onda* que estamos procurando. Ela descreve a cinemática de qualquer onda linear propagando-se na direção x.

A equação de onda, Equação 4.61, é uma *equação diferencial linear homogênea*. Com isto se quer dizer que todos os seus termos são lineares na função $y(x, t)$. A esse tipo de equações se aplica um importante teorema cujo enunciado é

> *Qualquer combinação linear de soluções de uma equação diferencial linear homogênea também é solução dessa equação.*

Qualquer combinação linear de soluções de uma equação diferencial linear homogênea também é solução dessa equação

Exercício

E 4.12 Considere a combinação de duas ondas harmônicas propagantes da forma $y(x, t) = A_1 \cos(k_1 x - \omega_1 t) + A_2 \cos(k_2 x - \omega_2 t)$, onde $\omega_1 / k_1 = \omega_2 / k_2 = v$. Mostre que a função $y(x, t)$ obedece à Equação 4.59.

Uma questão natural a se colocar neste ponto é: qual é a solução mais geral da Equação 4.61? Para responder à pergunta, consideremos inicialmente uma função arbitrária de x e t, diferenciável até segunda ordem, que possa ser colocada na seguinte forma

$$F_1(x, t) = F_1(x - vt). \tag{4.62}$$

Fazendo $\zeta = x - vt$, obtemos

$$\frac{\partial F_1}{\partial t} = \frac{dF_1}{d\zeta}\frac{\partial \zeta}{\partial t} = -v\frac{dF_1}{d\zeta}, \tag{4.63}$$

$$\frac{\partial^2 F_1}{\partial t^2} = \frac{d}{dt}\left(-v\frac{dF_1}{d\zeta}\right)\cdot\frac{\partial \zeta}{\partial t} = v^2 \frac{d^2 F_1}{d\zeta^2}. \tag{4.64}$$

Analogamente, mostra-se que

$$\frac{\partial^2 F_1}{\partial x^2} = \frac{d^2 F_1}{d\zeta^2}. \tag{4.65}$$

Combinando-se as Equações 4.64 e 4.65, mostra-se que a função F_1 satisfaz à Equação 4.61. Com procedimento análogo, verifica-se que uma função qualquer que possa ser colocada na forma $F_2(x + vt)$ também é solução da Equação 4.61. Portanto, pelo teorema da combinação linear de soluções, a função

$$F(x, t) = F_1(x - vt) + F_2(x + vt) \tag{4.66}$$

é solução da Equação 4.61. Esta é a solução mais geral dessa equação de onda.

PROBLEMAS

P 4.1 Que função de onda descreve uma onda harmônica que se propaga no sentido negativo do eixo x, com amplitude de 0,75 cm, freqüência de 445 Hz e velocidade de 380 m/s?

P 4.2 Uma onda em uma corda é descrita pela função de onda $y = 0{,}50$ cm $\cdot \cos(5{,}34 \text{ m}^{-1} x - 1800\text{s}^{-1} t)$. Escreva a função que descreve a aceleração da corda no ponto genérico x e no instante genérico t.

P 4.3 Uma onda em uma corda é descrita por $y(x, t) = 2{,}50$ cm $\cdot \cos(6{,}28\, x /\text{m} - 628 t / \text{s})$. Qual é a velocidade do ponto da corda de coordenada $x = 1{,}00$ m no instante $t = 8{,}00$ ms?

P 4.4 A Figura 4.15 mostra uma onda em uma corda propagando-se para a direita. Em que pontos da corda a velocidade do deslocamento transversal é (A) nula; (B) para cima; (C) para baixo?

P 4.5 Considere uma onda em uma corda propagando-se para a direita, como mostra a Figura 4.15. Mostre que a razão entre a velocidade transversal de um dado ponto da corda e a inclinação da corda nesse ponto é igual a menos a velocidade de propagação da onda.

P 4.6 As ondas $y_1 = 3A$ sen$(kx - \omega t)$, $y_2 = 2A$ sen$(2kx - 2\omega t)$ e $y_3 = -A$ sen$(3kx - 3\omega t)$ se superpõem em uma corda, onde $k = 1{,}00\text{m}^{-1}$ e $\omega = 6{,}28\text{s}^{-1}$. Trace o perfil da onda em $t = 0$, $t = 1$s e $t = 2$s.

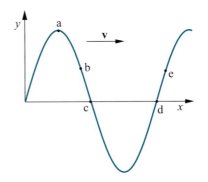

Figura 4.15
(Problemas 4.4 e 4.5)

P 4.7 Uma corda com comprimento de 3,00 m está presa em sua extremidade direita (coordenada $x = 3{,}00$ m) e vibra em seu terceiro harmônico com freqüência de 150 Hz. A extremidade esquerda é um ventre de oscilação. O deslocamento máximo de qualquer ponto da corda é de 2,0 cm. (A) Qual é o comprimento de onda da onda? (B) Qual é o vetor de onda k? (C) Escreva a função de onda dessa onda estacionária.

P 4.8 Resolva novamente o Problema 4.7 para o caso em que a extremidade esquerda, de coordenada $x = 0$, está presa e a extremidade direita é um ventre de oscilação.

Capítulo 4 ■ Ondas I | Cinemática

P 4.9 Três ondas se superpõem em uma corda, cujas funções e onda são:

$y_1(x, t) = 0,02$ m $\cdot$ sen$(6,28$ m$^{-1}x - 314$s$^{-1}\, t - \pi\,/\,3)$,

$y_1(x, t) = 0,02$ m $\cdot$ sen$(6,28$ m$^{-1}x - 314$s$^{-1}\, t)$,

$y_1(x, t) = 0,02$ m $\cdot$ sen$(6,28$ m$^{-1}x - 314$s$^{-1}\, t - \pi\,/\,3)$.

Faça um gráfico da onda superposta para o instante $t = 10,0$ ms o intervalo da corda entre as coordenadas $x_1 = 1,00$ m e $x_2 = 4,00$ m.

P 4.10 Considere a equação de onda $\dfrac{\partial^2 \psi}{\partial t^2} - v^2\dfrac{\partial^2 \psi}{\partial x^2} = 0$. Supondo que $\psi_1(x, t)$ e $\psi_2(x, t)$ sejam soluções da equação, mostre que $\psi = a\psi_1 + b\psi_2$, onde a e b são constantes, também é solução.

Respostas dos exercícios

4.1 (A) $\omega = 39$ rad/s; (B) $T = 0,16$ s; (C) $\Delta\phi = 45°$

4.2 (A) $T = 0,052$ s; (B) $v = -60$ m/s; (C) $\phi_o = \pi\,/\,4$

4.3 $v = 343$ m/s

4.4 $d = 9,74$ cm

4.5 (A) 343 m/s. (B) 0,195 m

E 4.7 $\sqrt{2}\ A$

E 4.8 (A) 151°; (B) 83°

E 4.9 439 Hz

E 4.10 (A) $v = 95$ Hz. (B) $v_g = 60$ m/s

E 4.11 160 Hz e 120 Hz, respectivamente

Respostas dos problemas

4.1 $y = 0,75$ cm $\cdot$ cos$(7,36$m$^{-1}x + 2796$s$^{-1}t + \phi_o)$

4.2 $\ddot{y} = -16,2($km/s$^2) \cdot$ cos$(5,34$m$^{-1}\,x - 1800$s$^{-1}t)$

4.3 $\dot{y} = 14,9$ m/s

4.4 (A) a; (B) d e e; (C) b e c

P 4.7 (A) $\lambda = 2,40$ m. (B) $k = 2,62$ m^{-1}.

(C) $y = 2,0$ cm $\cdot$ cos$(2,62$ m$^{-1}\,x) \cdot$ sen$(942$s$^{-1}\, t)$.

P 4.8 $y = 2,0$ cm $\cdot$ sen$(2,62$ m$^{-1}\,x) \cdot$ sen$(942$s$^{-1}\, t)$.

5

Ondas II | Dinâmica

Seção 5.1 ■ Introdução, 98
Seção 5.2 ■ Velocidade de onda em uma corda, 98
Seção 5.3 ■ Energia transportada pela onda em uma corda, 100
Seção 5.4 ■ Onda sonora: equação de onda e velocidade, 102
Seção 5.5 ■ A função de onda do som, 105
Seção 5.6 ■ Energia da onda sonora, 105
Seção 5.7 ■ O som medido em decibéis, 106
Seção 5.8 ■ Efeito Doppler do som, 107
Seção 5.9 ■ Efeito Doppler da luz, 109
Seção 5.10 ■ Aplicações do efeito Doppler, 110
Seção 5.11 ■ Ondas esféricas, 112
Seção 5.12 ■ Fontes com velocidade supersônica. Ondas de choque, 113
Problemas, 114
Respostas dos exercícios, 115
Respostas dos problemas, 116

98 | Física Básica ■ Gravitação | Fluidos | Ondas | Termodinâmica

Seção 5.1 ■ Introdução

Neste capítulo, buscaremos estabelecer a relação entre o movimento ondulatório e a equações fundamentais de movimento, nelas incluídas as propriedades do meio em que a onda se propaga. Portanto, estaremos investigando a dinâmica das ondas. No Capítulo 4 (*Ondas | Cinemática*), estudamos o movimento ondulatório sem questionar o que o determina. Isso é exatamente o que se entende por cinemática: o estudo do movimento sem conexão com sua causas. Do estudo da dinâmica obtêm-se não apenas as relações causais que determinam um dado tipo de onda, mas também vários tipos de grandezas físicas que elas transportam. Uma onda pode transportar energia, momento linear e momento angular. Esse é um tema amplo, e nossa atenção será mais restrita e voltada para a energia transportada. Como comentamos no Capítulo 3, os aspectos realmente universais — isto é, compartilhados por ondas de todos o tipos — das ondas referem-se à sua cinemática. Já no caso da dinâmica, essa universalidade não mais aparece. Assim, cada tipo de onda tem sua dinâmica característica que tem de recebe um estudo específico.

Seção 5.2 ■ Velocidade de onda em uma corda

Nesta seção, buscaremos a relação entre a velocidade de uma onda em uma corda ten sionada e as variáveis mecânicas da corda. Na Figura 5.1 vê-se um pulso de onda em uma corda esticada, propagando-se para a direita. Antes de iniciar o estudo, é essencial que iden tifiquemos quais grandezas associadas à corda irão determinar sua velocidade. A força F que tensiona a corda é reconhecida intuitivamente como uma delas. Também parece intuitivo que quanto maior o valor de F, maior a velocidade de propagação. A massa da corda também ira influenciar a velocidade de propagação. Não a massa total, mas a densidade linear de massa — massa por unidade de comprimento. Sua definição é $\mu = \Delta m / \Delta l$. Acreditamos que ao leitor será intuitivo o fato de que, quanto maior for a densidade linear μ, menor será a velocidade de fase da onda. Com efeito, quanto maior essa densidade linear, maior a inércia da corda, e por isso ela responderá mais lentamente ao estímulo associado à onda. Se a velocidade cresce com a força F de tensão na corda e decresce com a densidade linear μ, é tentador supor que haja uma relação de proporcionalidade entre v, F e μ do tipo

$$v \propto \frac{F^{\alpha}}{\mu^{\beta}}, \tag{5.1}$$

onde α e β são expoentes a serem determinados por algum outro tipo de análise. A análise dimensional pode nos levar ao valor desses expoentes. De fato, as dimensões das três grandeza envolvidas na Equação 5.1 são:

$$[v] = \frac{m}{s}, \quad [F] = \frac{kg \cdot m}{s^2}, \quad [\mu] = \frac{kg}{m}, \tag{5.2}$$

onde já escrevemos as dimensões em unidade do SI. Partindo da Equação 5.1, podemos então escrever:

$$\frac{m}{s} = \left(\frac{kg \cdot m}{s^2} \right)^{\alpha} \times \left(\frac{m}{kg} \right)^{\beta}. \tag{5.3}$$

Desta equação concluímos que $\alpha = \beta = 1/2$. Logo,

$$v \propto \sqrt{\frac{F}{\mu}} \quad \Rightarrow v = C \sqrt{\frac{F}{\mu}}, \tag{5.4}$$

onde C é uma constante de proporcionalidade sem dimensões, ou seja, C é um número puro Uma limitação da análise dimensional, como a que acabamos de fazer, é que acabamo chegando a uma equação que contém uma constante numérica cujo valor permanece desco nhecido.

Para verificar se a Equação 5.4 é realmente correta e, sendo esse o caso, obter o valor da constante C, temos de fazer a análise dinâmica da onda, ou seja, investigá-la a partir das leis da mecânica. Para tal análise, faremos uso da Figura 5.1, que representa um pulso de onda em uma corda, propagando-se para a direita. Especificamente, estudaremos o movimento do elemento da corda, de comprimento Δl, no topo do pulso. Se esse elemento for suficientemente pequeno, podemos aproximá-lo por um arco de círculo de raio R. Nesse caso, $\Delta l = 2R\theta$. A massa desse elemento será $\Delta m = \mu \Delta l = 2R\mu\theta$. Esse elemento de corda desloca-se horizontalmente com a velocidade v da onda. Portanto, ele terá uma aceleração vertical para baixo (aceleração centrípeta) dada por $a_y = v^2/R$. A força para baixo que causa essa aceleração é $F_y = 2F\mathrm{sen}\theta \cong 2F\theta$, onde fizemos a aproximação $\mathrm{sen}\theta \cong \theta$ válida para pequenos ângulos. Pela segunda lei de Newton, temos então:

$$F_y = 2F\theta = \Delta m a_y = 2\mu R\theta \frac{v^2}{R}. \qquad (5.5)$$

Logo,

■ Velocidade de onda em uma corda tensionada

$$v = \sqrt{\frac{F}{\mu}}. \qquad (5.6)$$

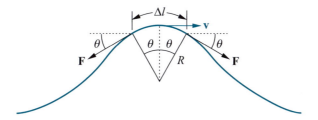

Figura 5.1
Pulso de onda em uma corda tensionada. A força de tensão na corda tem módulo F.

Assim, confirmamos a Equação 5.4 e também concluímos que a constante C vale 1. O raio R de curvatura do topo da onda não apareceu na fórmula da velocidade. Isso significa que a velocidade não depende da forma do pulso de onda. Pode-se mostrar com rigor matemático que isso só é possível se a velocidade de fase das ondas harmônicas na corda não depender do seu vetor de onda. Logo, a onda em uma corda tensionada é não-dispersiva. Nesse caso, a velocidade de fase e a velocidade de grupo têm o mesmo valor.

E-E Exercício-exemplo 5.1

■ Um fio de aço, cuja densidade de massa é $\rho = 7{,}87$ g/cm³, com diâmetro de $0{,}500$ mm, é esticado da maneira ilustrada na Figura 5.2. Uma das suas extremidades é presa a uma haste fixa e a outra passa por uma roldana e sustenta uma massa de $1{,}00$ kg. Qual é a freqüência do modo fundamental de oscilação da corda no seu seguimento entre a haste e a roldana?

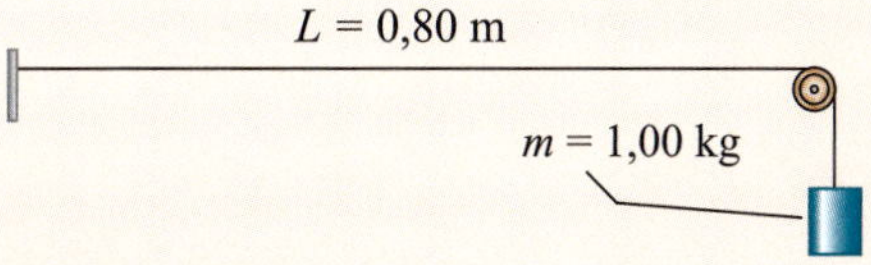

$L = 0{,}80$ m

$m = 1{,}00$ kg

Figura 5.2
(Exercício-exemplo 5.1).

■ **Solução**

Inicialmente, temos de calcular a velocidade da onda no fio. Sua densidade linear é dada por $\mu = \rho A = \rho \pi D^2 / 4$, onde D é o seu diâmetro. A tensão à qual ele está submetido é $F = mg$. Logo, a velocidade de propagação da onda transversal no fio é

$$v = \sqrt{\frac{F}{\mu}} = \sqrt{\frac{4mg}{\rho \pi D^2}}. \qquad (5.7)$$

Substituindo os valores numéricos, temos

$$v = \sqrt{\frac{4\text{kg} \times 9,80\text{m/s}^2}{3.142 \times 7,87 \times 10^3 \text{kg/m}^3 \times (0,500)^2 \times 10^{-6}\text{m}^2}} = 79,6 \frac{\text{m}}{\text{s}}.$$

O modo fundamental de vibração do fio é aquele em que o comprimento de onda é igual ao dobro do seu comprimento, ou seja, $\lambda = 2L$. A freqüência, o comprimento de onda e a velocidade de fase estão ligados pela equação $v = \lambda / T = \lambda \nu$. Logo, temos:

$$\nu = \frac{v}{\lambda} = \frac{v}{2L},$$

ou

$$\nu = \frac{79,6\text{m/s}}{2 \times 0,800\text{m}} = 49,8 \text{ Hz}.$$

Exercícios

E 5.1 Uma corda com raio R e densidade de massa ρ tem suas extremidades presas e seu comprimento livre é L. Mostre que os modos normais de vibração da corda têm freqüências dadas por

$$\nu = \sqrt{\frac{F}{\rho \pi R^2}} \frac{n}{2L} \quad n = 1,2,3,...,$$

onde F é a força de tensão na corda.

E 5.2 A primeira corda de um violão é feita de náilon, cuja densidade é 1,150g/cm³. O diâmetro da corda é de 0,711 mm e seu comprimento é de 65,5 cm. Qual deve ser a força de tensão na corda para que seu modo fundamental de vibração seja a nota mi, com freqüência de 329,6 Hz?

Seção 5.3 ■ Energia transportada pela onda em uma corda

Uma onda propagante transporta energia. Consideremos o caso da onda em uma corda. Para gerar a onda e mantê-la em propagação permanente, é necessário que um vibrador seja conectado a uma das suas extremidades. Esse vibrador realiza trabalho naquele ponto, cedendo dessa forma energia à corda. Essa energia irá propagar-se com a onda, mesmo que nenhuma partícula da corda se mova ao longo dela. Podemos calcular a potência transportada pela onda investigando o trabalho sobre um dado ponto da mesma. Na Figura 5.3, consideremos o trabalho da força **F** que excita a onda na corda. A força tem uma componente horizontal, que mantém a corda tensionada, mas essa força não realiza trabalho, pois a extremidade da corda não sofre deslocamento horizontal. Apenas a componente vertical (componente y) da força realiza trabalho, e sua potência instantânea é

$$P = \mathbf{F} \cdot \mathbf{v} = F_y v_y. \tag{5.8}$$

Figura 5.3

Força em uma corda oscilante. Apenas a componente vertical da força realiza trabalho sobre a corda.

Mas $v_y = \dfrac{\partial y}{\partial t}$ e $F_y = -F \dfrac{\partial y}{\partial x}$. Se $y = A\cos(kx - \omega t)$, temos:

$$P = -F \frac{\partial y}{\partial x} \frac{\partial y}{\partial t}, \tag{5.9}$$

Capítulo 5 ■ Ondas II | Dinâmica

$$P(x,t) = Fk\omega A^2 \text{sen}^2 (kx - \omega t).$$ (5.10)

Esta é a potência instantânea. A potência efetiva da onda é o valor médio de $P(x,t)$, que é dado por

$$\overline{P} = Fk\omega A^2 \underbrace{<\text{sen}^2 (kx - \omega t) >}_{= \frac{1}{2}}.$$ (5.11)

Logo,

$$\overline{P} = \frac{1}{2} Fk\omega A^2.$$ (5.12)

Uma vez que $F = \mu v^2$ e $k = \omega / v$,

■ Potência transportada por onda em uma corda

$$\overline{P} = \frac{1}{2} \mu v \omega^2 A^2.$$ (5.13)

Podemos obter esse mesmo resultado de uma maneira que deixa mais claro o significado da potência. Consideremos um elemento da corda de comprimento Δx. Sua massa será $\Delta m = \mu \Delta x$. Esse elemento terá uma energia cinética instantânea dada por

$$\Delta K = \frac{1}{2} \Delta m \left(\frac{\partial y}{\partial t} \right)^2 = \frac{1}{2} \mu \Delta x \left(\frac{\partial y}{\partial t} \right)^2 = \frac{1}{2} \mu \Delta x \omega^2 A^2 \text{sen}^2 (kx - \omega t).$$ (5.14)

Mais uma vez, o que interessa é o valor médio:

$$\Delta \overline{K} = \frac{1}{4} \mu \Delta x \omega^2 A^2.$$ (5.15)

Esse elemento da corda realiza um movimento harmônico simples e, portanto, sua energia potencial média tem o mesmo valor que a energia cinética média. Portanto, sua energia mecânica será

$$\Delta U = \Delta \overline{K} + \Delta \overline{V} = \frac{1}{2} \mu \Delta x \omega^2 A^2.$$ (5.16)

A potência que passa por esse elemento da corda é

$$P = \frac{\Delta U}{\Delta t} = \frac{1}{2} \mu \omega^2 A^2 \frac{\Delta x}{\Delta t} = \frac{1}{2} \mu v \omega^2 A^2.$$ (5.17)

Vemos assim que a potência transportada pela onda é igual à densidade de energia mecânica (energia por unidade de comprimento), que é dada por $\Delta U / \Delta x = \mu \omega^2 A^2 / 2$, multiplicada pela velocidade com que tal densidade de energia se propaga.

E·E **Exercício-exemplo 5.2**

■ Uma corda tem densidade de massa de 0,100 kg/m e está sujeita a uma tensão de 200 N. Nela se propaga uma onda cuja amplitude é de 1,20 cm e cujo comprimento de onda é de 2,50 m. Qual é a potência transportada pela onda?

■ Solução

Para obter a potência transportada, temos antes de calcular a velocidade e a freqüência angular da onda. Sua velocidade é

$$v = \sqrt{\frac{F}{\mu}} = \sqrt{\frac{200 \text{kg} \times \text{m} \times \text{s}^{-2}}{0,100 \text{kg} \times \text{m}^{-1}}} = 44,7 \, \frac{\text{m}}{\text{s}}.$$

A freqüência angular é

$$\omega = vk = v\frac{2\pi}{\lambda} = \frac{6,28}{2,50\text{m}} \times 44,7\,\frac{\text{m}}{\text{s}} = 112\,\frac{1}{\text{s}}.$$

Finalmente, aplicando a Equação 5.17, obtemos

$$P = \frac{1}{2}\,0,100\,\frac{\text{Ns}^2\text{m}^{-1}}{\text{m}} \times 44,7\,\frac{\text{m}}{\text{s}}\,(112\text{s}^{-1})^2(0,012\text{m})^2 = 4,04\text{ W}.$$

Exercícios

E 5.3 Qual seria a potência transportada pela onda na corda considerada no Exercício-exemplo 4.2 se a tensão na corda fosse reduzida para 100 N e o comprimento de onda passasse a ser de 5,00 m mantidos os outros valores inalterados?

E 5.4 Uma onda propaga-se em um fio com densidade de massa igual a 25 g/m. A onda tem freqüência de 80 Hz, amplitude de 1,00 cm e transporta uma potência de 3,60 W. Qual é a força de tensão na corda?

E 5.5 Uma corda está sujeita a uma tensão de 60 N e nela se propaga uma onda com comprimento de onda igual a 0,50 m, freqüência de 150 Hz e amplitude de 0,50 cm. (A) Qual é a densidade linear de massa da corda? (B) Qual é a energia cinética por metro linear da corda?

Seção 5.4 ■ Onda sonora: equação de onda e velocidade

Assim como a onda em uma corda, o som é uma onda mecânica, ou seja, uma onda que envolve deslocamento de partículas. O som pode propagar-se tanto em fluidos (líquidos ou gases) como em sólidos. Uma vez que os fluidos não podem sustentar forças de cisalhamento, as ondas sonoras que neles se propagam têm de ser longitudinais. Já em um sólido, podemos ter ondas longitudinais e também ondas transversais. O estudo de ondas sonoras em sólidos é um importante tema de pesquisa em que suas propriedades elásticas podem ser obtidas com precisão. Neste livro estudaremos apenas ondas em fluidos. Apesar de grande parte dos nossos resultados poder ser aplicada também em líquidos, trataremos especificamente da propagação do som no ar. O som emitido por uma fonte pequena no ar aberto propaga-se nas três dimensões do espaço. Entretanto, podemos gerar onda sonora no interior de um tubo contendo ar, e esse tipo de onda é mais fácil de ser investigado. Estudaremos esse tipo de som unidimensional, mas muitos dos nossos resultados podem ser facilmente estendidos para as ondas no ar livre. A Figura 5.4 mostra a onda de som gerada no tubo. Também para simplificar, podemos supor que o tubo seja semi-infinito, ou seja, ilimitado no lado direito. A onda é gerada por um pistão, na extremidade esquerda do tubo, que se move para a frente e para trás de forma oscilatória.

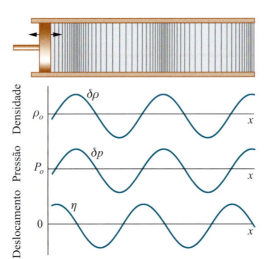

Figura 5.4

Um pistão vibrante gera uma onda de som no ar contido em um longo tubo de seção reta uniforme. As linhas verticais indicam planos do tubo em que a densidade do ar tem um dado valor.

Na ausência da onda, o ar tem uma densidade de massa uniforme ρ_o e, conseqüentemente, uma pressão também uniforme p_o. A onda gera oscilações $\delta\rho$ e δp na densidade e na pressão, respectivamente, associadas aos deslocamentos para a frente e para trás das camadas de ar. O deslocamento da camada, cujo ponto de equilíbrio é x, será designado por $\eta(x,t)$. Qualquer uma das funções $\eta(x,t)$, $\delta\rho(x,t)$ ou $\delta p(x,t)$ pode ser usada para descrever a onda. Essas funções têm pequenos valores, e sempre se tem $|\eta(x,t)| \ll \lambda$, $|\delta\rho(x,t)| \ll \rho_o$ e $|\delta p(x,t)| \ll p_o$. A densidade e a pressão oscilam em fase, ou seja, onde a densidade é máxima também é máxima a pressão. Já o deslocamento $\eta(x,t)$ oscila 90° fora de fase com a pressão e a densidade: onde a densidade e a pressão têm valores máximos ou mínimos o deslocamento do ar é nulo.

Antes de prosseguir na discussão, são oportunas algumas considerações sobre o processo de análise a ser utilizado. Uma partícula do fluido é uma porção infinitesimal Δm de sua massa. Em equilíbrio, essa porção está contida dentro de um volume ΔV_o em torno da posição x. Além da dinâmica associada ao som, existe uma dinâmica intrínseca do fluido na escala molecular. Entretanto, esse movimento das moléculas não precisa ser considerado na análise do som. A razão disso é que, mesmo em um volume extremamente pequeno do fluido, existe um número enorme de moléculas. No caso do ar, em condições normais de temperatura e pressão, $N_A = 6,02 \times 10^{23}$ moléculas ocupam um volume de 22,4 litros, sendo N_A o número de Avogadro. Portanto, um cubo de aresta igual a 1,0 μm contém 27 milhões de moléculas. Em fluidos mais densos, o número de moléculas nesse volume é ainda maior. Essas moléculas têm um movimento inteiramente desordenado que resulta em uma velocidade média nula para o conjunto. Daí poder ser ignorado o movimento associado à dinâmica molecular do gás.

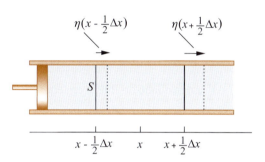

Figura 5.5

Um elemento de volume do fluido, que no equilíbrio ocupa o segmento do tubo entre as duas linhas sólidas, em um instante genérico da oscilação ocupa o seguimento entre as duas linhas pontilhadas.

A Figura 5.5 mostra um elemento de massa Δm do fluido. Tal massa não se altera durante o movimento. Em equilíbrio, ela ocupa o espaço entre os planos de coordenadas $x - \frac{1}{2}\Delta x$ e $x + \frac{1}{2}\Delta x$. Esse espaço tem um volume $\Delta V_o = S\Delta x$, sendo S a área de seção reta do tubo. Os contornos de equilíbrio do elemento de massa são as duas linhas sólidas indicadas na figura. Com a dinâmica da onda, em um instante genérico um plano vertical na posição de equilíbrio x sofre um deslocamento horizontal $\eta(x)$ (omitiremos o tempo na função para simplificar a notação). Portanto, os deslocamentos das duas superfícies que contornam o elemento de massa são $\eta(x - \frac{1}{2}\Delta x)$ e $\eta(x + \frac{1}{2}\Delta x)$. O elemento de volume que contém tal massa sofrerá um acréscimo dado por

$$\delta V = \left[\eta(x + \tfrac{1}{2}\Delta x) - \eta(x - \tfrac{1}{2}\Delta x)\right]S. \tag{5.18}$$

Pela definição de derivada, considerando que Δx é muito pequeno, podemos escrever

$$\eta(x + \tfrac{1}{2}\Delta x) - \eta(x - \tfrac{1}{2}\Delta x) = \frac{\partial \eta}{\partial x}\Delta x, \tag{5.19}$$

e

$$\delta V = \frac{\partial \eta}{\partial x}\Delta x S = \frac{\partial \eta}{\partial x}\Delta V_o. \tag{5.20}$$

Quando o volume da partícula de fluido se altera, também se altera a sua pressão. Na verdade, a pressão não é uniforme ao longo da partícula, quando varrida na direção x, de modo

Física Básica ■ Gravitação | Fluidos | Ondas | Termodinâmica

que devemos falar na pressão média dentro da partícula. Para pequenos desvios do equilíbrio, existe uma relação simples entre a alteração de pressão de um fluido e a alteração em seu volume. Tal relação é expressa por

$$\delta p = -B\frac{\delta V}{\Delta V_o},$$
(5.21)

onde B é o módulo de compressão, definido no Capítulo 2 (*Fluidos*).

O valor de B depende das condições em que o ar é comprimido. Dois casos limites têm interesse especial. O ar pode ser comprimido mantida constante a sua temperatura. Nesse caso, obtém-se o valor *isotérmico* de B, designado por B_T. Ou então é comprimido sem que haja troca de calor com seu ambiente. Obtém-se então o valor *adiabático* B_S. No Capítulo 9 (*Teoria Cinética dos Gases*), estudaremos em detalhe os processos isotérmicos e adiabáticos do ar. No caso das ondas de som, o valor adiabático do módulo de compressão é o que se aplica, pois o processo de compressão e descompressão do ar é rápido demais para que haja troca de calor entre as regiões comprimidas e as regiões expandidas. Portanto,

$$\delta p = -B_S\frac{\delta V}{\Delta V_o}.$$
(5.22)

Considerando a Equação 5.20, a variação da pressão em um dado ponto é

$$\delta p = -B_S\frac{\partial \eta}{\partial x}.$$
(5.23)

A aplicação da segunda lei de Newton à partícula resulta em

$$\Delta m \frac{\partial^2 \eta}{\partial t^2} = -\left[\delta p(x + \tfrac{1}{2}\Delta x) - \delta p(x - \tfrac{1}{2}\Delta x)\right]S = -\frac{\partial(\delta p)}{\partial x}\Delta x\, S = -\frac{\partial(\delta p)}{\partial x}\Delta V_o.$$
(5.24)

Sendo $\rho_o \equiv \Delta m / \Delta V_o$ a densidade do fluido em equilíbrio, obtemos

$$\rho_o \frac{\partial^2 \eta}{\partial t^2} = -\frac{\partial(\delta p)}{\partial x}.$$
(5.25)

Substituindo a Equação 5.23 na Equação 5.25, obtemos

■ Equação de onda do som

$$\frac{\partial^2 \eta}{\partial t^2} = \frac{B_S}{\rho_o}\frac{\partial^2 \eta}{\partial x^2}.$$
(5.26)

Desta equação, observa-se que a velocidade do som em um fluido é

■ Velocidade do som

$$v_s = \sqrt{\frac{B_S}{\rho_o}}.$$
(5.27)

Conforme veremos no Capítulo 9, o valor de B_S para um gás é dado por

$$B_S = \gamma p_o,$$
(5.28)

Onde γ é um número adimensional. Para o ar, temos $\gamma = 1{,}40$. Portanto, a velocidade do som no ar vale

■ Velocidade do som no ar

$$v_s = \sqrt{\frac{1{,}40\, p_o}{\rho_o}}.$$
(5.29)

À temperatura de 20 °C e pressão atmosférica padrão, temos $p_o = 1{,}013 \times 10^5$ N/m², $\rho_o =$ 1,205 kg/m³. Desses valores calcula-se a velocidade do som $v_s = 343{,}1$ m/s, em boa concordância com a experiência. O valor medido para o ar seco a 20° C e pressão de uma atmosfera é $v_s = 343{,}37$ m/s.

Capítulo 5 ■ Ondas II | Dinâmica

105

Exercícios

E 5.6 Um alpinista avista um paredão de rocha e quer estimar a sua distância. Dá um grito e mede o tempo decorrido até que ouça o eco, o qual ele verifica ser 1,8 s. Qual é a distância entre o alpinista e o paredão?

E 5.7 Na água do mar, à temperatura de $20°$ C, o som se propaga com velocidade de 1,52 km/s. Além da velocidade maior, o som atenua-se na água muito menos do que no ar, o que permite que mamíferos marinhos, como as baleias e os golfinhos, comuniquem-se a grandes distâncias através de sons. Uma baleia emite um sinal sonoro. Quanto tempo leva para que outra, distante 100 km, o ouça?

Seção 5.5 ■ A função de onda do som

Como já dissemos, podemos expressar a função de onda do som em diversas formas alternativas, usando diferentes variáveis para descrever a onda. Consideremos a onda descrita pelo deslocamento local das partículas. A função de onda será

$$\eta = \eta_{máx} \cos(kx - \omega t). \tag{5.30}$$

Pela Equação 5.23, considerando que $B_S = \gamma p_o$, podemos escrever a função de onda para a variação de pressão:

$$\delta p = k\gamma p_0 \eta_{máx} \text{sen}(kx - \omega t) = \delta p_{máx} \text{sen}(kx - \omega t). \tag{5.31}$$

Seção 5.6 ■ Energia da onda sonora

Assim como a onda transversal em uma corda, a onda sonora transporta energia. Para calcular a potência transportada pelo som usaremos um procedimento similar ao usado na Seção 5.3 para o cálculo da potência transportada pela onda na corda. Consideremos o tubo com ar das Figuras 5.4 e 5.5. Se uma camada de ar sofre um incremento de pressão δp, a força adicional que ela exerce sobre a camada à sua frente é $F = S\delta p$. Além dessa pressão, temos também a pressão média p_o, mas essa não é inteiramente equilibrada pela pressão adjacente e não contribui para a potência da onda. A força oriunda do incremento de pressão realiza uma potência dada por

$$P = F\frac{\partial \eta}{\partial t} = S\delta\, p\omega\eta_{máx}\text{sen}(kx - \omega t). \tag{5.32}$$

Considerando a Equação 5.31, podemos escrever

$$P = Sk\gamma p_o \omega\eta_{máx}^2 \text{sen}^2(kx - \omega t). \tag{5.33}$$

A intensidade da onda é a potência efetiva (potência média) por unidade de área. Considerando que $<\text{sen}^2(kx - \omega t) >= 1/2$, obtemos:

$$I = \frac{<P>}{S} = \frac{1}{2}k\gamma p_o \omega\eta_{máx}^2. \tag{5.34}$$

Uma vez que $k\gamma p_o \eta_{máx} = \delta p_{máx}$ e $v_S = \omega / k$, podemos escrever a intensidade em termos da amplitude da pressão:

■ Intensidade do som em termos da amplitude de pressão

$$I = \frac{v_S}{2}\frac{\delta p_{máx}^2}{\gamma p_o}. \tag{5.35}$$

106 | Física **B**ásica ■ Gravitação | Fluidos | Ondas | Termodinâmica

E-E Exercício-exemplo 5.3

■ À freqüência de 1 kHz, o limiar de audição do ouvido humano corresponde a uma onda cuja pressão oscila com amplitude (às vezes chamada pressão de referência) de $p_{ref} = 2 \times 10^{-5}$ Pa $= 2 \times 10^{-10}$ (observe a pequenez dessa pressão). (A) Qual é a amplitude do deslocamento do ar nesse limiar? (B) Qual é a intensidade desse som?

■ **Solução**

A amplitude do deslocamento do ar é

$$\eta_{máx} = \frac{\delta p_{máx}}{k\gamma p_o}.$$

Para obter o valor numérico de $\eta_{máx}$ precisamos antes calcular o vetor de onda:

$$k = \frac{\omega}{v_s} = \frac{2\pi\nu}{v_s} = \frac{6,28 \times 10^3 /s}{343 m/s}.$$

Considerando que $\delta p_{máx} = 2 \times 10^{-10}$ atm e que $p_o = 1$ atm, obtemos

$$\eta_{máx} = \frac{\delta p_{máx}}{k\gamma p_o} = \frac{2 \times 10^{-10}}{1,4 \times 18 m^{-1}} = 8 \times 10^{-12} m.$$

Destaca-se o valor extremamente pequeno do deslocamento do ar.

(B) A intensidade da onda pode ser calculada pela Equação 5.35:

$$I = \frac{343 m/s}{2} \frac{4 \times 10^{-10} (N/m^2)^2}{1,4 \times 1,0 \times 10^5 N/m^2} = 5 \times 10^{-13} \frac{W}{m^2}.$$

Exercício   E 5.8 O som mais intenso que nosso ouvido pode ouvir sem dor, à freqüência de 1 kHz, tem intensidade 10^{12} maior do que o limiar tratado no Exercício-exemplo 5.3. Calcule as amplitudes (A) do deslocamento e (B) da pressão associadas a esse som.

Seção 5.7 ■ O som medido em decibéis

Como vimos no Exercício 5.8, nosso ouvido pode ouvir, sem dano imediato, sons cuja intensidade varia por um fator de 10^{12}. Isso levou a que se criasse uma escala logarítmica para se medir a intensidade do som. Diz-se que uma potência qualquer é ampliada de 1 bel quando sua potência é multiplicada por um fator de 10. O termo bel é uma homenagem a *Alexander Graham Bell* (1847–1922), inventor do telefone. Mais freqüentemente, usa-se o decibel (símbolo dB), que literalmente significa um décimo de 1 bel. Para se medir uma potência P em decibéis, define-se uma potência de referência (P_{ref}) e, na escala de decibéis, a potência P é dada por

$$\beta = 10\log_{10}(P/P_{ref})dB. \tag{5.36}$$

O mesmo tipo de mensuração é feito para a intensidade do som. Define-se como intensidade de referência $I_{ref} = 10^{-12}$ W/m², e o nível de intensidade do som, medido em decibéis, é

■ Intensidade sonora medida em decibéis

$$\beta = 10\log_{10}(I/I_{ref})dB. \tag{5.37}$$

Por exemplo, a intensidade I sonora capaz de gerar dor no ouvido é $I = 1$ W/m². Em decibéis, tal nível de intensidade vale

$\beta = 10\log_{10}(1\text{ W/m}^2 / 10^{-12}\text{ W/m}^2)\text{dB} = 10\log_{10}(10^{12})\text{dB} = 120\text{ dB}.$

A Tabela 5.1 mostra algumas intensidades sonoras e seu nível em decibéis.

Tabela 5.1
Algumas intensidades sonoras e seus níveis em decibéis.

Som	Intensidade (W/m²)	Nível de intensidade sonora (dB)
Limiar da audição	1×10^{-12}	1
Sussurro a 1 m	1×10^{-9}	30
Música suave	1×10^{-8}	40
Conversa normal a 1 m	1×10^{-6}	60
Rua barulhenta	1×10^{-3}	90
Banda de *rock*	1×10^{-1}	110
Limiar da dor	1	120
Turbina de avião a 50 m	10	130
Nave espacial a 100 m	1×10^7	190

Exercícios

E 5.9 Calcule o nível de intensidade sonora, em decibéis, de um som cuja intensidade seja de 6,0 µW/m².

E 5.10 Qual é a intensidade de um som cujo nível de intensidade sonora é de 75 dB?

Seção 5.8 ■ Efeito Doppler do som

Efeito Doppler é o deslocamento da freqüência de uma onda devido ao deslocamento relativo entre a fonte e o observador

Se um automóvel passa buzinando de forma contínua, você poderá observar que o tom da buzina parece mais agudo quando o carro se aproxima e mais grave quando ele se afasta. Essa é uma experiência bastante familiar. O fenômeno nela envolvido é a variação da freqüência observada para uma onda quando fonte e observador estão se movendo um em relação ao outro. Tal fenômeno é denominado efeito Doppler. O efeito Doppler para ondas que necessitam de um meio para se propagar, como é o caso do som, é distinto do observado para a luz, que se propaga no vácuo. No caso do som, temos que considerar três elementos: a fonte, o detector e o ar em que a onda se propaga. Já no caso da luz, temos que considerar apenas a fonte e o detector. Nesta seção, estudaremos o efeito Doppler do som.

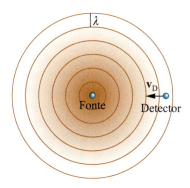

Figura 5.6

Efeito Doppler do som no limite em que a fonte está estacionária e o detector se aproxima dela com velocidade v_D. Devido ao seu movimento, o detector intercepta um número maior de frentes de onda do que um observador parado, e por isso mede uma freqüência maior para a onda.

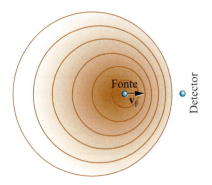

Figura 5.7
Efeito Doppler do som no limite em que a fonte se aproxima com velocidade v_F de um detector estacionário. As frentes de onda formam círculos cujo centro se move com a fonte, e por isso ficam mais próximas umas das outras no lado em que está o detector. Para este, o comprimento de onda do som fica reduzido, por isso sua freqüência fica aumentada.

Trataremos duas situações limites. Na primeira, a fonte está parada em relação ao ar e o detector se aproxima dela com velocidade v_D. A situação é mostrada esquematicamente na Figura 5.6. As frentes de onda são círculos com centro na fonte e que se afastam dela com velocidade v_s. Um detector parado veria as frentes passarem com a mesma freqüência da fonte. Considere, porém, o detector se movendo. Se ele estiver se afastando da fonte, as frentes de onda passarão por ele com freqüência menor do que a da fonte; já se ele estiver se aproximando da fonte, como ilustra a Figura 5.6, as frentes de onda passarão por ele com freqüência maior. Em um intervalo de tempo t, a fonte emitirá uma quantidade de frentes de onda igual a t/T, onde $T = 1/\nu$ é o período da onda, ou seja, o intervalo de tempo entre duas frentes de onda emitidas. Mas, nesse tempo t o detector se deslocará uma distância $v_D t$ e por isso cruzará outras frentes adicionais de onda, cujo número é $v_D t / \lambda$. Assim, ele verá uma quantidade de frentes de onda dada por

$$n' = \frac{t}{T} + \frac{v_D}{\lambda} t = \nu t + \frac{v_D}{v_s}\nu t = \nu t (1 + \frac{v_D}{v_s}). \tag{5.38}$$

A freqüência de onda observada é, portanto,

■ **Efeito Doppler: freqüência vista quando o detector se move rumo à fonte**

$$\nu' = \frac{n'}{t} = \nu (1 + \frac{v_D}{v_s}). \tag{5.39}$$

No outro caso limite, mostrado na Figura 5.7, o detector está parado em relação ao ar e a fonte se aproxima dele com velocidade v_F. As frentes de onda não são mais círculos concêntricos. Seu centro se desloca com a fonte. Por isso, as frentes de onda são mais próximas umas da outra no lado para o qual a fonte está se movendo, isto é, no lado em que está o detector. Nesse lado, a distância entre as frentes de onda é

$$\lambda' = \lambda - v_F T = \lambda - \lambda \frac{v_F}{v_s}. \tag{5.40}$$

Portanto, a freqüência observada será

$$\nu' = \frac{v_s}{\lambda} = \frac{v_s}{\lambda'(1 - v_F / v_s)}. \tag{5.41}$$

Uma vez que $v_s / \lambda = \nu$, concluímos que

■ **Efeito Doppler: freqüência vista quando a fonte se move rumo ao detector**

$$\nu' = \frac{\nu}{1 - v_F / v_s}. \tag{5.42}$$

Deve-se destacar que nas Equações 5.39 e 5.42 v_D e v_s são positivos quando a velocidade de aproximação entre fonte e detector. Quando as velocidades forem de afastamento, devemos multiplicá-las por -1, ou seja, as velocidades tornam-se negativas.

No caso em que tanto a fonte como o detector estejam se movendo, em movimento de aproximação um do outro, a freqüência observada é

■ **EEfeito Doppler: freqüência vista quando fonte e detector se movem**

$$\nu' = \nu \frac{1 + v_D / v_s}{1 - v_F / v_s} = \nu \frac{v_s + v_D}{v_s - v_F}. \tag{5.43}$$

Capítulo 5 ■ Ondas II | Dinâmica

E·E ## Exercício-exemplo 5.4

■ Um carro à velocidade de 40 m/s é perseguido em uma estrada reta por outro carro à velocidade de 30 m/s. Tentando chamar a atenção, o carro de trás toca a buzina, cuja freqüência é 200 Hz. Com que freqüência a buzina é ouvida pelo carro da frente?

■ **Solução**

Pela convenção de sinais, $v_D = -40$ m/s e $v_F = 30$ m/s. Portanto,

$$\nu' = 200 \text{Hz} \frac{343 - 40}{343 - 30} = 194 \text{ Hz}.$$

Exercício

E 5.11 Na escala musical igualmente temperada, adotada desde J. S. Bach, uma nota sobe um semitom quando sua freqüência é multiplicada por $2^{1/12} = 1,05946$. Assim, na oitava em que o lá tem freqüência de 440 Hz o si bemol tem freqüência de 466,16 Hz.

Sendo 343 m/s a velocidade do som, (*A*) com que velocidade alguém tem de se deslocar rumo a uma banda de *rock* para que sua música seja ouvida um semitom acima do normal? (*B*) Com que velocidade um carro tem de se deslocar rumo a um pedestre para que a música do seu aparelho de som seja ouvida um semitom acima do normal?

Quando as velocidades da fonte e do detector são muito pequenas comparadas à velocidade do som, a Equação 5.43 adquire uma forma especial que será explicitada. Observando que, para $x \ll 1$, tem-se

$$\frac{1}{1-x} = 1 + x - x^2 + x^3 \dots \cong 1 + x, \tag{5.44}$$

podemos escrever

$$\nu' \cong \nu (1 + \frac{v_D}{v_s})(1 + \frac{v_F}{v_s}). \tag{5.45}$$

Esta equação pode ainda ser aproximada

$$\nu' = \nu (1 + \frac{v_D + v_F}{v_s}) = \nu (1 + \frac{v}{v_s}), \tag{5.46}$$

onde $v = v_D + v_F$ é a velocidade relativa entre fonte e detector.

Seção 5.9 ■ Efeito Doppler da luz

A luz também apresenta o efeito Doppler. Entretanto, diferentemente do caso do som, a luz pode propagar-se no vácuo, e por isso não há um meio que permita dizer quem está se movendo: a fonte ou o detector. Por isso, a freqüência observada apenas depende da velocidade relativa v entre a fonte e o detector. A expressão para a variação da freqüência no vácuo, onde a luz se propaga com velocidade c, é

■ Efeito Doppler da luz no vácuo

$$\nu' = \nu \frac{1 + v/c}{\sqrt{1 - v^2/c^2}}. \tag{5.47}$$

Quando $v \ll c$, esta relação pode ser aproximada por $\nu' = \nu(1 + v/c)$, que é inteiramente equivalente à Equação 5.46.

Seção 5.10 ■ Aplicações do efeito Doppler

5.10.1 Aplicações em astrofísica

O efeito Doppler é utilizado em várias aplicações no mundo contemporâneo. A mais importante delas talvez seja na medida da velocidade de estrelas e galáxias. O espectro da luz recebida de uma estrela revela as raias de absorção dos átomos situados na parte externa da sua atmosfera, cujas freqüências são conhecidas com grande precisão. Assim, com base na sua freqüência observada podemos obter a velocidade radial (ou seja, na direção Terra-estrela) da estrela. Em 1929, o astrônomo *Edwin Hubble* (1889–1953) observou que a luz das galáxias apresenta um desvio para freqüências menores (desvio para o vermelho), cujo valor é proporcional à distância da galáxia. Isso o levou a concluir que o Universo tem um movimento de expansão no qual as galáxias em média se afastam umas das outras. Sua descoberta finalmente levou a uma cosmologia segundo a qual o Universo surgiu da explosão — denominada big-bang — de matéria e energia em estado extremamente denso, provavelmente há 13,7 bilhões de anos. A cosmologia do big-bang é hoje aceita por quase a totalidade dos astrofísicos e cosmólogos e tem sido objeto de intensa investigação.

E·E Exercício-exemplo 5.5

■ Pela chamada lei de Hubble, a velocidade de afastamento de uma galáxia à distância r da Terra é

$$v = H_0 r,$$

onde H_0 é a chamada constante de Hubble, cujo valor é $H_0 = 71$ km/s · Mpc). Nesta expressão, Mpc é símbolo de megaparsec, uma unidade de distância astronômica igual a 3,26 Mly (3,26 milhões de anos-luz). De que fator fica reduzida a freqüência da luz oriunda de uma galáxia cuja distância até nós é 5,0 bilhões de anos-luz?

■ **Solução**

A velocidade de recuo da galáxia é

$$v = 71\frac{\text{km/s}}{3,26\text{Mly}} \times 5,0 \times 10^3 \text{Mly} = \frac{71 \times 5,0}{3,26} \times 10^3 \frac{\text{km}}{\text{s}} = 1,09 \times 10^5 \frac{\text{km}}{\text{s}}.$$

A razão entre essa velocidade e a velocidade da luz é

$$\beta = \frac{v}{c} = \frac{1,09 \times 10^5 \text{km/s}}{3,00 \times 10^5 \text{km/s}} = 0,363.$$

Da Equação 5.47, obtemos

$$f = \frac{\nu'}{\nu} = \frac{1-\beta}{\sqrt{1-\beta^2}} = \frac{1-0,363}{\sqrt{1-(0,363)^2}} = 0,68.$$

Exercício

E 5.12 De que fator fica reduzida a freqüência da luz que chega até nós de uma galáxia que esteja à distância de (A) 1,0 Gly? (B) 10 Gly?

5.10.2 Aplicações em sensoriamento remoto de veículos

O radar é um sistema de sensoriamento de veículos aéreos ou terrestres. Uma onda eletromagnética na faixa de microondas é emitida por uma fonte e sua reflexão pelo objeto a ser sensoriado é recebida de volta. Com base no desvio da freqüência, a velocidade radial do objeto é determinada. Nesse caso, o efeito Doppler ocorre duas vezes. Primeiro, o objeto que recebe a onda vê sua freqüência deslocada para o valor $v' = v(1 + v / c)$. Esse objeto reflete a onda com a freqüência v'. Mas o radar que recebe de volta a onda vê um novo deslocamento e para ele a freqüência detectada é

$$v'' = v'(1 + v / c) = v(1 + v / c)^2. \tag{5.48}$$

Uma vez que $v / c \ll 1$, podemos fazer a aproximação

$$v(1 + v / c)^2 = v(1 + 2v / c). \tag{5.49}$$

E·E Exercício-exemplo 5.6

■ Um radar que emite microondas na freqüência de 34,3 GHz recebe a onda refletida por um carro que se aproxima. (*A*) A onda recebida revela um desvio de 0,83 kHz na sua freqüência. Qual é a velocidade do carro? (*B*) O detector de freqüência do radar tem precisão (erro máximo) de 100 Hz. Com que precisão ele é capaz de medir a velocidade de um veículo?

■ Solução

(*A*) O desvio na onda recebida de volta é

$$\Delta v = v(2v / c) \quad \Rightarrow v = c\Delta v / 2v.$$

Substituindo os valores numéricos, obtemos

$$v = c\Delta v / 2v = 3{,}00 \times 10^8 \, \frac{\text{m}}{\text{s}} \, \frac{83 \times 10^2 \, \text{Hz}}{2 \times 34{,}3 \times 10^9 \, \text{Hz}} = 36 \text{ m/s,}$$

$$v = 130 \text{ km/h.}$$

(*B*) Seja δv o erro na freqüência da detecção. O erro na velocidade será

$$\delta v = c\delta v / 2v = 3{,}00 \times 10^8 \, \frac{\text{m}}{\text{s}} \, \frac{100 \, \text{Hz}}{2 \times 34{,}3 \times 10^9 \, \text{Hz}} = 0{,}44 \text{ m/s,}$$

$$\delta v = 1{,}6 \text{ km/h.}$$

5.10.3 Aplicações em meteorologia

Medidas importantes para a meteorologia têm sido feitas por meio do radar, do lidar (sistema equivalente ao radar em que se usa a luz de um laser) e do sonar (o equivalente ao radar com o emprego de ultra-som). Com esses instrumentos é possível mapear nuvens e medir suas velocidades, além da velocidade dos ventos. As medidas de velocidades são feitas aplicando-se o efeito Doppler.

112   Física Básica ■ Gravitação | Fluidos | Ondas | Termodinâmica

E·E Exercício-exemplo 5.7

■ Um sonar, usando ultra-som com freqüência de 1,000 MHz, emite suas ondas na direção de uma nuvem que está se afastando. A onda refletida tem freqüência de 0,920 MHz. Qual é a velocidade da nuvem?

■ **Solução**

Como no caso do Exercício-exemplo 5.6, o efeito Doppler é envolvido duas vezes na medida. A nuvem vê o ultra-som com freqüência

$$\nu' = \nu \left(1 - \frac{v_N}{v_s}\right).$$

A onda é detectada pelo sonar com freqüência

$$\nu'' = \nu' \frac{1}{1 + v_N / v_s} = \nu \frac{v_s - v_N}{v_s + v_N}.$$

Com alguma manipulação algébrica, pode-se resolver esta equação para se calcular a velocidade da nuvem:

$$v_N = v_s \frac{1 - \nu''/\nu}{1 + \nu''/\nu}.$$

Substituindo os valores numéricos temos:

$$v_N = 343 \frac{m}{s} \frac{1 - 0,920}{1 + 0,920} = 14 \frac{m}{s}.$$

Exercício   **E 5.13** Um furacão aproxima-se da costa, com velocidade de 200 km/h. Um sonar, com freqüência de 1,20 MHz, posicionado no caminho do furacão, emite sua onda na direção do furacão. Com que freqüência ele recebe a onda refletida?

5.10.3 Ecocardiograma Doppler

O efeito Doppler do som tem sido amplamente utilizado para a medida da velocidade do sangue em artérias e no coração, na técnica denominada ecocardiograma Doppler. Ondas de ultra-som são projetadas sobre o coração ou a artéria e sua reflexão pelo sangue em movimento é recebida de volta. Pelo desvio de freqüência da onda, obtém-se a velocidade do fluxo de sangue.

Seção 5.11 ■ Ondas esféricas

Ondas esféricas são geradas por uma fonte de pequenas dimensões, que emite igualmente em todas as direções em ambiente aberto. Seja P a potência gerada pela onda. A uma distância r da fonte, a intensidade da onda, que é a potência por unidade de área, será dada por

$$I = \frac{P}{4\pi r^2}.$$

(5.50)

Vê-se então que a intensidade da onda cai com o inverso do quadrado da distância à sua fonte. Mas a intensidade da onda é proporcional ao quadrado da sua amplitude, logo a amplitude cai o inverso da distância à fonte da onda. Portanto, a função de onda terá a forma:

$$y(r,t) = \frac{A_o}{r} \cos(kr - \omega t).$$

(5.51)

Exercício-exemplo 5.8

Um alto-falante emite som, à freqüência de 220 Hz, uniformemente distribuído em todas as direções, com a potência de 300 W. (*A*) Qual é a intensidade sonora à distância de 50 m do alto-falante? (*B*) Qual é a amplitude da oscilação da pressão nessa distância?

Solução

(*A*) A intensidade sonora é

$$I = \frac{P}{4\pi r^2} = \frac{300\text{W}}{4 \times 3{,}14 \times (50\text{m})^2} = 9{,}6 \text{ mW/m}^2.$$

(*B*) A amplitude da oscilação na pressão é

$$\delta p_{\text{máx}} = \sqrt{\frac{2\gamma p_o I}{v_s}}.$$

Substituindo os valores numéricos temos:

$$\delta p_{\text{máx}} = \sqrt{\frac{2 \times 1{,}4 \times 1{,}01 \times 10^5 \text{Pa} \times 9{,}6 \times 10^{-3} \text{ W/m}^2}{343 \text{m/s}}} = 2{,}8 \text{Pa}.$$

Exercícios

E 5.14 Considere uma nave espacial cuja intensidade sonora à distância de 100 m é de $1{,}0 \times 10^3$ W/m². (*A*) Qual é o nível de intensidade sonora do ruído da nave à distância de 1,0 km? (*B*) Qual é o nível de intensidade sonora naquele ponto?

E 5.15 O ruído de um avião em vôo tem, à distância de 100 m, o nível de intensidade sonora de 110 dB. Qual é o nível de intensidade sonora à distância de 500 m?

Seção 5.12 ■ Fontes com velocidade supersônica. Ondas de choque

Reconsideremos a Equação 4.42. Se a velocidade da fonte, que passaremos a designar por **v**, tiver módulo igual à velocidade do som, a freqüência observada pelo detector é infinita. Isso ocorre porque as frentes de onda emitidas em um dado instante se acumulam em um mesmo ponto à frente da fonte, como mostra a Figura 5.8. Dessa forma, o comprimento de onda, que é a separação entre as frentes de onda, torna-se nulo, o que implica freqüência observada infinita. Essa velocidade da fonte estabelece o limite de validade da Equação 5.42, e não vale para fontes que se movam com velocidade maior do que a do som.

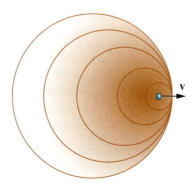

Figura 5.8

Se uma fonte de som se move com velocidade igual à do som, suas frentes de onda emitidas se acumulam em um mesmo ponto sobre a reta que descreve a trajetória da fonte. Para um observador à frente da fonte seu som tem freqüência infinita.

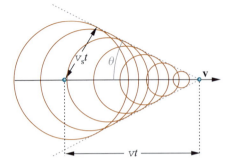

Figura 5.9
Frentes de onda do som emitido por uma fonte com velocidade supersônica. As frentes de onda emitidas pela fonte ficam inscritas em um cone, chamado cone de Mach. Metade do ângulo do cone vale $\theta = \arcsin(v/v_s)$.

Para fontes que se movem com velocidade v supersônica, as frentes de onda emitida pela fonte ficam inscritas em um cone, chamado cone de Mach, cujo ângulo vale 2θ. Metade desse ângulo é chamada *ângulo do cone de Mach*. Vê-se da Figura 5.9 que

■ **Ângulo do cone de Mach**

$$\sin\theta = \frac{v_s t}{vt} = \frac{v_s}{v}. \tag{5.52}$$

Onda de choque é o pico de pressão que ocorre no cone de Mach quando uma fonte de som move-se com velocidade supersônica

No cone de Mach ocorre o que se chama **onda de choque**, na qual a pressão passa por um pico de curta duração no tempo. Para velocidades supersônicas é comum usar o chamado número de Mach, definido por

$$\text{Número de Mach} = \frac{v}{v_s}. \tag{5.53}$$

Assim, se um avião tem velocidade igual a 2,7 Mach, sua velocidade é 2,7 vezes a do som.

Exercícios

E 5.16 A bala de um rifle é disparada com a velocidade de 800 m/s. Qual é o número de Mach da velocidade?

E 5.17 Qual é o ângulo do cone de Mach da bala considerada no Exercício 5.16?

PROBLEMAS

P 5.1 Considere uma corda de comprimento L, esticada com força de tensão F, com extremidades fixas, e seus modos normais de comprimentos de onda $\lambda_n = 2L/n$. Mostre que, quando a corda vibra no modo normal n com amplitude A, sua energia mecânica é

$$U = \frac{\pi^2 F}{2L} n^2 A^2.$$

P 5.2 O modo fundamental de vibração da primeira corda de um violão tem freqüência de 330 Hz. O comprimento da corda é de 65 cm e ela está sujeita a uma força de tensão de 80 N. Com que amplitude essa corda tem de vibrar para que a energia da oscilação seja de 0,020 mJ? *Sugestão*: considere a solução do Problema 5.1.

P 5.3 Um aro de corda gira em local livre de gravidade de maneira que, por centrifugação, sua forma fica circular. Esse aro circular é mostrado na Figura 5.10, visto do lado do qual a rotação tem sentido anti-horário. A velocidade tangencial de rotação da corda é v. Ondas transversais podem propagar-se na corda, percorrendo-a no sentido horário ou no sentido anti-horário. Calcule a velocidade de propagação dessas ondas nos referenciais da corda e do laboratório, em que o anel está girando.

Figura 5.10 (Problema 5.3).

P 5.4 Uma corda homogênea, de comprimento L e massa m, pende livremente de um teto. (A) Mostre que a velocidade das ondas transversais nessa corda varia com a posição, e que no ponto à distância y da extremidade livre ela é dada por $v = \sqrt{gy}$. (B) Mostre que o tempo que a onda gasta para percorrer a corda de uma extremidade à outra é $t = 2\sqrt{L/g}$.

P 5.5 Duas fontes pontuais S_1 e S_2 emitem ondas esféricas com mesma amplitude A e o mesmo vetor de onda k. As duas ondas estão também em fase, ou seja, passa, no ponto do qual são irradiadas elas oscilam com a mesma fase inicial. Considere a superposição das ondas em um ponto P, às distâncias r_1 e r_2, respectivamente, de S_1 e S_2, como mostra a Figura 5.11, e suponha que $r_2 - r_1 \ll r_1$. Mostre que essa superposição gera uma onda cuja amplitude é

$$A_{\text{sup}} = \frac{2A}{r}\cos\frac{k}{2}(r_2 - r_1).$$

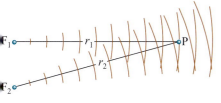

Figura 5.11
(Problema 5.5).

P 5.6 Um fio de alumínio com diâmetro de 0,600 mm e comprimento de 50,0 cm é soldado a outro fio de aço, de igual diâmetro e comprimento de 43,9 cm. O fio composto é submetido a uma tensão de 70,0 N, com suas extremidades fixas. Um vibrador externo estimula o fio e sua freqüência é no valor mínimo para que o ponto de solda entre as duas partes seja um nó de vibração. (A) Quantos nós, fora os das duas extremidades, tem o fio vibrante? (B) Qual é a freqüência da vibração? As densidades de massa do alumínio e do aço são, respectivamente, 2,70 g/cm^3 e 7,87 g/cm^3.

P 5.7 Uma corda tensionada com comprimento de 2,00 m tem densidade de massa igual a 3,00 g/m. As duas extremidades da corda estão fixas e nela as ondas transversais propagam-se com velocidade de 173 m/s. (A) Qual é a tensão na corda? (B) Qual é a energia do modo fundamental se a corda oscila com amplitude de 0,80 mm?

P 5.8 Cinqüenta pessoas estão reunidas em uma sala, em um coquetel, e conversam animadamente. O nível de ruído das conversas é de 77 dB. Depois de algum tempo, metade das pessoas vai embora. Qual será o nível da intensidade sonora dentro da sala?

P 5.9 O trovão de um raio ocorrido a 1,0 km de distância é ouvido com uma intensidade sonora de 110 dB. Fazendo-se a aproximação de que a onda sonora gerada pelo raio seja esférica, qual é a potência sonora gerada por ele?

P 5.10 Mostre que quando um som tem sua intensidade multiplicada por 10, seu nível de intensidade sonora tem um aumento de 10 dB.

P 5.11 Um carro aproxima-se buzinando de um muro onde o som da buzina é refletido. Um pedestre, atrás do carro, ouve dois sons para a buzina, um a 373 Hz e outro a 429 Hz. (A) Qual é a velocidade do carro? (B) Qual é a freqüência da buzina?

P 5.12 Um navio detecta, em seu sonar, um submarino verticalmente sob ele. Os pulsos do sonar, emitidos com freqüência de 50,000 MHz, são refletidos e recebidos de volta com um retardo de 120 ms e uma freqüência de 49,968 MHz. O som propaga-se no mar com velocidade de 1,53 km/s. Calcule (A) a profundidade e (B) a velocidade vertical do submarino.

P 5.13 Um radar para rastreamento de tráfego aéreo observa o sinal refletido por um avião. Acompanhando o sinal durante alguns segundos, vê-se que o avião se move numa direção que faz um ângulo de 30° com a linha que vai do radar até ele. Os pulsos de microonda enviados pelo radar têm freqüência de 20 GHz, e são recebidos de volta com freqüência de 20,000104 GHz. Qual é a velocidade do avião? (Observação: apenas a componente da velocidade do avião na direção do radar contribui para o desvio Doppler.)

P 5.14 *Estrelas binárias eclipsantes*. Metade ou mais das estrelas são sistemas binários em que as duas estrelas orbitam em torno do seu centro de massa. Em alguns casos, o par de estrelas é resolvido espacialmente, mas na maioria dos casos sua identificação é feita pela observação de um desvio Doppler periódico da luz vinda do sistema. Em um pequeno número de estrelas binárias, a linha que vai de nós até elas está no plano da órbita, de modo que as estrelas se eclipsam periodicamente. Imagine um sistema binário eclipsante especial em que uma das estrelas tem massa muito maior que a outra, de modo que em primeira aproximação sua posição é aproximadamente fixa e a outra gira em torno dela em uma órbita circular. A observação mostra que o eclipse da estrela móvel ocorre a cada 18 h. O comprimento de onda de certa raia espectral varia do valor mínimo 539 nm até o valor máximo 563 nm. (A) Qual é a distância entre as duas estrelas? (B) Qual é a massa da estrela mais massiva?

P 5.15 Um antigo método para se determinar a velocidade do som em um gás consistia no seguinte: no interior de um tubo de vidro horizontal colocava-se um material finamente granulado, uniformemente espalhado. Uma das extremidades do tubo era fechada por um pistão que oscilava com freqüência conhecida v. A outra extremidade era fechada por outro pistão que podia se deslocar até que se observasse ressonância entre os modos normais do tubo e a freqüência do primeiro pistão. A ressonância era sinalizada pelo aparecimento de acúmulos do pó em pontos igualmente espaçados. (A) Explique a razão do aparecimento dos montículos de pó. (B) Escreva uma expressão que relacione a freqüência v, a velocidade do som no gás e a distância l entre os montículos de pó.

Respostas dos exercícios

E 5.2 85,1 N

E 5.3 $P = 0{,}359$ W

E 5.4 $T = 3{,}2$ N

E 5.5 (A) $\mu = 10{,}7$ g/m. (B) $\Delta K / \Delta x = 59$ mJ/m

E 5.6 $3{,}1 \times 10^2$ m

E 5.7 65,8 s

E 5.9 $\beta = 67{,}8$ dB

E 5.10 $I = 3{,}2 \times 10^{-5}$ W/m^2

E 5.11 (A) 20,4 m/s; (B) 19,3 m/s

E 5.12 (A) $f = 0{,}93$. (B) $f = 0{,}40$

E 5.13 0,865 MHz

E 5.14 (A) $I = 10$ W/m^2. (B) $\beta = 130$ dB

E 5.15 $\beta = 96{,}0$ dB

E 5.16 2,33

E 5.17 $\theta = 28°$

Respostas dos problemas

P 5.2 $A = 0{,}17$ mm

P 5.3 No referencial da corda, ambas as ondas propagam-se com velocidade v. No referencial do laboratório, uma onda propaga-se no sentido anti-horário com velocidade $2v$ e a outra onda tem velocidade nula.

P 5.6 (A) 4 nós. (B) 606 Hz

P 5.7 (A) $T = 90{,}0$ N. (B) $U = 71$ μJ

P 5.8 74 dB

P 5.9 1,3 MW

P 5.11 (A) 25 m/s. (B) 400 Hz

P 5.12 (A) 92 m; (B) 0,49 m/s, para baixo.

P 5.13 0,90 km/s

P 5.14 (A) $6{,}7 \times 10^{10}$ m. (B) $4{,}3 \times 10^{34}$ kg

P 5.15 (B) $v_{\mathrm{s}} = lv$

6

 # Temperatura

Seção 6.1 ■ O que é temperatura, 118
Seção 6.2 ■ O que é a termodinâmica, 119
Seção 6.3 ■ Microestado e macroestado, 119
Seção 6.4 ■ Equilíbrio termodinâmico, 120
Seção 6.5 ■ Lei zero da termodinâmica, 120
Seção 6.6 ■ Escalas de temperatura, 122
Seção 6.7 ■ Escala Celsius, 122
Seção 6.8 ■ Escala Fahrenheit, 122
Seção 6.9 ■ Termômetro de gás e escala Kelvin, 123
Seção 6.10 ■ Capacidade térmica, 126
Seção 6.11 ■ Condução de calor, 129
Seção 6.12 ■ Dilatação térmica, 132
Problemas, 135
Respostas dos exercícios, 136
Respostas dos problemas, 136

118 Física Básica ■ Gravitação | Fluidos | Ondas | Termodinâmica

Seção 6.1 ■ O que é temperatura

Temperatura é uma manifestação do estado dos sistemas macroscópicos que pode ser percebida pelo nosso tato. Ao tocarmos os objetos, eles nos parecem quentes ou frios. Outra manifestação semelhante é a pressão. Também percebemos a pressão pelo tato. Mas há uma distinção fundamental entre essas duas sensações, que é preciso salientar e discutir. A pressão é uma percepção que sabemos como associar de forma direta a outras grandezas físicas: como já sabemos, ela mede a força por unidade de área que o sistema exerce sobre nosso corpo. A dimensão da grandeza pressão é $[F / L^2]$, onde F é força e L é comprimento. Sendo assim, se as unidades de medida de força e de comprimento já foram definidas, fica automaticamente definida a unidade de pressão. Por exemplo, no SI a unidade de pressão é o pascal, símbolo Pa, cujo valor é Pa = N/m². Assim, uma vez que N = kg · m/s², concluímos que Pa = kg/(m · s²), ou seja, o Pa pode ser definido em termos das unidades das três grandezas fundamentais, que são massa, comprimento e tempo. O mesmo ocorre com todas as grandezas que aparecem no eletromagnetismo. Por exemplo, no SI, a unidade de corrente elétrica é o ampère, símbolo A. Podemos definir o ampère — e esta é a sua definição no SI — como sendo a corrente que, quando passa por dois fios retilíneos, paralelos e de comprimento infinito, resulta em uma força de interação entre os fios cujo módulo é de 2×10^{-7} newtons por metro linear dos mesmos. Assim sendo, podemos definir o ampère em termos do quilograma, do metro e do segundo. As unidades de todas as outras grandezas que aparecem no eletromagnetismo podem ser definidas em termos do ampère, do quilograma, do metro e do segundo. Por exemplo, o coulomb, unidade de carga no SI, é a carga transportada pela corrente de 1 ampère no tempo de 1 segundo.

Na descrição que a física faz da natureza encontramos também outras formas de interação (forças), além da gravitacional e da eletromagnética, tais como a força nuclear e a força fraca. Encontramos também muitos outros fenômenos cuja compreensão exigiu a construção de outras teorias, como a relatividade e a mecânica quântica. Entretanto, em nenhuma dessas novas interações, e também em nenhuma dessas novas teorias, nos deparamos com qualquer grandeza que não possa ser quantificada em termos de massa, comprimento e tempo.

Já a temperatura, não apresenta essa propriedade. Não se conhece uma forma de quantificar temperatura a partir de grandezas de natureza mecânica. Essa é uma peculiaridade exclusiva da temperatura. Ela é a única grandeza existente na física que não pode ser quantificada em termos de massa, comprimento e tempo. O elo que liga tal percepção — quente e frio — às grandezas de natureza mecânica é muito complexo. A complexidade é tamanha, que uma ciência nova teve que ser criada dentro da física para manipular o conceito de temperatura. A termodinâmica é a ciência que lida com a temperatura e todos os fenômenos associados a esta entidade. Os próximos capítulos deste livro são dedicados ao estudo da termodinâmica.

A princípio, nem mesmo sabemos dizer se temperatura é uma grandeza física. Grandezas físicas podem ser comparadas entre si de modo que, dadas duas grandezas de mesma natureza (de mesma dimensão) A e B, tem sentido dizer que A é f vezes maior do que B, ou seja,

$$A = f\,B, \tag{6.1}$$

onde f é um número real. Por exemplo, dado um corpo qualquer, podemos comparar seu comprimento (A) com o comprimento (B) de uma barra padrão tomado como unidade, como, por exemplo, o metro, e dizer que o corpo tem comprimento de f metros. Consideremos agora dois sistemas, uma panela de água em ebulição e uma cuba na qual gelo e água estejam em equilíbrio. A água fervente é mais quente, e nesse caso dizemos que sua temperatura é maior. Entretanto, será possível dizer que a temperatura da água fervente é f vezes maior que a temperatura do gelo fundente? A termodinâmica acabou dando uma resposta positiva a esta pergunta. A temperatura da água em ebulição é 1,3661 vez maior do que a do gelo fundente, no caso em que ambos os sistemas estejam submetidos à pressão atmosférica padrão. Assim, temperatura é uma grandeza, e pelo menos no estágio atual de compreensão da Natureza, em que não sabemos expressá-la em termos das três grandezas fundamentais da mecânica, temos de aceitá-la como uma quarta grandeza fundamental da física.

Seção 6.2 ■ O que é a termodinâmica

A termodinâmica é uma ciência ímpar dentro da física. Sua estrutura lógica é muito distinta daquela envolvida na mecânica, no eletromagnetismo, na mecânica quântica etc. Tal estrutura fica fora do paradigma newtoniano, no qual as leis fundamentais da Natureza são leis de movimento, expressas por equações diferenciais no espaço e tempo. As leis da mecânica, do eletromagnetismo e da mecânica quântica são na verdade equações diferenciais que definem a maneira como os sistemas físicos se movimentam, ou seja, evoluem no espaço e no tempo. As leis da termodinâmica têm caráter totalmente distinto, e não são leis de movimento.

A descrição que a termodinâmica faz dos sistemas físicos é sempre macroscópica: a termodinâmica nunca trata de sistemas que contêm uma única partícula (digamos, um único elétron ou uma única molécula), e nem mesmo de sistemas que contêm poucas partículas. Para que um sistema possa ser analisado pela termodinâmica, é necessário que ele contenha um grande número de partículas. Além do mais, a análise não questiona o comportamento individual de cada uma das partículas, mas apenas seu comportamento coletivo. Dizemos que a termodinâmica estuda o estado macroscópico, ou macroestado dos sistemas, e não o seu microestado. A distinção entre os conceitos de microestado e macroestado será descrita na próxima seção.

Seção 6.3 ■ Microestado e macroestado

Na descrição microscópica de um sistema de partículas, o estado de cada partícula é explicitado. Já na descrição macroscópica, apenas as grandezas globais do sistema são envolvidas. A primeira descrição trata do microestado, enquanto a segunda trata do macroestado

Consideremos um jogo em que N moedas sejam atiradas à sorte. Tal jogo contém uma riqueza de possibilidades que pode ser explorada em seus detalhes ou em uma descrição mais global. Consideremos as moedas previamente numeradas. A descrição mais detalhada do resultado do jogo contém a lista completa do resultado para cada moeda. Por exemplo, cara (moeda 1), coroa (moeda 2), cara (moeda 3), cara (moeda 4) etc. Tal descrição é denominada microscópica, e a configuração que define o resultado é denominada microestado. O número total de microestados possíveis é

■ Número de microestados possíveis no lançamento de N moedas

$$2^N. \tag{6.2}$$

Esta fórmula pode ser justificada de maneira simples. Cada moeda pode apresentar dois estados, os quais podem ser combinados com todas as outras possibilidades das outras moedas. Portanto, se tivermos duas moedas teremos $2 \times 2 = 2^2$ microestados. Se acrescentarmos uma terceira moeda, cada um dos 2^2 microestados das duas primeiras moedas pode se combinar com os dois estados da terceira moeda e, portanto, teremos $2^2 \times 2 = 2^3$ microestados. Assim, sucessivamente.

O jogo de moedas pode também ser descrito na forma macroscópica. Nesta, só aparece o número de caras da configuração. Portanto, um macroestado genérico é descrito simplesmente pelo número n de caras, onde $0 \leq n \leq N$. O número total de macroestados possíveis é

■ Número de macroestados possíveis no lançamento de N moedas

$$N + 1. \tag{6.3}$$

Quando N é grande, mesmo que moderadamente grande, o número de microestados possíveis pode se tornar fantasticamente alto. Por exemplo, para $N = 100$ moedas o número de microestados é cerca de $1,3 \times 10^{30}$, uma figura realmente formidável. Em termos aproximados, tal número é igual à massa do Sol, expressa em quilogramas. Se $N = 300$, o número de microestados já é maior que o número de partículas do Universo!

Vários sistemas na física admitem análise muito similar ao do jogo de moedas. Por exemplo, no estudo da distribuição das N moléculas de um gás em uma caixa, dividida em duas metades, podemos estar interessados em conhecer como as moléculas se distribuem nos dois lados da caixa. Em geral, o número N de partículas é muito grande e, portanto, a descrição microscópica é inviável. Entretanto, em várias situações o que realmente interessa saber é quantas moléculas estão contidas em cada metade da caixa, e esse é o tipo de problema de que trata a termodinâmica.

120   **Física Básica** ■ Gravitação | Fluidos | Ondas | Termodinâmica

> Estado termodinâmico ou simplesmente estado de um sistema são sinônimos de macroestado As grandezas macroscópicas utilizadas para descrever o estado termodinâmico de um sistema são denominadas variáveis termodinâmicas

As grandezas macroscópicas utilizadas para descrever o estado termodinâmico de um sistema são denominadas variáveis macroscópicas, ou variáveis termodinâmicas. No caso do conjunto de moedas usado como ilustração, a variável termodinâmica é o número n de caras. Exemplos de grandezas utilizadas para descrever o macroestado dos sistemas são volume, pressão, polarização elétrica, campo elétrico, magnetização, campo magnético, entre outras. Nestas invariavelmente aparece, explícita ou implicitamente, a temperatura. No lugar de macroestado geralmente se usa a expressão estado termodinâmico ou simplesmente estado do sistema.

Seção 6.4 ■ Equilíbrio termodinâmico

> Dizemos que um sistema atingiu um estado de equilíbrio termodinâmico quando nele não mais existem transformações macroscópicas e seu macroestado é estático

Consideremos um sistema macroscópico, como, por exemplo, uma chapa de aço recém-saída do laminador. Sua temperatura é inicialmente muito alta. Em contato com a atmosfera ambiente, a lâmina começa a sofrer imediatamente uma série de mudanças. Ela começa a se resfriar, no início rapidamente, depois de forma cada vez mais lenta, e no fim de algumas horas atingirá uma temperatura estável. Ao mesmo tempo, suas dimensões serão reduzidas e uma série de alterações estruturais ocorrerão em seu interior. Tensões mecânicas não-uniformes irão aparecer durante o resfriamento, e também atingirão um estado quase estável após o resfriamento da chapa. Dizemos que a chapa atingiu um estado de equilíbrio termodinâmico.

No equilíbrio termodinâmico, não haveria mais alterações na chapa. Na verdade, essa é uma situação inatingível. A chapa nunca pára de mudar. Mesmo que a atmosfera ambiente em nada mude, certas alterações na chapa permanecerão como um processo contínuo. Se a examinarmos um ano depois, perceberemos que as tensões mecânicas estão reduzidas em relação ao observado imediatamente após o resfriamento, e que uma fina camada de óxido de ferro (Fe_2O_3) cobre sua superfície. Séculos depois, constataremos que a oxidação progrediu até corromper quase totalmente a chapa, que foi também parcialmente erodida pela ação do ar. Um milhão de anos depois, talvez não seja mais possível encontrar nada que possa ser tomado como indicação da existência prévia da chapa.

A rigor, não existe equilíbrio termodinâmico na Natureza. Entretanto, equilíbrio termodinâmico é uma idealização extremamente útil. Na prática, consideramos a chapa em equilíbrio termodinâmico quando ela tiver parado de resfriar. Dependendo da análise que tenhamos em mente, talvez tenhamos de esperar mais alguns dias para que algumas tensões mecânicas se dissipem. De qualquer forma, o sistema será considerado em equilíbrio termodinâmico quando as transformações rápidas não estiverem mais ocorrendo e as suas variáveis termodinâmicas nos parecerem quase estáveis.

> Calor é a energia que um corpo cede a outro mais frio sem realizar trabalho

No processo de resfriamento, a chapa cede energia para a atmosfera ambiente. Esse é um fenômeno universal. Quando um sistema aquecido é posto em contato com outro mais frio, o primeiro cede energia para o segundo. Essa energia é transferida sem que o sistema aquecido necessariamente realize trabalho sobre o corpo frio. A energia que um corpo quente cede a outro corpo frio sem que seja realizado trabalho é denominada calor. Portanto, quando dois sistemas são colocados em contato mútuo, o corpo mais quente cede calor para o mais frio. Calor pode ser transferido de um corpo para outro mesmo que entre eles não haja contato térmico, por meio de radiação eletromagnética. Por exemplo, calor é transferido do Sol para a Terra por meio da luz que vem desse astro. Quando nos aproximamos de uma fogueira, ocorre o mesmo fenômeno: somos aquecidos pela radiação da sua chama. Quando o processo de transferência de calor chega ao fim, dizemos que os dois sistemas estão em equilíbrio térmico um com o outro. Pode também haver transferência de calor de uma parte para outra de um sistema. Esta transferência reflete um desequilíbrio térmico interno do sistema. O equilíbrio térmico interno de um sistema é necessário para que este esteja em equilíbrio termodinâmico.

> Quando dois sistemas podem ficar em contato mútuo sem que haja troca de calor entre eles, dizemos que estão em equilíbrio térmico um com o outro

Seção 6.5 ■ Lei zero da termodinâmica

Considere três sistemas A, B e C, e suponha que A esteja em equilíbrio térmico com B e também com C, ou seja, se A for posto em contato com B ou C, não haverá transferência de calor de um sistema para o outro. A lei zero da termodinâmica diz que, nesse caso, B e C estarão também em equilíbrio térmico entre si. A lei pode ser enunciada na forma

> *Dois sistemas que estejam em equilíbrio térmico com um terceiro estarão também em equilíbrio térmico um com o outro.*

Lei zero da termodinâmica: dois sistemas que estejam em equilíbrio térmico com um terceiro estarão também em equilíbrio térmico um com o outro

Esta lei, que é ilustrada na Figura 6.1, não reflete algum tipo de relação que decorra naturalmente da lógica. Além do mais, não é possível justificá-la a partir de outras leis da Natureza.

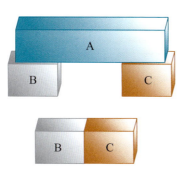

Figura 6.1

Ilustração da lei zero da termodinâmica. O corpo A é posto em contato com os corpos B e C, e verifica-se que está em equilíbrio térmico com ambos, ou seja, não há troca de calor entre o corpo A e nenhum dos corpos B e C. A lei zero garante que, se os corpos B e C forem postos em contato um com o outro, também não haverá troca de calor entre eles. Ou seja, os corpos B e C também estão em equilíbrio térmico um com o outro.

A lei zero é na verdade uma condição necessária para que a temperatura seja mensurável. Ela estabelece uma relação análoga a: se o corpo A tem o mesmo comprimento que o corpo B, e também o mesmo comprimento que o corpo C, o corpo B terá o mesmo comprimento que o corpo C. Esta última regra permite que comprimento seja quantificado (medido); analogamente, a lei zero permite que temperatura seja quantificada, como veremos.

Seja A um termômetro. Colocado em contato com um corpo B, ele atinge o equilíbrio térmico com este. Medimos então alguma grandeza física associada ao termômetro, como, por exemplo, a altura de uma coluna de mercúrio. A lei zero diz que, se B estiver em equilíbrio térmico com C, a coluna de mercúrio atingirá a mesma altura, esteja o termômetro em contato com B ou com C. Generalizando, todos os sistemas que ao se colocarem em contato com o termômetro A produzirem neste a mesma altura da coluna de mercúrio estão em equilíbrio térmico entre si. E, vice-versa, todos os sistemas que estiverem em equilíbrio térmico entre si produzirão a mesma altura na coluna de mercúrio do termômetro. Podemos dessa forma estabelecer uma relação:

> *Dois corpos estão em equilíbrio térmico um com o outro se, e somente se, produzirem a mesma altura na coluna de mercúrio em um termômetro quando em contato com este.*

Sendo assim, podemos utilizar a altura da coluna de mercúrio do termômetro para medir a temperatura. Alturas iguais representarão a mesma temperatura. Portanto, a lei zero da termodinâmica pode ser reescrita na forma

Dois sistemas estão em equilíbrio térmico um com o outro se, e somente se, tiverem a mesma temperatura

> *Dois sistemas estão em equilíbrio térmico um com o outro se, e somente se, tiverem a mesma temperatura.*

A altura da coluna de mercúrio é um exemplo do que se denomina grandeza termométrica. Na prática, são utilizadas diversas grandezas termométricas e, assim, temos diversos tipos de termômetros. Alguns exemplos são: *1)* pressão de um gás mantido a volume constante; *2)* volume de um gás mantido a pressão constante; *3)* resistência elétrica de um fio de platina, grafite ou outro material; *4)* voltagem em um diodo p-n no qual passa uma corrente elétrica reversa de valor pequeno e fixo; *5)* voltagem em um termopar, isto é, um par de fios metálicos de composições distintas ligados em suas extremidades; uma extremidade do termopar fica em contato térmico com um sistema de referência, como, por exemplo, gelo fundente, e a outra fica em contato com o sistema cuja temperatura se quer medir.

Grandeza termométrica é uma variável termodinâmica utilizada para medir temperatura

Seção 6.6 ▪ Escalas de temperatura

Consideremos um termômetro de mercúrio, como mostra a Figura 6.2. Um bulbo ligado a uma coluna de seção uniforme e muito pequena contém mercúrio. O volume de mercúrio aumenta com a temperatura e, uma vez que pequenas alterações relativas no volume correspondem a consideráveis alterações na altura da coluna do líquido, essa altura X é freqüentemente utilizada como grandeza termométrica. De fato, os termômetros de mercúrio e de álcool foram os primeiros a serem utilizados. A leitura da temperatura depende do estabelecimento prévio de uma relação de correspondência entre a altura X da coluna do líquido e a temperatura, ou seja,

$$T \equiv T(X).\tag{6.4}$$

Figura 6.2
Termômetro de mercúrio.

Pontos de temperatura fixa, ou pontos fixos, são estados termodinâmicos especiais selecionados para se definir uma escala de temperatura

A definição dessa relação de correspondência é na verdade uma convenção arbitrária. Em geral, parte-se do conceito de **pontos de temperatura fixa**, ou simplesmente **pontos fixos**. Dois pontos fixos universalmente utilizados são a temperatura de fusão do gelo e de ebulição da água, ambos medidos à pressão de uma atmosfera.

Seção 6.7 ▪ Escala Celsius

Na escala Celsius, as temperaturas de fusão do gelo e de ebulição da água, à pressão atmosférica, são arbitradas como 0 ºC e 100 ºC, respectivamente. Sejam X_1 e X_2 respectivamente os comprimentos da coluna do líquido (mercúrio ou álcool) nesses dois pontos fixos. A temperatura lida pelo termômetro, em uma situação geral em que a altura da coluna é X, será:

$$T_C = \frac{X - X_1}{X_2 - X_1} 100\ °C.\tag{6.5}$$

Nota-se que, por convenção, a temperatura Celsius varia linearmente com a altura X da coluna do líquido no termômetro.

Seção 6.8 ▪ Escala Fahrenheit

A escala Fahrenheit, de uso comum em alguns países de língua inglesa, é também definida a partir das temperaturas de fusão do gelo e de ebulição da água, segundo a regra

$$T_F = 32\ °F + \frac{X - X_1}{X_2 - X_1} 180\ °F.\tag{6.6}$$

Considerando a Equação 6.4, da qual se obtém $(X - X_1)/(X_2 - X_1) = T_C$, podemos escrever esta equação na forma

$$T_F = 32°F + \frac{180°F}{100°C}T_C.$$ (6.7)

Esta equação pode ser resolvida em relação a T_C:

$$T_C = \frac{100°C}{180°F}(T_F - 32°F).$$ (6.8)

As Equações 6.7 e 6.8 exprimem a forma de conversão entre as escalas Celsius e Fahrenheit.

E·E Exercício-exemplo 6.1

■ Fahrenheit escolheu os pontos fixos de sua escala da seguinte forma: definiu 0 °C como a temperatura do dia mais frio no inverno em sua cidade e 100 °F como a temperatura de sua esposa. Expresse 0 °C e 100 °C na escala Celsius.

■ Solução

Substituindo 0 °C e depois 100 °C na Equação 5.7, obtemos, respectivamente,

$$T_{1C} = \frac{5°C}{9°F}(0° - 32°F) = -17,8 \ °C,$$

$$T_{2C} = \frac{5°C}{9°F}(100°F - 32°F) = 37,8 \ °C.$$

Observe-se que a esposa de Fahrenheit estava com febre!

Exercícios

E 6.1 Quais são a temperatura de fusão do gelo e a temperatura de ebulição da água na escala Fahrenheit?

E 6.2 À pressão de 1 atm, o elemento índio funde-se à temperatura de 156,6 °C. Expresse essa temperatura na escala Fahrenheit.

E 6.3 A que temperatura as leituras nas escalas Celsius e Fahrenheit coincidem?

Seção 6.9 ■ Termômetro de gás e escala Kelvin

Se construirmos dois termômetros, um de álcool e outro de mercúrio, eles lerão temperaturas ligeiramente diferentes para o mesmo sistema. De fato, as alturas das colunas do líquido para os dois termômetros não variam linearmente uma com a outra. Logo, não havendo um critério para privilegiar um líquido em relação ao outro, tem-se uma inconsistência inerente na definição da temperatura. Naturalmente, essa inconsistência independe de trabalharmos com a escala Celsius ou com a Fahrenheit. Além disso, percebe-se que em nenhuma dessas escalas se estabelece uma medida de temperatura no sentido estrito que medida tem na física. Uma barra de 20 m tem o dobro do comprimento de uma barra de 10 m. Entretanto, não tem sentido dizer que uma temperatura de 20 °C mede algo duas vezes maior do que uma temperatura de 10 °C.

Os gases rarefeitos apresentam um comportamento universal a partir do qual se pode definir uma escala de temperatura livre desses dois problemas. De fato, gases rarefeitos, a uma dada pressão p e a temperaturas bem acima do seu ponto de ebulição a essa pressão, seguem uma lei universal expressa por

$$\frac{pV}{N} = \text{constante para uma dada temperatura,} \qquad (6.9)$$

onde N é o número de moléculas e V é o volume do gás. A constante que aparece nesta equação é maior para sistemas mais quentes. A escala Kelvin é definida de modo que a relação entre a constante e a temperatura seja de proporcionalidade. Portanto,

$$\frac{pV}{N} \propto T, \qquad (6.10)$$

ou

■ Lei dos gases ideais

$$pV = Nk_B T, \qquad (6.11)$$

onde k_B é uma constante de proporcionalidade que tem o mesmo valor para todos os gases. A Equação 6.10 exprime a chamada *lei dos gases ideais*. Deve-se notar que a determinação do valor de k_B depende de uma calibração prévia da temperatura. Ou vice-versa, ou seja, arbitrando-se um valor para a constante k_B fica calibrada a escala de temperatura. Historicamente, ocorreu a primeira alternativa. A calibração da escala Kelvin é definida pela relação

$$T \equiv \frac{p}{p_{tr}} \, 273,16 \text{ K, a volume constante,} \qquad (6.12)$$

ou, equivalentemente,

$$T \equiv \frac{V}{V_{tr}} \, 273,16 \text{ K, a pressão constante.} \qquad (6.13)$$

Nas definições que acabamos de ver, p_{tr} e V_{tr} são, respectivamente, a pressão e o volume do gás no *ponto triplo da água*, ou seja, o ponto em que o gelo, o líquido e o vapor coexistem. Uma vez calibrada a escala de temperaturas, obtém-se o valor da *constante de Boltzmann* k_B:

■ Constante de Boltzmann

$$k_B = 1,380\,66 \times 10^{-23} \text{ J/K.} \qquad (6.14)$$

Freqüentemente, a lei dos gases ideais é expressa não em termos do número N de moléculas, mas sim do número n de moles, onde um mol contém um número de moléculas dado por

■ Número de Avogadro

$$N_A = 6,022\,137 \times 10^{23}, \qquad (6.15)$$

denominado *número de Avogadro*. Operacionalmente, o número de Avogadro é definido como o número de moléculas contido em 24 gramas do isótopo carbono-12.

A Equação 6.10 pode ser reescrita como

$$pV = \frac{N}{N_A} N_A k_B T, \qquad (6.16)$$

$$pV = nRT, \qquad (6.17)$$

onde

■ Constante universal dos gases

$$R = N_A k_B = 8,31451 \text{ J/(mol} \cdot \text{K)} \qquad (6.18)$$

e $n = N/N_A$ é o número de moles do gás.

Historicamente, a *constante universal dos gases R* foi introduzida antes da constante de Boltzmann. Um mol de uma substância é uma porção da mesma que contenha um número de Avogadro de moléculas. Quando o número de moléculas é igual a nN_A, temos n moles da substância.

Um mol de uma substância é uma porção que contenha N_A moléculas da mesma

Capítulo 6 ■ Temperatura

A correspondência entre as escalas Celsius e Kelvin é dada por

$$0\ ^\circ C = 273,15\ K,$$
$$100\ ^\circ C = 373,15\ K.$$

(6.19)

Vê-se, portanto, que um acréscimo de 1 ºC corresponde a um acréscimo de 1 K, e as duas escalas só diferem por um deslocamento constante, ou seja, $T = (T_C + 273,15)$ K.

E·E Exercício-exemplo 6.2

■ Qual é o volume ocupado por 1 mol de um gás ideal, à pressão de 1 atm e temperatura de 20 ºC?

■ Solução

Devemos lembrar que 1 atm = 1,01325 × 10⁵ Pa. Vê-se também que, na escala Kelvin, 20 ºC valem

$$T = (20 + 273,15)\ K = 293,15\ K.$$

Logo, o volume do gás será

$$V = \frac{RT}{p} = \frac{8,31451 JK^{-1} \times 293,15 K}{1,01325 \times 10^5 Nm^{-2}} = 24,055 \times 10^{-3} m^3.$$

E·E Exercício-exemplo 6.3

■ Um gás ideal está à temperatura de 20 ºC e à pressão atmosférica. Sua temperatura é elevada para 80 ºC, e seu volume é reduzido em 30%. Qual é então a pressão realizada pelo gás?

■ Solução

Pela Equação 6.16, posto que a quantidade n de moles do gás fica invariante, podemos escrever:

$$\frac{pV}{T} = nR \quad \Rightarrow \quad \frac{p_i V_i}{T_i} = \frac{p_f V_f}{T_f},$$

onde os índices i e f indicam, respectivamente, estados inicial e final. Podemos reescrever essa relação na forma

$$p_f = p_i \frac{V_i}{V_f} \frac{T_f}{T_i}.$$

Na escala Kelvin, as temperaturas inicial e final são, respectivamente, 293 K e 353 K. Portanto, obtemos:

$$p_f = 101 kPa \frac{V_i}{0,70 V_i} \frac{353 K}{293 K} = 174\ kPa.$$

Exercícios

E 6.4 Qual é a pressão exercida por um gás que contenha $1{,}00 \times 10^{22}$ moléculas, em um recipiente com volume de 1,00 litro, à temperatura de 60 °C?

E 6.5 Um mol de moléculas de hidrogênio tem a massa de 2,016 g. Qual é a densidade de massa do gás hidrogênio à pressão atmosférica e temperatura de 20 °C?

E 6.6 O oxigênio tem massa molecular de $5{,}31 \times 10^{-26}$ kg. Uma massa de 1,00 g de gás oxigênio ocupa um volume de 950 cm^3, e sua pressão é de 12,0 N/cm^2. Qual é a temperatura do gás?

E 6.7 O cilindro da Figura 6.3 é rígido e dividido por um êmbolo móvel. O sistema está em equilíbrio termodinâmico. De um lado tem-se gás hidrogênio e, do outro, gás oxigênio. As massas moleculares desses dois elementos, em unidades de massa atômica, são, respectivamente, 2,00 e 32,0. O volume ocupado pelo hidrogênio é 1,50 vez maior que o ocupado pelo oxigênio. Se a massa do hidrogênio é 0,140 g, qual é a massa do oxigênio?

Figura 6.3
(Exercício 6.7).

Seção 6.10 ■ Capacidade térmica

Em certas condições controladas, é possível conhecer a quantidade de calor cedida a um sistema. Um exemplo é dado na Figura 6.4. Uma dada massa de água é mantida dentro de uma *caixa térmica* (caixa termicamente isolada), o que minimiza as trocas de calor entre a água e o ambiente externo. Um resistor de resistência R é imerso na água e ligado a uma fonte de corrente externa, como, por exemplo, uma bateria. A potência elétrica dissipada no resistor é RI^2 e, portanto, se a corrente persistir por um tempo t a energia dissipada no resistor em forma de calor será

$$\Delta Q = RI^2\, t. \tag{6.20}$$

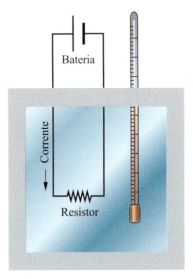

Figura 6.4
Montagem utilizada para medida da capacidade térmica de um líquido.

Certo tempo após ser paralisada a corrente, o resistor, a água e a parede interna da caixa térmica terão entrado em equilíbrio térmico. Dentro da água está também um termômetro com o qual podemos acompanhar o seu aquecimento. Se esse aquecimento não for grande, a variação da temperatura será proporcional ao calor cedido:

■ Definição de capacidade térmica C

$$\Delta Q = C\, \Delta T. \tag{6.21}$$

Capacidade térmica de um sistema é a razão entre o calor cedido ao sistema e seu aumento de temperatura. **Calor específico** de uma substância é a sua capacidade térmica por unidade de massa

A constante C nesta equação é denominada *capacidade térmica* do sistema. Vê-se que a capacidade térmica é a razão entre o calor cedido ao sistema e sua variação de temperatura. Podemos considerar uma situação idealizada em que as contribuições do resistor, do termômetro e da parede da caixa para a capacidade térmica do sistema sejam desprezíveis. Não sendo esse o caso, podemos supor que a capacidade térmica desses componentes seja conhecida. De qualquer forma, chegaremos enfim à determinação da capacidade térmica da água. Tal capacidade térmica será proporcional à massa m da porção de água. Podemos assim definir o calor específico da água pela relação

$$c \equiv \frac{C}{m}, \qquad (6.22)$$

ou

$$\text{calor específico} = \frac{\text{capacidade térmica}}{\text{massa da amostra}}.$$

A caloria, símbolo cal, é o calor necessário para aquecer 1 grama de água de 14,5 °C para 15,5 °C

O calor específico é uma propriedade da substância. Seu valor geralmente varia com a temperatura, ou seja, $c = c(T)$. A caloria, símbolo cal, é por definição o calor necessário para aquecer 1 grama de água de 14,5 °C para 15,5 °C. Portanto, o calor específico da água à temperatura de 15,0 °C é

$c = 1$ cal/g · °C (valor exato).

A relação entre caloria e joule é

1 cal $= 4{,}186$ J. $\qquad (6.23)$

No uso diário, é muito comum o emprego do termo caloria para designar uma quantidade de energia igual a 1 kcal. Isto é exatamente o que vemos nas tabelas de valor energético dos alimentos e dos combustíveis.

É comum também referir-se à capacidade térmica por mol da substância, que é denominada capacidade térmica molar ou calor específico molar. Para muitos propósitos, a capacidade térmica molar é mais relevante que o calor específico (por massa), pois se refere à capacidade térmica para um dado número de moléculas da substância. A Tabela 6.1 dá o calor específico e a capacidade térmica molar de algumas substâncias.

■ Tabela 6.1
Calor específico e capacidade térmica molar de algumas substâncias.

Substância	Calor específico (J/g · K)	Capacidade térmica molar (J/mol · K)
Água	4,19	75,3
Acetona	2,18	127
Álcool etílico	2,44	111
Mercúrio	0,140	28,0
Alumínio	0,897	24,2
Cobre	0,385	24,4
Ouro	0,129	25,4
Prata	0,235	25,3
Silício	0,705	19,8

128 Física Básica ■ Gravitação | Fluidos | Ondas | Termodinâmica

E·E Exercício-exemplo 6.4

■ Quanto de calor é necessário para aquecer um copo de água (180 cm³) de 20 ºC a 90 ºC? Expresse o resultado em calorias e em joules.

■ Solução

A solução do problema terá de envolver algumas aproximações. Primeiro, vamos ignorar a variação do calor específico da água com a temperatura, supondo que ela valha 1 cal/g em toda a faixa de temperaturas envolvida no aqueci-mento. Em segundo lugar, tomaremos a densidade de massa da água como sendo 1 g/cm³, de forma que o copo de água terá a massa de 180 g. Com es-sas aproximações, a capacidade térmica da água será

$$C = mc = 180\text{g} \times 1\frac{\text{cal}}{\text{g}\cdot{}^{\circ}\text{C}} = 180\frac{\text{cal}}{{}^{\circ}\text{C}}.$$

Agora podemos calcular o calor despendido:

$$Q = C\Delta T = 180\frac{\text{cal}}{{}^{\circ}\text{C}} \times 70{}^{\circ}\text{C} = 12,6 \text{ kcal}.$$

Expresso em joules, esse calor será

$$Q = 12,6\text{kcal} \times 4,184\frac{\text{J}}{\text{cal}} = 5,3 \times 10^4 \text{ J}.$$

E·E Exercício-exemplo 6.5

■ Um bloco de cobre com massa de 3,00 kg, inicialmente à temperatura de 90 ºC, é colocado em um reci-piente contendo 1,00 litro de água cuja temperatura inicial é de 20 ºC. A capacidade térmica do recipiente é pequena, em comparação com a da água. A que temperatura o sistema água-bloco irá se estabilizar?

■ Solução

Também neste problema, teremos de fazer aproximações. A primeira é desprezar a capacidade térmica do recipiente. A segunda é ignorar a perda de calor que o sistema possa ter para o ambiente quando a água é aquecida pelo bloco de cobre. A solução baseia-se no fato de que o calor perdido pelo bloco de cobre é igual ao absorvido pela água. Isso nos permite escrever a equação

$$C_{\text{água}}(T_f - 20\ {}^{\circ}\text{C}) = C_{\text{bloco}}(90\ {}^{\circ}\text{C} - T_f),$$

onde T_f é a temperatura final do sistema. Esta equação pode ser posta na forma

$$T_f = \frac{C_{\text{água}} \times 20{}^{\circ}\text{C} + C_{\text{bloco}} \times 90{}^{\circ}\text{C}}{C_{\text{água}} + C_{\text{bloco}}}.$$

Expressando as capacidades térmicas da água e do bloco em termos das massas e dos calores específicos das duas substâncias, temos:

$$T_f = \frac{4,18\text{kJ}/(\text{kg}\cdot{}^{\circ}\text{C}) \times 1,00\text{kg} \times 20{}^{\circ}\text{C} + 0,385\text{kJ}/(\text{kg}\cdot{}^{\circ}\text{C}) \times 3,00\text{kg} \times 90{}^{\circ}\text{C}}{4,18\text{kJ}/(\text{kg}\cdot{}^{\circ}\text{C}) \times 1,00\text{kg} + 0,385\text{kJ}/(\text{kg}\cdot{}^{\circ}\text{C}) \times 3,00\text{kg}},$$

$$T_f = 35\ {}^{\circ}\text{C}.$$

Exercícios

E 6.8 *Quanto de energia se gasta em um banho.* Em um banho que leve 10 minutos, gastam-se cerca de 40 litros de água. Suponha que a água seja aquecida de uma temperatura inicial de 24 °C à temperatura final de 42 °C. Quantos joules são consumidos nesse banho?

E 6.9 Um copo de vidro tem massa de 120 g e volume interno de 180 cm^3. O copo está inicialmente à temperatura de 23 °C é então enchido de chá à temperatura de 70 °C. Quanto se resfria o chá ao entrar em equilíbrio térmico com o copo? O calor específico do vidro é de 0,84 J/g · K.

E 6.10 Calcule o calor, expresso em joules, necessário para aquecer 1 grama de água de 1,00 °F.

Seção 6.11 ▪ Condução de calor

Considere dois sistemas a temperaturas T_1 e T_2, ligados por uma barra homogênea de comprimento L e área de seção transversal A, como mostra a Figura 6.5.

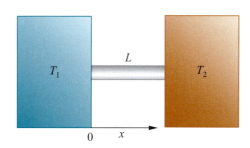

Figura 6.5
Uma barra conecta dois sistemas a temperaturas distintas. A taxa de transferência de calor de um sistema para o outro é proporcional à diferença de temperatura entre os sistemas e à área de seção reta da barra, e inversamente proporcional ao comprimento da barra.

Calor irá fluir de um sistema para o outro através da barra. Em regime estacionário, a taxa de transferência de calor do sistema 1 para o sistema 2 será

$$\frac{dQ}{dt} = -\kappa A \frac{T_2 - T_1}{L}, \tag{6.24}$$

A **condutividade térmica** de um material é a razão entre a densidade de corrente de calor e o gradiente de temperatura em um corpo composto por ele

onde κ é a **condutividade térmica** do material da barra.

A densidade de corrente de calor na barra é o fluxo de calor por unidade de área transversa. Matematicamente, ela é expressa por

$$j_Q \equiv \frac{1}{A}\frac{dQ}{dt}. \tag{6.25}$$

Considerando-se esta relação, a Equação 6.24 pode ser reescrita na forma

$$j_Q = -\kappa \frac{dT}{dx}. \tag{6.26}$$

A condução térmica é um fenômeno análogo à condução elétrica. Quando se estabelece uma diferença de potencial elétrico (uma voltagem) entre dois pontos em um corpo, uma corrente elétrica surge entre eles, e quando se estabelece uma diferença de temperatura o que surge é uma corrente de calor. Apesar da semelhança formal entre as conduções de eletricidade e de calor, a Natureza mostra um importante contraste entre esses dois fenômenos de transporte. A condutividade elétrica dos materiais varia em uma enorme faixa de valores, de forma que um bom condutor de eletricidade apresenta condutividade elétrica mais do que vinte ordens de grandeza maior que a condutividade de um bom isolante elétrico. Em contraste, a condutividade térmica dos materiais varia em uma faixa muito mais estreita de valores. A Tabela 6.2 mostra a condutividade térmica de alguns materiais à temperatura ambiente.

■ **Tabela 6.2**
Condutividade térmica de alguns materiais à temperatura ambiente.

Material	(W / m · K)
Ar	$2,54 \times 10^{-2}$
Cortiça	$3,6 \times 10^{-2}$
Balsa (madeira)	$4,8 \times 10^{-2}$
Mogno (madeira)	0,13
Grafite ($\parallel$ camadas)	19,6
Grafite ($\perp$ camadas)	$5,73 \times 10^{-2}$
Sílica	1,34
Vidros	0,7 a 0,9
NaCl	9,2
Alumínio	$2,37 \times 10^{2}$
Cobre	$3,98 \times 10^{2}$
Prata	$4,27 \times 10^{2}$
Ferro	$0,804 \times 10^{2}$
Níquel	$0,909 \times 10^{2}$
Silício	$1,49 \times 10^{2}$
Diamante	$2,3 \times 10^{3}$

Como se vê na tabela, a condutividade térmica dos materiais varia em uma faixa de somente cinco ordens de grandeza. Por essa razão, não existem isolantes e nem condutores térmicos realmente bons e, ao contrário do que ocorre com a eletricidade, não podemos controlar de modo eficaz as correntes de calor. Veja por exemplo uma geladeira, cuja parede contém material isolante térmico de espessura de centímetros. A eficácia dessa parede no isolamento térmico da geladeira é muito inferior à da tinta que a recobre no isolamento elétrico.

E-E Exercício-exemplo 6.6

■ *Isolamento de geladeiras.* Os isolantes térmicos mais usados hoje em geladeiras e *freezers* são espumas rígidas de poliuretano. Sua condutividade térmica típica é $\kappa = 0,017$ W /(m · K). Considere uma geladeira cujas paredes têm área total de 5,2 m². Dentro da parede há uma camada de espuma de poliuretano com espessura de 20 mm. As temperaturas interna e externa da geladeira são, respectivamente, 5 °C e 26 °C. Qual é a taxa de calor que penetra na geladeira?

■ **Solução**

Podemos calcular a taxa de calor conduzido pelas paredes da geladeira aplicando a Equação 6.23. Obtemos

$$\frac{dQ}{dt} = \kappa\, A\, \frac{T_1 - T_2}{L} = 0,017\, \frac{W}{m \cdot {}^\circ C} \times 5,2\, m^2 \times \frac{26{}^\circ C - 5{}^\circ C}{0,020\, m} = 93\ W.$$

No caso real, a taxa de transferência de calor é algo maior que isso, pois o congelador fica a temperatura bem abaixo de 0 °C. Como veremos ao estudar a eficiência das máquinas térmicas, gasta-se uma potência muito maior que esses 93 W para manter a geladeira refrigerada.

Exercício-exemplo 6.7

■ Um cano de paredes grossas tem raios interno e externo que medem, respectivamente, a e b. O cano está imerso em água fria, à temperatura T_1, e em seu interior circula água quente, à temperatura T_2. A temperatura no cano está estacionária. (A) Qual é o fluxo de calor entre o interior e o exterior do cano por unidade de comprimento? (B) Qual é a temperatura à distância r do centro do cano, onde $a \leq r \leq b$?

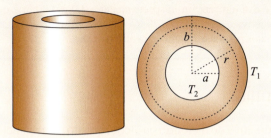

Figura 6.6

■ Solução

A Figura 6.6 mostra um segmento do tubo, em perspectiva, e também uma seção transversa do mesmo. Pode-se escrever a Equação 6.25, para descrever a corrente radial de calor no corpo do cano, na forma:

$$j_Q = -\kappa \frac{dT}{dr}.$$

(A) Consideremos um segmento do cano de comprimento h e uma superfície cilíndrica de raio r, como mostra a Figura 6.6. O fluxo de calor por essa superfície será igual ao produto da densidade de corrente elétrica pela área da superfície:

$$\Phi_Q = j_Q A = j_Q 2\pi r h = -2\pi r h \kappa \frac{dT}{dr} \Rightarrow dT = -\frac{\Phi_Q}{2\pi h \kappa} \frac{dr}{r}.$$

O ponto central na solução do problema é o fato de que o fluxo de calor é o mesmo através do cano, ou seja, seu valor não depende do valor de r — ou seja, Φ_Q = constante. Por isso, podemos integrar essa equação diferencial para obter:

$$\int_{T_2}^{T_1} dT = -\frac{\Phi_Q}{2\pi h \kappa} \int_a^b \frac{dr}{r} \Rightarrow T_2 - T_1 = \frac{\Phi_Q}{2\pi h \kappa} \ln(b/a).$$

Logo, o fluxo de calor por unidade de comprimento do cano será

$$\frac{\Phi_Q}{h} = 2\pi \kappa (T_2 - T_1) \frac{1}{\ln(b/a)}.$$

(B) Para calcular a variação radial da temperatura, realizamos procedimentos similares aos já apresentados:

$$\int_{T_2}^{T(r)} dT = -\frac{\Phi_Q}{2\pi h \kappa} \int_a^r \frac{dr}{r} \Rightarrow T(r) - T_2 = -\frac{\Phi_Q}{2\pi h \kappa} \ln(r/a).$$

Substituindo o valor já calculado de Φ_Q / h nesta equação, obtemos finalmente

$$T(r) = T_2 - (T_2 - T_1) \frac{\ln(r/a)}{\ln(b/a)}.$$

132 Física Básica ■ Gravitação | Fluidos | Ondas | Termodinâmica

Exercícios

E 6.11 O fluxo de calor em uma barra de cobre com seção de área igual a 0,70 cm² é de 11 W. Qual é o gradiente de temperatura na barra?

E 6.12 Uma janela de vidro tem área de 2,0 m². A espessura do vidro é de 3,0 mm e sua condutividade térmica é de 0,80 J/m · K. As temperaturas no exterior e no interior da casa são, respectivamente, 20,0 °C e 12,0 °C. Quantos joules de calor se perdem por segundo através da janela? Observe quanto calor se perde através de uma janela de vidro.

E 6.13 Reconsiderando o cano do Exercício-exemplo 5.7, suponha que o cano seja de ferro, e que seus raios interno e externo meçam, respectivamente, 2,0 e 3,0 cm e que as temperaturas interna e externa sejam, respectivamente, 70 °C e 20 °C. Calcule (*A*) o fluxo de calor por metro linear de cano e (*B*) a temperatura nos pontos a 2,5 cm do centro do cano.

Seção 6.12 ■ Dilatação térmica

Tanto os termômetros de mercúrio ou álcool quanto o termômetro de gás que descrevemos anteriormente têm suas operações baseadas no fato de que, quando um fluido é aquecido sob pressão constante, seu volume se altera, quase sempre aumentando. Fenômeno análogo ocorre com um sólido: quando sua temperatura aumenta, sob tensões mecânicas constantes, suas dimensões lineares geralmente aumentam e, portanto, também aumenta seu volume. Esse fenômeno é denominado dilatação térmica. A dilatação térmica dos gases é muito pronunciada; no caso dos gases rarefeitos, seu volume sob pressão constante é proporcional à temperatura kelvin, como mostra a Equação 5.10. Trataremos nesta seção da dilatação térmica dos líquidos e sólidos. Em ambos, a dilatação térmica é um efeito pequeno.

> Dilatação térmica é a alteração (quase sempre aumento) do volume dos fluidos e sólidos decorrente do aumento da temperatura

6.12.1 Coeficiente de dilatação linear

O comprimento L de uma barra sólida sob tensão constante é função de sua temperatura, ou seja, $L = L(T)$. Freqüentemente, em amplas faixas de temperatura o comprimento da barra varia linearmente com a temperatura, ou seja,

$$L = L_o + \alpha L_o (T - T_o), \tag{6.27}$$

onde L_o é o comprimento à temperatura T_o. Nesta equação, α é uma constante característica do material que compõe a barra, denominada *coeficiente de dilatação linear*. Sendo $\Delta T \equiv T - T_o$ e $\Delta L \equiv L - L_o$, podemos reescrever a Equação 6.27 na forma

> ■ Definição do coeficiente de dilatação linear

$$\alpha = \frac{\Delta L / L_o}{\Delta T}. \tag{6.28}$$

Em alguns cristais e polímeros, o coeficiente de dilatação linear pode ser anisotrópico, ou seja, depender da direção considerada. Por exemplo, se aquecermos um cristal de quartzo, observaremos que para qualquer comprimento tomado no referido corpo valerá uma relação como a da Equação 6.27. Entretanto, o valor de α será distinto para diferentes direções no cristal. Isto é consistente com o fato de que as propriedades dos cristais são em geral dependentes da direção. Já se considerarmos um material com propriedades isotrópicas, tal como uma barra de aço ou um pedaço de vidro, o coeficiente de dilatação linear será um escalar, ou seja, terá o mesmo valor para todas as direções. Trataremos somente desses corpos mais simples. A Figura 6.7 mostra uma régua de aço a duas temperaturas. Quando a régua é aquecida, todas as suas dimensões lineares são ampliadas pelo mesmo fator: o tamanho dos riscos da escala e a separação entre eles, o tamanho dos números e do orifício circular, tudo fica ampliado na mesma proporção. Isso é uma decorrência de o coeficiente de dilatação linear ser um escalar.

Figura 6.7
Quando uma régua de aço é aquecida, todas as suas dimensões lineares são ampliadas na mesma proporção. A dilatação foi exagerada para enfatizar o seu efeito.

6.12.2 Coeficiente de dilatação volumétrica

A alteração do volume de um corpo com a temperatura pode ser obtida a partir do conhecimento do seu coeficiente de dilatação linear, como veremos. Para simplificar, consideremos um cubo cujas arestas à temperatura T_o tenham comprimento L_o. A essa temperatura o cubo terá volume $V_o = L_o^3$. À temperatura $T = T_o + \Delta T$, o volume do corpo será

$$V = [L_o(1 + \alpha \Delta T)]^3. \tag{6.29}$$

Uma vez que $\alpha \Delta T$ é um número muito pequeno, podemos fazer a aproximação

$$(1 + \alpha \Delta T)^3 = 1 + 3\alpha \Delta T. \tag{6.30}$$

Nesse caso, a Equação 5.29 pode ser escrita na forma

$$V = V_o + 3\alpha V_o \Delta T. \tag{6.31}$$

> O coeficiente de dilatação volumétrica é três vezes maior que o coeficiente de dilatação linear

Definindo o *coeficiente de dilatação volumétrica* $\beta \equiv 3\alpha$ e escrevendo $\Delta V \equiv V - V_o$, obtemos

> ■ Definição de coeficiente de dilatação volumétrica

$$\beta = \frac{\Delta V / V_o}{\Delta T}. \tag{6.32}$$

Note-se que para os líquidos somente o coeficiente de dilatação volumétrica é definido.

A Tabela 6.3 mostra o coeficiente de dilatação linear de alguns sólidos e o coeficiente de dilatação volumétrica de alguns líquidos. Nota-se uma tendência de os líquidos se dilatarem mais que os sólidos. Vê-se também que o vidro Pyrex dilata cerca de três vezes menos que os vidros comuns. Essa é a razão pela qual os vasilhames de cozinha que vão ao forno têm de ser feitos de Pyrex: por se dilatarem menos, eles suportam maiores diferenças de temperatura entre suas diferentes partes sem se quebrarem. A sílica (quartzo fundido), apesar de cara, é ideal para se fazerem grandes espelhos para telescópios. Sua pequeníssima dilatação térmica evita que as diferenças de temperatura durante o resfriamento do bloco (a superfície mais fria que o núcleo) gerem tensões permanentes ou mesmo trincas no mesmo.

A dilatação térmica é um efeito que tem que ser atentamente considerado nas engenharias mecânica e civil. Em construções como pontes e edifícios, os efeitos de dilatação podem ser muito significativos, principalmente nos locais de clima temperado, em que as variações de temperatura podem superar 80 °C, o que faz o termo temperado soar meio inadequado.

Tabela 6.3
Coeficientes de dilatação de alguns sólidos e líquidos.

Sólidos	$\alpha(K^{-1})$
Alumínio	24×10^{-6}
Latão	19×10^{-6}
Cobre	17×10^{-6}
Aço	11×10^{-6}
Vidro comum	9×10^{-6}
Vidro Pyrex	$3,2 \times 10^{-6}$
Invar	1×10^{-6}
Sílica (quartzo fundido)	$0,5 \times 10^{-6}$
Líquidos	$\beta(K^{-1})$
Acetona	15×10^{-4}
Álcool	11×10^{-4}
Mercúrio	$1,8 \times 10^{-4}$

■ Invar, do inglês *invariable*, é uma liga projetada para dilatar-se pouco

Exercício-exemplo 6.8

■ Uma rede de transmissão elétrica usa cabos de alumínio. Estando as torres separadas pela distância de 200 m, qual é a variação do comprimento do cabo que liga dois postes entre um dia de inverno em que a temperatura atinge –20 °C e um dia de verão, no qual a temperatura do cabo exposto ao sol atinge 50 °C? Ignore as alterações na tensão mecânica do cabo.

■ **Solução**

Utilizando o valor de α da Tabela 6.3, podemos escrever

$\Delta L = \alpha L \Delta T = 2,4 \times 10^{-5} \text{ K}^{-1} \times 200\text{m} \times 90\text{K} = 0,43 \text{ m}.$

Exercício-exemplo 6.9

■ Uma garrafa de vidro aberta, completamente preenchida com 1 litro de álcool à temperatura de 0 °C, é aquecida até a temperatura de 30 °C. Quanto de álcool transborda da garrafa?

■ **Solução**

Quando o sistema se aquece, tanto a garrafa quanto o álcool se dilatam. Entretanto, os coeficientes de expansão térmica volumétrica do vidro e do álcool valem, respectivamente, $0,27 \times 10^{-4}$ / K e 11×10^{-4} / K. Com o aquecimento, o volume interno do vidro tem um aumento de apenas

$\Delta V_{\text{vidro}} = \beta_{\text{vidro}} V_o \Delta T = 0,27 \times 10^{-4} \text{ K}^{-1} \times 1,0 \times 10^3 \text{ cm}^3 \times 30\text{K} = 0,81 \text{ cm}^3,$

enquanto o álcool tem um aumento volumar de

$\Delta V_{\text{álc}} = \beta_{\text{álc}} V_o \Delta T = 11 \times 10^{-4} \text{ K}^{-1} \times 1,0 \times 10^3 \text{ cm}^3 \times 30\text{K} = 33 \text{ cm}^3.$

A quantidade de álcool que transborda é igual à diferença entre os aumentos de volume do álcool e do interior da garrafa. Portanto,

$$V_{trans} = \Delta V_{álc} - \Delta V_{vidro} = 33 cm^3 - 0,8 cm^3 = 22\ cm^3.$$

Exercícios

E 6.14 Os trilhos de aço de uma estrada de ferro têm comprimento de 12 m. Eles são instalados quando sua temperatura é de 20 °C. (A) Sabendo-se que em um dia quente e ensolarado a temperatura dos trilhos pode atingir 60 °C, qual deve ser a junta de dilatação mínima a ser deixada entre os trilhos? (B) Quanto mede a junta de dilatação em uma noite de inverno quando a temperatura atinge −30 °C?

E 6.15 Um pistão de aço está emperrado dentro de um cilindro de latão. Para desemperrá-lo, o sistema deve ser resfriado ou aquecido?

PROBLEMAS

P 6.1 Qual é a relação entre as escalas Kelvin e Fahrenheit?

P 6.2 A que temperatura as leituras nas escalas Kelvin e Fahrenheit coincidem?

P 6.3 Imagine uma escala linear de temperatura X na qual a água se funda a −40 °X e ferva a 120 °X. Qual é a temperatura humana normal, 37 °C, na escala X?

P 6.4 A atmosfera, a baixas altitudes e com baixa umidade, é composta principalmente por nitrogênio (78,08%), oxigênio (20,95%) e argônio (0,93%). A massa molecular desses elementos é, respectivamente, $4,648 \times 10^{-26}$, $5,312 \times 10^{-26}$ Kg e $6,631 \times 10^{-26}$ Kg. O argônio é atômico, ou seja, sua molécula contém apenas um átomo). Calcule a densidade da atmosfera ao nível do mar, à temperatura de 20 °C.

P 6.5 Os melhores vácuos obtidos em laboratório correspondem a pressões da ordem de 10^{-15} atmosfera. Considere uma câmara de vácuo em que a pressão é de $3,0 \times 10^{-10}$ Pa e o ar residual em seu interior esteja à temperatura de 20 °C. (A) Quantas moléculas por cm³ de ar existem na câmara? (B) Qual é a distância média entre as moléculas?

P 6.6 *Por que os pneus devem ser calibrados depois de aquecidos.* A pressão que se mede em um pneu, denominada pressão de calibre, é a diferença entre a pressão interna e a pressão atmosférica. Imagine que o pneu de um carro seja calibrado, sem que antes ele tenha rodado, à pressão de 200 kPa e que a temperatura seja de 10 °C. A) Qual é a pressão interna do pneu? Após o carro movimentar-se, a temperatura do pneu se estabiliza na temperatura de 40 °C. Quais são então as pressões (B) interna e (C) de calibre do pneu?

P 6.7 Uma piscina olímpica contém 1200 m³ de água. Quanto de energia é necessário para que se aqueça sua água de 18 °C até 26 °C?

P 6.8 400 g de alumínio, cujo calor específico é 0,897 J/(g · K), inicialmente a 35,0 °C, são imersos em 500 g de água, dentro de uma caixa térmica cuja capacidade térmica é muito pequena. A temperatura inicial da água é 10,0 °C. Qual é a temperatura do sistema ao atingir o equilíbrio?

P 6.9 Um cilindro metálico conecta dois reservatórios térmicos (reservatório térmico é um corpo de capacidade térmica muito

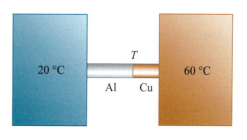

Figura 6.8 (Problema 6.9).

grande) a temperaturas distintas, como mostra a Figura 6.8. O cilindro é composto, tendo uma parte de cobre e outra de alumínio, e a parte de alumínio é duas vezes mais longa que a de cobre. Qual é a temperatura T na junção entre os dois metais?

P 6.10 Em um termômetro de mercúrio, o bulbo tem um volume V, e a coluna em que se expandirá o líquido tem área transversal de valor A, muito pequeno. Mostre que, quando o termômetro sofre uma variação de temperatura ΔT, a altura da coluna mostra uma variação de altura ΔX dada por

$$\Delta X = \frac{\beta V}{A} \Delta T,$$

onde β é o coeficiente de dilatação volumétrica do mercúrio. Despreze a dilatação do vidro que constitui o corpo do termômetro.

P 6.11 Placas bimetálicas são freqüentemente utilizadas como termostatos (sensores em dispositivos para controlar temperatura). Duas placas planas, com materiais com coeficientes de expansão térmica muito distintos, são coladas. Quando a temperatura muda, a placa composta se encurva, como mostra a Figura 6.9. Esse dispositivo pode ser utilizado para fazer ou desfazer algum contato elétrico a uma temperatura predefinida. (A) Para que a curvatura da placa da figura seja desfeita, o sistema deve ser resfriado ou aquecido? (B) Seja d a espessura de cada uma das placas na figura. Se a temperatura das placas se altera de ΔT em relação ao ponto em que elas ficam retas, qual é o raio de curvatura? (C) Calcule R para $d = 0,50$ mm e $\Delta T = 50$ °C.

Figura 6.9
(Problema 6.11).

P 6.12 *Lei de resfriamento de Newton.* Em contato com o ar, um corpo quente resfria (ou um corpo frio esquenta), buscando o equilíbrio térmico com o ar. Seja $\Delta T = T_{corpo} - T_{ar}$ a diferença de temperatura entre o corpo e o ar, e suponhamos que ele seja suspenso por um fio, ou repouse sobre outro corpo de material termicamente isolante. Observa-se experimentalmente que, se ΔT não for muito grande, a temperatura do corpo se aproximará da temperatura do ar seguindo a equação

$$\frac{d}{dt}(\Delta T) = -A\Delta T,$$

onde A é uma constante positiva que depende do corpo. (A) Considere dois cubos de mesmo material, um pequeno e outro grande. Para qual deles A é maior? (B) Considere dois cubos iguais em tudo exceto que quanto ao fato de que em um deles o material tem maior capacidade térmica. Para qual deles A é maior? (C) Considere dois cubos iguais em tudo, exceto que no fato de que em um deles o material tem maior condutividade térmica. Para qual deles A é maior? (D) Seja ΔT_o a diferença de temperatura em $t = 0$. Mostre que

$$\Delta T = \Delta T_o e^{-At}.$$

■ Lei de resfriamento de Newton

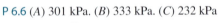

Respostas dos exercícios

E 6.1 32 °F e 212 °F
E 6.2 313,9 °F
E 6.3 −40 °C = −40 °F
E 6.4 p = 50,0 kPa
E 6.5 ρ = 0,0838 km/m³
E 6.6 T = 439 K
E 6.7 1,50 g
E 6.8 3,0 MJ

E 6.9 ΔT = −5,6 °C
E 6.10 2,33 J
E 6.11 ∇T = 3,9 K/cm
E 6.12 4.3 kJ/s
E 6.13 (A) Φ_Q = 62 kW/m (B) T = 42 °C
E 6.14 (A) 5,3 mm. (B) 12 mm
E 6.15 Aquecido

Respostas dos problemas

P 6.6 (A) 301 kPa. (B) 333 kPa. (C) 232 kPa
P 6.7 4,0 × 10¹⁰ J
P 6.8 T = 13,7 °C

P 6.9 T = 51 °C

P 6.11 (A) Aquecido. (B) $R = d\left(1 - \dfrac{1+\alpha_{aço}\Delta T}{1+\alpha_{Al}\Delta T}\right)^{-1}$. (C) R = 0,77 m

7

Primeira Lei da Termodinâmica

Seção 7.1 ▪ Processos termodinâmicos, 138
Seção 7.2 ▪ Primeira lei da termodinâmica, 143
Seção 7.3 ▪ Uma breve história do calor, 147
Seção 7.4 ▪ Calor específico de um gás ideal, 148
Seção 7.5 ▪ Processos adiabáticos em um gás ideal, 149
Seção 7.6 ▪ Sistemas eletromagnéticos (opcional), 151
Seção 7.7 ▪ Dissipação de calor em transformadores (opcional), 152
Problemas, 153
Respostas dos exercícios, 154
Respostas dos problemas, 154

Seção 7.1 ▪ Processos termodinâmicos

Processo termodinâmico é um conceito fundamental que será apresentado nesta seção. Consideremos o sistema ilustrado na Figura 7.1. Um gás está contido em um cilindro cujo volume pode variar em função do deslocamento de um pistão. Como sempre na termodinâmica, temos que fazer uma distinção clara entre o sistema e seu ambiente. No presente caso nosso sistema será o gás. O **ambiente de um sistema** é o conjunto de todos os outros sistemas que possam interagir com ele. Naturalmente, com a variação do volume V do gás, as outras variáveis termodinâmicas, neste caso a pressão p e a temperatura T, também estarão sujeitas a variação. Dizemos que o sistema passou por um processo termodinâmico. Outro processo termodinâmico ocorreria se fornecêssemos calor ao gás sem que o pistão se movesse. **Processo termodinâmico** é uma transformação qualquer em que um sistema termodinâmico mude seu macroestado. Estamos falando de uma coisa muito ampla, e antes de avançar é necessário que se faça alguma forma de classificação dos processos termodinâmicos. Esta é uma classificação hierárquica, ou seja, cada classe contém subdivisões. É também oportuno salientar que, mesmo que em nível macroscópico o sistema não tenha qualquer dinâmica, ou seja, nenhum processo termodinâmico ocorra, em nível microscópico (molecular) o gás da Figura 7.1 está em permanente movimento. Isso é possível porque qualquer dos seus macroestados contém um enorme número de microestados que o gás percorre sem sofrer qualquer processo termodinâmico.

> **Ambiente de um sistema** é o conjunto de todos os sistemas que possam interagir com ele
>
> **Processo termodinâmico** é uma transformação qualquer em que um sistema termodinâmico mude seu macroestado

Figura 7.1
Gás contido em um cilindro cujo volume pode variar deslocando-se o pistão.

O primeiro ponto a se reconhecer é que um processo requer algum desvio do equilíbrio termodinâmico. De fato, por definição, o macroestado de um sistema em equilíbrio termodinâmico é estático. Entretanto, podemos pensar em processos idealizados infinitamente lentos nos quais em qualquer instante o sistema possa ser considerado em equilíbrio. Um processo desse tipo é denominado **quase-estático**. Por exemplo, se no sistema da Figura 7.1 o pistão se mover de forma rápida, a pressão do gás será não-homogênea, o que significa que durante a transformação o gás estará fora do equilíbrio. Entretanto, para deslocamento suficientemente lento do pistão, nenhuma diferença de pressão será detectável. No caso em que estejamos cedendo calor ao gás, podemos pensar em processos muito distintos. O gás poderia estar sendo aquecido por meio de um maçarico, e nesse caso sua temperatura seria obviamente não-homogênea. Ou então o cilindro poderia estar imerso em um fluido, que fosse por sua vez lentamente aquecido; nesse caso, a cada momento haveria uma temperatura uniforme para o gás no cilindro, apesar de essa temperatura não ser estática.

> Processos suficientemente lentos para que em cada instante o sistema possa ser considerado em equilíbrio termodinâmico são denominados **processos quase-estáticos**

Os processos quase-estáticos podem ser revertidos, ou seja, é possível fazer com que o sistema e seu ambiente retornem do estado final ao estado inicial. Para analisar a reversibilidade dos processos quase-estáticos, faremos ainda outra classificação dos processos, tomando como exemplo o gás dentro do cilindro. Considerando o gás em uma situação inicial de equilíbrio, para que ele sofra um processo é necessário que o pistão se mova, ou que haja alguma troca de calor entre o sistema e o ambiente. Obviamente, ambas as coisas podem ocorrer simultaneamente, mas consideraremos em separado os casos especiais em que apenas uma das duas alterações ocorra.

Capítulo 7 ■ Primeira Lei da Termodinâmica

139

Quando o pistão se desloca da posição inicial x_i para a posição x_f, o trabalho realizado pelo gás é

$$W = \int_{x_i}^{x_f} F dx, \tag{7.1}$$

onde F é a força que ele exerce sobre o pistão. Em um processo quase-estático, a força do gás sobre o pistão é $F = pA$, onde p é a pressão do gás e A é a área da base do pistão. Neste caso, podemos escrever:

$$W = \int_{x_i}^{x_f} pA dx. \tag{7.2}$$

Quando o pistão se desloca um valor dx, o volume do gás sofre um incremento $dV = Adx$. Portanto, a Equação 7.2 pode ser posta na forma

■ Trabalho realizado pelo gás

$$W = \int_{V_i}^{V_f} p dV, \tag{7.3}$$

onde V_i e V_f são os volumes inicial e final do gás, respectivamente. Esta equação tem validade geral, para qualquer processo quase-estático. Independentemente da forma do reservatório que contém o gás e do modo como essa forma se altera durante o processo, o trabalho realizado pelo gás é expresso pela Equação 7.3.

Se, no processo de expansão ou compressão o gás não recebe nem cede calor, podemos escrever

$$Q = 0. \tag{7.4}$$

Processo adiabático é aquele em que não há troca de calor entre o sistema e seu ambiente

Um processo em que não há troca de calor entre o sistema e o ambiente é denominado adiabático.

No segundo processo a ser considerado, o pistão não se desloca, mas uma dada quantidade de calor é cedida ao gás, e nesse caso teremos

$$W = 0, \tag{7.5}$$

■ Calor cedido ao gás

$$Q = \int_{T_i}^{T_f} C\, dT, \tag{7.6}$$

Processo isométrico, ou isocórico, é aquele que não altera o volume do sistema

onde C é a capacidade térmica do gás. Um processo em que o volume do gás não se altera e, portanto, o trabalho realizado seja nulo será denominado Isométrico, ou isocórico.

Nos processos termodinâmicos, o W designa o trabalho realizado pelo sistema e Q o calor recebido por ele

Na descrição que fizemos desses processos, e também nas Equações 7.3 e 7.6, usamos uma convenção universalmente aceita, na qual existe uma assimetria que é conveniente salientar. O fato é que, quando falamos em trabalho, estamos nos referindo ao trabalho realizado pelo sistema. Por outro lado, quando falamos em calor, estamos nos referindo ao calor cedido ao sistema. Assim, no caso do gás, W é positivo quando ele se expande e realiza trabalho sobre o ambiente; por outro lado, Q é positivo quando o ambiente cede calor ao sistema. Se o gás se contrai, temos trabalho W negativo. Se ele perde calor, temos calor Q negativo.

A reversibilidade de um processo adiabático quase-estático pode ser entendida da seguinte maneira: sejam F e F_{ext} as forças aplicadas sobre o pistão pelo gás e pelos agentes externos, respectivamente, e consideremos a equação

$$F = F_{ext} + \Delta F. \tag{7.7}$$

O gás irá se expandir ou contrair se tivermos $\Delta F > 0$ ou $\Delta F < 0$, respectivamente. Entretanto, para que o processo seja quase-estático, é necessário que ΔF seja uma grandeza infinitesimal. Nesse caso, o processo de expansão ou contração pode ser revertido pela inversão do sinal de uma força infinitesimal.

O processo isocórico é realizado se o pistão se mantiver fixo e o gás estiver em contato com um banho térmico cuja temperatura seja diferente da temperatura do gás. Para que a transferência de calor seja quase-estática, é necessário que a diferença de temperatura entre o banho térmico e o gás tenha um valor infinitesimal. Portanto, esse é um processo que pode ser revertido em decorrência de alterações infinitesimais na temperatura do banho térmico.

Um terceiro tipo de processos em sistemas termodinâmicos tem também um interesse especial, o *processo isotérmico*, no qual a temperatura do sistema é mantida constante. Quando o sistema é um gás, ou outro fluido qualquer, um quarto tipo de processo também deve ser destacado, o *processo isobárico*, no qual a pressão é mantida constante.

> **Processo isotérmico** é aquele que mantém constante a temperatura do sistema
>
> **Processo isobárico** é aquele que mantém constante a pressão do sistema

A *termodinâmica clássica* se limita ao estudo dos processos quase-estáticos e das propriedades dos sistemas em equilíbrio termodinâmico. Seu desenvolvimento ocorreu no século XIX. A *termodinâmica de não-equilíbrio* é uma ciência muito mais complexa. Seu objetivo é a compreensão dos denominados fenômenos de transporte (de calor, de massa, de carga elétrica etc.) que ocorrem em sistemas fora do equilíbrio termodinâmico. Até o momento os resultados relevantes dessa ciência se limitam ao comportamento de sistemas em estados muito próximos do equilíbrio.

Exceto quando estiver explicitamente declarado, supomos que os processos investigados neste livro são quase-estáticos e, portanto, em cada instante o sistema estará em equilíbrio termodinâmico. Comparado à extrema complexidade do estado de não-equilíbrio, o estado de equilíbrio é extraordinariamente simples. Tomando-se mais uma vez o gás da Figura 7.1 como exemplo, em equilíbrio a temperatura e a pressão serão grandezas uniformes em todo o gás. Essa é sem dúvida uma simplificação preciosa, pois nos permite definir as grandezas p e T como variáveis do sistema. Além do mais, como já vimos, se o gás for ideal, no estado de equilíbrio as variáveis termodinâmicas estão ligadas pela equação

■ **Equação de estado de um gás ideal**

$$pV = Nk_B T, \qquad (7.8)$$

já apresentada no Capítulo 6 (*Temperatura*). A Equação 7.8 é um exemplo do que se denomina *equação de estado*. No presente caso, temos a **equação de estado de um gás ideal**. Se o gás não estiver suficientemente quente e rarefeito, a Equação 7.8 irá falhar, mas sempre haverá uma equação envolvendo p, V, N e T para substituí-la. Na verdade, para qualquer fluido que possa ser descrito unicamente em termos das variáveis p, V, N e T haverá uma equação de estado do tipo

■ **Equação de estado de um fluido qualquer**

$$p = p(N,V,T), \qquad (7.9)$$

que descreve os possíveis estados de equilíbrio.

Na formulação da termodinâmica, recorreremos sempre ao modelo do gás ideal devido à simplicidade da sua equação de estado. Para uma quantidade fixa N de moléculas, das três variáveis p, V e T somente duas podem variar de forma independente. Com isso, os processos podem ser representados em gráficos bidimensionais, como, por exemplo, gráficos do tipo $p \times V$ (p versus V).

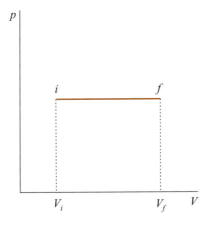

Figura 7.2
Expansão isobárica de um gás.

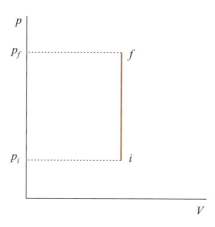

Figura 7.3
Aquecimento isométrico de um gás.

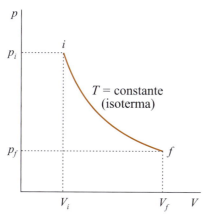

Figura 7.4
Expansão isotérmica de um gás.

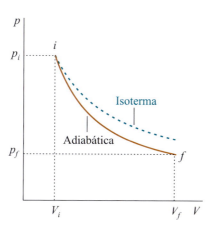

Figura 7.5
Expansão adiabática de um gás.

As Figuras 7.2, 7.3, 7.4 e 7.5 mostram diagramas $p \times V$ para os quatro tipos de processos especiais que definimos anteriormente. A Figura 7.2 mostra um processo de expansão isobárica do gás. Esse é o processo que ocorre quando o gás é aquecido sob pressão constante. Neste e nos outros diagramas, i e f indicam, respectivamente, estado inicial e estado final. O trabalho realizado pelo gás é dado por

$$W = \int_{V_i}^{V_f} p\, dV = p(V_f - V_i) \text{ em processo isobárico.} \tag{7.10}$$

A Figura 7.3 mostra um processo em que o gás com volume V constante é aquecido. Nesse caso,

$$W = 0 \text{ em processo isométrico.} \tag{7.11}$$

A Figura 7.4 mostra um processo de expansão isotérmica do gás. Nesse caso, temos

Física Básica ■ Gravitação | Fluidos | Ondas | Termodinâmica

$$W = \int_{V_i}^{V_f} p\, dV = \int_{V_i}^{V_f} N\, k_B T \frac{dV}{V}, \tag{7.12}$$

■ **Trabalho realizado por um gás ideal em um processo isotérmico**

$$W = N\, k_B T \ln \frac{V_f}{V_i}. \tag{7.13}$$

As curvas $p(V)$ que representam os processos isotérmicos e adiabáticos são denominadas, respectivamente, *isotermas* e *adiabáticas*

A linha contínua na Figura 7.5 mostra uma expansão adiabática do gás. Para termos de comparação, a figura mostra também (linha tracejada) uma expansão isotérmica partindo do mesmo estado inicial. No caso da expansão adiabática, o gás realiza trabalho sob o pistão sem receber nenhum calor, e conseqüentemente sua temperatura diminui. Por essa razão, a pressão diminui mais rapidamente na expansão adiabática do que na expansão isotérmica. As curvas $p(V)$ que representam os processos isotérmicos e adiabáticos são denominadas, respectivamente, *isotermas* e *adiabáticas*.

E·E Exercício-exemplo 7.1

■ Um cilindro com um pistão móvel, como o da Figura 7.1, contém 12,0 g de oxigênio à temperatura de 300 K e à pressão de 1,00 atm. O pistão é puxado lentamente até que a pressão seja reduzida a metade do valor inicial, mantida constante a temperatura. Qual é o trabalho realizado pelo gás nesse processo?

■ **Solução**

Como diz o enunciado, o gás sofre uma expansão isotérmica, logo o trabalho será expresso pela Equação 7.13. Mas, antes de aplicar aquela fórmula temos de calcular o número de moléculas e os volumes inicial e final do gás. Na verdade, não temos de calcular individualmente esses dois volumes, pois a expressão para o trabalho apenas envolve a razão entre os volumes final e inicial. Para o cálculo do número de moléculas, basta considerar que a massa (molecular) molar do oxigênio é 32,0 g, ou seja, 1 mol (N_A moléculas) de oxigênio tem massa de 32,0 g. Logo,

$$N = \frac{12,0\,g}{32,0\,g} N_A = \frac{12,0}{32,0} \times 6,022 \times 10^{23} = 2,26 \times 10^{23}.$$

Pela equação de estado do gás ideal, Equação 7.8, se a pressão do gás é reduzida a metade em um processo isotérmico seu volume duplica, ou seja,

$$\frac{V_f}{V_i} = 2.$$

Finalmente, podemos escrever:

$$W = 2,26 \times 10^{23} \times 1,38 \times 10^{-23}\ JK^{-1} \times 300K \times \ln 2$$
$$= 2,26 \times 10^{23} \times 1,38 \times 10^{-23}\ JK^{-1} \times 300K \times 0,693 = 648\ J.$$

Exercícios

E 7.1 Quais os volumes inicial e final do gás considerado no Exercício-exemplo 7.1?

E 7.2 Calcule o trabalho realizado por um gás ideal contendo 1 mol de moléculas que dobra seu volume em um processo isotérmico à temperatura de 300 K.

Seção 7.2 ■ Primeira lei da termodinâmica

Um sistema pode evoluir do estado inicial *i* para o estado final *f* através de processos muito distintos. Na Figura 7.6 ilustramos isso para o caso do gás. No processo 1, o gás expande-se de forma isotérmica do estado *i* para o estado *f*. No processo 2, o gás é resfriado isocoricamente até o estado *a* e, a partir daí, aquecido isobaricamente até o estado *f*. No processo 3, o gás é aquecido isobaricamente até o estado *b* e então resfriado isocoricamente até o estado *f*. Nota-se que o trabalho realizado pelo gás tem valores distintos para os três processos. De fato, pela Equação 7.10 o trabalho é dado pela área debaixo da curva *p*(*V*) e, portanto, $W_3 > W_1 > W_2$, onde W_j é o trabalho realizado no processo *j*. O calor *Q* absorvido pelo gás também é distinto para os três processos. Entretanto, a grandeza

$$\Delta U = U_f - U_i = Q - W \tag{7.14}$$

tem o mesmo valor para os três processos. Tal fato é uma decorrência do princípio da conservação da energia. Com efeito, a energia *U* contida no gás deve depender unicamente do valor de suas variáveis termodinâmicas e, portanto, de seu estado termodinâmico. No estado *i* essa energia tem valor U_i, e no estado *f* seu valor é U_f. Logo, a diferença $\Delta U \equiv U_f - U_i$ não pode depender da maneira como o sistema evolui do estado inicial para o estado final. Por outro lado, a alteração na energia do gás deve ser igual à energia que ele ganha em forma de calor *Q* absorvido do ambiente menos o trabalho *W* que ele realiza sobre este. Combinando-se esses fatos, obtém-se a Equação 7.14.

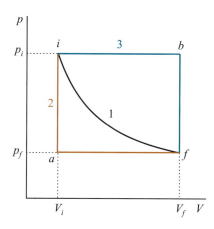

Figura 7.6
Um gás pode ir do estado inicial *i* para o estado final *f* de maneiras diversas. Três trajetórias possíveis entre esses estados são mostradas.

Portanto, essa equação expressa uma lei absolutamente geral. No caso de um gás, este realiza trabalho sobre o ambiente quando seu volume se altera. Podemos pensar em sistemas os mais diversos possíveis, e com isso em outros mecanismos de realizar trabalho sobre o ambiente. Porém, qualquer que seja o sistema e quaisquer que sejam os mecanismos envolvidos na realização do trabalho, ao evoluir do estado *i* para o estado *f* a diferença entre o calor absorvido pelo sistema e o trabalho por ele realizado independe do processo envolvido.

O princípio da conservação da energia, quando aplicado a sistemas termodinâmicos, é, por razões históricas, denominado *primeira lei da termodinâmica*, que pode ser expressa na forma

■ Primeira lei da termodinâmica

Ao sofrer um processo de um dado estado inicial i para outro dado estado final f, no qual um sistema realiza um trabalho W e recebe uma quantidade de calor Q, a grandeza $\Delta U = Q - W$ independe do tipo de processo e exprime a diferença entre as energias final U_f e inicial U_i do sistema.

Esta lei pode parecer óbvia para o leitor, devido à sua experiência relativa à conservação da energia na mecânica e no eletromagnetismo. Entretanto, historicamente esse assunto evoluiu de forma lenta e tortuosa, como veremos na próxima seção.

A primeira lei da termodinâmica estabelece o fato de que existe uma função das variáveis termodinâmicas, denominada energia interna U do sistema. A cada estado de equilíbrio termodinâmico corresponde um valor unívoco da função U. Em um processo infinitesimal qualquer, a diferencial dessa função é dada por

$$dU = dQ - dW. \tag{7.15}$$

Como exemplo de aplicação da primeira lei da termodinâmica, consideremos o processo isobárico de evaporação da água. Submetida à pressão de 1 atm = $1{,}013 \times 10^5$ N/m², a água entra em ebulição à temperatura de 100 °C. No processo de evaporação a água absorve uma quantidade de calor dada por

$$Q = mL, \tag{7.16}$$

onde L é o calor latente específico da transformação de fase da água, cujo valor é L = 539 cal/g = 2,256 J/g. No processo de evaporação, cada grama de água expande seu volume de 1,00 cm³ para 1.671 cm³. Portanto, no processo de evaporação cada grama de água tem sua energia interna aumentada de

$$\Delta U = mL - p(V_f - V_i)$$
$$= 2.256 \text{ J} - 1{,}013 \times 10^5 \text{ N/m}^2 \, (1.671 - 1) \times 10^{-6} \text{ m}^3$$
$$= 2.256 \text{ J} - 169 \text{ J}$$

ou

$$\Delta U = 2.087 \text{ J} = 498 \text{ cal}.$$

Esse aumento da energia interna envolvido na transformação água-vapor está fisicamente associado ao fato de que no líquido as moléculas de água estão interligadas por um potencial atrativo, que gera uma energia potencial negativa, enquanto no estado de vapor a distância intermolecular corresponde a cerca de dez vezes o diâmetro molecular, o que reduz a energia potencial a um valor muito pequeno.

E·E Exercício-exemplo 7.2

■ Uma barra elástica tem, quando livre de forças externas, o comprimento L_o. Suas propriedades elásticas são como as de uma mola, ou seja, quando sujeita a uma força de estiramento de módulo F_{ext} seu comprimento sofre um incremento ΔL dado por $\Delta L = F_{ext} / k$. Assim, k é a constante de mola da barra. Uma força é aplicada à barra e ela é esticada lentamente até atingir o comprimento L (Figura 7.7). A barra se aquece durante o estiramento e fica mais quente que o ambiente em que está envolvida, o que a leva a ceder uma quantidade de calor Q ao ar. Calcule (A) o trabalho realizado pela barra e (B) a variação da sua energia interna.

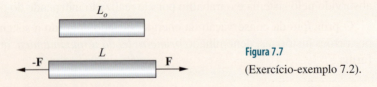

Figura 7.7
(Exercício-exemplo 7.2).

■ Solução

(A) O trabalho realizado pela barra é expresso por

$$W = \int_{L_o}^{L} F dL,$$

Capítulo 7 ■ Primeira Lei da Termodinâmica **145**

onde F é a força (sua componente na direção do deslocamento) que ela exerce sobre o agente externo. Mas, se o processo é lento, a força $\mathbf{F}$ tem o mesmo módulo que a força externa e direção oposta a ela. Logo,

$$W = -\int_{L_o}^{L} F_{ext}dL' = -\int_{L_o}^{L} k(L' - L_o)dL' = -\frac{1}{2}k(L - L_o)^2.$$

(B) O calor cedido à barra é $-Q$. Assim, pela primeira lei da termodinâmica, a variação da energia interna da barra é

$$\Delta U = -Q - W = \frac{1}{2}k(L - L_o)^2 - Q.$$

É importante que se examine com atenção os sinais algébricos das grandezas que aparecem na solução. Observe-se, em particular, que o termo referente ao trabalho apareceu no final como uma grandeza positiva e o calor como uma grandeza negativa. Isto porque a barra realiza um trabalho negativo e perde calor no processo.

E-E Exercício-exemplo 7.3

■ Em 1847, Joule tentou obter a correspondência entre a caloria e o joule medindo o aquecimento da água ao cair em uma cachoeira. Considere uma cachoeira com altitude de 120 m e calcule a diferença de temperatura entre a água acima e abaixo dela.

■ Solução

O cálculo pretendido envolve a aplicação da primeira lei da termodinâmica. O processo total envolvido é bastante complexo. Entretanto, como freqüentemente ocorre quando aplicamos uma lei de conservação, não temos de analisar as complicações do processo, mas apenas o seu antes e o seu depois. Consideremos uma porção de água da cachoeira, com massa m. Na sua queda da altura h, a gravidade realiza sobre ela um trabalho mgh, ou seja, a água realiza um trabalho $W = -mgh$. Com o trabalho da gravidade, a água ganha energia cinética, que no final é dissipada em forma de calor. A energia interna da água fica inalterada, o que significa que $Q + W = 0$. Ou seja,

$$Q = mgh.$$

Mas $Q = mc\Delta T$. Logo, a variação de temperatura da água é

$$\Delta T = \frac{mgh}{mc} = \frac{gh}{c}.$$

Substituindo os valores numéricos, obtemos

$$\Delta T = \frac{9{,}8\,\text{ms}^{-2} \times 120\,\text{m}}{4{,}18 \times 10^3\,\text{JK}^{-1}\text{kg}^{-1}} = 0{,}28\ \text{K},$$

onde usamos a conversão kg = Nm^{-1}s^2.

Exercício-exemplo 7.4

■ Um gás passa por um processo cíclico mostrado na Figura 7.8. Ele parte do ponto A e expande-se isobaricamente até o ponto B. Após isso ele é resfriado isocoricamente até o ponto C, depois comprimido isobaricamente até o ponto D e finalmente aquecido isocoricamente até o ponto A. Calcule (A) o trabalho realizado pelo gás e (B) o calor recebido por ele no ciclo.

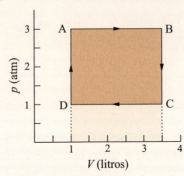

Figura 7.8
(Exercício-exemplo 7.4).

■ Solução

(A) Durante o processo AB (do ponto A ao ponto B), o gás realiza um trabalho dado por

$$W_{AB} = p_A(V_B - V_A) = 3\,\text{atm} \times (3{,}5 - 1{,}0) \times 10^{-3}\,\text{m}^3$$
$$= 3{,}0 \times 1{,}013 \times 10^5\,\text{Nm}^{-2} \times (3{,}5 - 1{,}0) \times 10^{-3}\,\text{m}^3 = -760\,\text{J}.$$

Nos processos BC e DA o trabalho é nulo, pois o volume do gás é mantido constante. No processo CD, temos

$$W_{CD} = p_D(V_D - V_C) = 1\,\text{atm} \times (1{,}0 - 3{,}5) \times 10^{-3}\,\text{m}^3$$
$$= 1{,}0 \times 1{,}013 \times 10^5\,\text{Nm}^{-2} \times (1{,}0 - 3{,}5) \times 10^{-3}\,\text{m}^3 = -353\,\text{J}.$$

O trabalho total realizado no ciclo é

$$W = W_{AB} + W_{BC} + W_{CD} + W_{DA} = 760\,\text{W} - 253\,\text{W} = 507\,\text{W}.$$

(B) Para calcular o calor recebido pelo gás, devemos considerar que, uma vez que a sua energia interna só depende do estado termodinâmico, e os estados iniciais são o mesmo estado A, a energia interna não se altera no ciclo. Portanto,

$$\Delta U = Q - W = 0 \;\;\Rightarrow\; Q = W = 507\,\text{J}.$$

Exercícios

E 7.3 O calor latente de fusão da água (calor necessário para fundir o gelo a 0 °C) é 80 cal/g. Calcule aproximadamente a diferença entre as energias internas de 1,0 kg de gelo a 0 °C e 1,0 kg de vapor a 100 °C, ambos à pressão atmosférica.

E 7.4 Em uma geleira, um bloco de gelo com massa de 4,0 toneladas desliza, numa encosta também de gelo com inclinação de 5,0 °C. A velocidade do deslizamento tem valor constante de 6,0 cm/s. Quanto de gelo se funde a cada minuto em decorrência do atrito?

E 7.5 Uma bala de fuzil, com velocidade de 400 m/s e temperatura de 25 °C, atinge o tronco de uma árvore e finalmente se aloja em seu interior. O calor específico do aço da bala vale 0,44 J/gK à temperatura ambiente e cresce quando a temperatura se eleva, mas essa elevação será ignorada neste problema. Metade do calor gerado pelo atrito é usada para aquecer a bala. Qual é a temperatura da bala ao atingir o repouso?

E 7.6 Um gás com 50,0 g de N_2, inicialmente à pressão de uma atmosfera e ocupando um volume de 80,0 litros, é comprimido isotermicamente até que seu volume se reduz para 40,0 litros. Quanto de calor perde o gás?

E 7.7 Uma roda de palhetas gira dentro de um reservatório de água. A roda realiza um trabalho de 5,0 kJ e a água perde 500 cal de calor para o ambiente. Qual é a alteração na energia interna da água?

E 7.8 Reconsiderando o Exercício-exemplo 7.4, (*A*) mostre que o trabalho *W* realizado pelo gás no ciclo é, em unidades convenientes, igual à área do retângulo sombreado mais escuro. (*B*) Suponha que o gás seja ideal. Se a temperatura do estado A é igual a 300 K, calcule a temperatura do estado D.

E 7.9 Suponha que o gás considerado no Exercício-exemplo 7.4 seja hélio, cujo calor específico molar a volume constante vale 12,5 J / mol · K, e que a temperatura do estado A seja igual a 300 K. (*A*) Quantos moles de gás tem o recipiente? (*B*) Qual é a temperatura nos pontos C e D? (*C*) Quanto de calor é dado ao gás no processo CD?

E 7.10 Considerando, uma vez mais, os processos do Exercício-exemplo 7.4, mostre que: (*A*) o trabalho realizado no ciclo fechado é igual, em unidades convenientes, à área do retângulo que contorna o ciclo. (*B*) Se o mesmo ciclo fosse percorrido no sentido anti-horário (ciclo ADCBA), o trabalho realizado pelo gás seria –507 J.

Seção 7.3 ■ Uma breve história do calor

Hoje sabemos que o calor é uma forma de energia, mas até meados do século XIX houve controvérsia sobre a natureza dessa entidade. *Francis Bacon* (1561–1626) fez em 1620 uma longa discussão sobre a natureza do calor, na qual enfatiza as suas muito diversas manifestações e sua aparência contraditória. Pelo fato de calor poder ser obtido dos raios solares, Bacon exclui a possibilidade de ele ser algo elementar, ou terrestre, seja lá o que for que se entenda com essa afirmativa. Em 1704, Isaac Newton afirmou:

O calor consiste em um minúsculo movimento de vibração das partículas dos corpos.

Idéias similares foram defendidas pelo importante contemporâneo e rival de Newton, *Robert Hooke* (1635–1703).

Também se pensou que o calor fosse uma forma de substância sutil e imponderável, proposta por *Georg Ernst Stahl* (1660–1734) e denominada flogístico. Mas, em uma obra póstuma (1798), o grande químico *Antoine Lavoisier* (1743–1798) inclui entre os elementos químicos o calor e a luz, e dá o nome de *calórico* ao elemento associado ao calor. Lavoisier, uma vez que negava a possibilidade de transmutação dos elementos e, por outro lado, advogava a conservação das coisas (uma frase célebre de sua autoria é "Na Natureza nada se cria, nada se perde, tudo se transforma."), postulou a lei da conservação do calor. Assim, o calórico estaria sujeito a uma lei de conservação, isto é, a sua quantidade seria constante em um dado processo. O aquecimento gerado pelo atrito (conhecido desde a Pré-História e usado para se produzir o fogo) era entendido como resultante da migração do calórico para a superfície dos corpos friccionados. Entretanto, nos anos 1790, *Benjamin Thompson* (1753–1814), posteriormente *Conde Rumford da Baviera*, com base na observação de que o calor que se pode gerar pelo atrito parece ser de fato inexaurível, concluiu que calor não pode ser um dos elementos nem qualquer substância. Suas observações envolveram o calor gerado pela perfuração de canhões de bronze, que ele estava supervisionando em Munique. Thompson expressou seu ponto de vista nos seguintes termos:

"Não é necessário dizer que qualquer coisa que um corpo isolado, ou um sistema de corpos, pode continuar fornecendo sem limitação não pode ser uma substância material. E parece ser extremamente difícil, se não impossível, formar qualquer idéia de algo capaz de ser excitado ou comunicado, na maneira como calor foi excitado e comunicado nesses experimentos, exceto como MOVIMENTO" (Benjamin Thompson).

Coincidentemente, Thompson casou-se com a viúva de Lavoisier, Marie-Anne Pierette, que reconhecidamente tinha tido grande influência na obra do célebre cientista. Thompson chegou a fazer medidas preliminares da correspondência entre a caloria e o joule, obtendo o valor 1 kcal = 5700 J, não muito divergente do valor atual 1 kcal = 4186 J. A validade geral da lei da conservação da energia e o reconhecimento do calor como uma forma de energia

148 Física Básica ■ Gravitação | Fluidos | Ondas | Termodinâmica

foram propostos por volta de 1850 independentemente por *Julius von Mayer* (1814–1878) e *Hermann von Helmholtz* (1821–1894), por *James Prescott Joule* (1818–1889) e por *L. A. Colding* (1815–1888).

Quanto à natureza do calor, como já entendido por Newton e por Thompson, ele é movimento. Mais especificamente, como veremos no Capítulo 9 (*Teoria Cinética dos Gases*), é movimento nas escalas atômica e molecular. Os átomos e as moléculas que constituem os corpos macroscópicos estão em movimento perpétuo e desordenado, e a energia associada a esse movimento caótico é o calor.

Seção 7.4 ■ Calor específico de um gás ideal

A energia interna de um dado fluido é função de suas variáveis T, p e V. Entretanto, tendo em vista a equação de estado do fluido, dadas duas dessas variáveis a terceira fica definida. Portanto, podemos escrever a energia interna como função de duas variáveis termodinâmicas, como, por exemplo, $U = U(T,V)$. O gás ideal constitui um fluido especial em que as moléculas estão suficientemente afastadas umas das outras para que a energia potencial seja nula. Nesse caso, a alteração do volume do gás não irá influenciar a energia interna. Portanto, podemos escrever $U = U(T)$, ou seja, a energia interna de um dado gás ideal é função unicamente da sua temperatura.

> A energia interna de um gás ideal só depende da sua temperatura

Aplicando a primeira lei da termodinâmica a um processo diferencial em que o gás ideal recebe uma quantidade dQ de calor sem alterar seu volume, podemos escrever

$$dU = dQ - pdV = dQ. \tag{7.17}$$

Por outro lado, pela definição de capacidade térmica medida isometricamente, temos

$$dQ = C_V\, dT. \tag{7.18}$$

O índice V em C_V indica valor medido a volume constante. Combinando as Equações 7.17 e 7.18, obtemos

$$dU = C_V\, dT. \tag{7.19}$$

Considerando a Equação 7.19, a primeira lei da termodinâmica aplicada a um processo diferencial qualquer em um gás ideal pode ser escrita na forma

$$C_V\, dT = dQ - pdV. \tag{7.20}$$

Para um processo isobárico, $dQ = C_p\, dT$, onde o índice p em C_p indica valor medido a pressão constante, e nesse caso, considerando as Equações 7.15 e 7.19, podemos escrever

$$C_p\, dT = C_V\, dT + pdV. \tag{7.21}$$

Dada a equação de estado do gás ideal, em um processo isobárico vale também a relação

$$pdV = Nk_{\mathrm{B}}\, dT, \tag{7.22}$$

que, combinada à Equação 7.21, resulta em

$$C_p - C_V = Nk_{\mathrm{B}}. \tag{7.23}$$

O calor específico molar (ou capacidade térmica molar) é a capacidade térmica de um mol de matéria. Nesse caso, $Nk_{\mathrm{B}} = N_{\mathrm{A}}k_{\mathrm{B}} = R$, e concluímos que

> ■ Diferença entre os calores específicos molares de um gás ideal

$$C_p - C_V = R. \tag{7.24}$$

Este é um resultado muito importante. Ressalta-se que ele decorre naturalmente da equação de estado de um gás ideal e do fato de a energia interna deste depender apenas da temperatura. É possível demonstrar, com inteira generalidade, que para qualquer substância $C_p \geq C_V$, ou seja, o calor específico a pressão constante é maior que (ou no mínimo igual a) o calor específico a volume constante. No caso dos gases, essa diferença é muito significativa, e isso decorre da grande expansão térmica dos gases. Já nos sólidos e líquidos, a diferença entre os dois calores específicos é pequena e comumente pode ser ignorada.

Seção 7.5 ■ Processos adiabáticos em um gás ideal

Para um processo adiabático ($dQ = 0$) em um gás ideal, a Equação 7.20 resulta em

$$C_V dT = - p dV. \tag{7.25}$$

Por outro lado, a equação de estado do gás ideal nos permite escrever

$$p dV + V dp = N k_B dT. \tag{7.26}$$

Combinando as Equações 7.25 e 7.26, obtemos

$$p dV + V dp = -\frac{N k_B}{C_V} p dV. \tag{7.27}$$

Considerando ainda a Equação 7.23, obtemos

$$p dV + V dp = -(\frac{C_p}{C_V} - 1) p dV, \tag{7.28}$$

$$V dp + \frac{C_p}{C_V} p dV = 0. \tag{7.29}$$

Definindo o parâmetro adimensional,

$$\gamma \equiv \frac{C_p}{C_V}, \tag{7.30}$$

a Equação 7.29 pode ser reescrita na forma

$$\frac{dp}{p} + \gamma \frac{dV}{V} = 0. \tag{7.31}$$

Supondo que γ permaneça constante durante o processo, podemos integrar esta equação e obter

$$\ln p - \ln p_o + \gamma(\ln V - \ln V_o) = 0,$$
$$\ln(p / p_o) = \gamma \ln(V_o / V) = 0,$$
$$(p / p_o) = (V / V)^\gamma$$

Finalmente,

■ Relação válida em processos adiabáticos em gás ideal

$$p V^\gamma = p_o V_o^\gamma = \text{constante}. \tag{7.32}$$

Considerando-se a Equação 7.23, percebe-se que $\gamma > 1$. Disso resulta que em uma expansão adiabática a pressão do gás decresce de maneira mais pronunciada do que em uma expansão isotérmica, onde vale a equação $pV = $ constante. Esse resultado, já mencionado anteriormente, pode ser interpretado com facilidade. Na expansão adiabática, o gás usa parte da sua energia interna para realizar trabalho, e com isso sua temperatura cai. No processo inverso, de compressão adiabática, o gás se aquece. Esse efeito é geralmente familiar às pessoas. Ao encher um pneu de bicicleta com bomba manual de ar, percebemos que esta se aquece. Cada vez que comprimimos o gás na bomba, ela se aquece um pouco, e no fim pode ficar bastante quente. Por outro lado, ao esvaziar um pneu à temperatura ambiente, percebemos que o ar expelido sai frio.

Conforme veremos no Capítulo 9 (*Teoria Cinética dos Gases*), o parâmetro γ depende do número de átomos e da estrutura da molécula que constitui o gás. Para moléculas monoatômicas, como as que constituem os gases nobres, $\gamma = 5/3$. A Figura 7.9 mostra em um diagrama $p \times V$ dois processos em um gás ideal monoatômico, um processo isotérmico e outro adiabático.

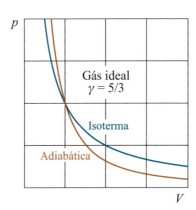

Figura 7.9

Uma isoterma e uma adiabática de um gás ideal monoatômico, cruzando-se em um ponto do diagrama $p \times V$. Para um gás monoatômico, os calores específicos C_V e C_p independem da temperatura e $\gamma \equiv C_p / C_V = 5/3$.

Exercício-exemplo 7.5

■ Um cilindro com um pistão móvel contém gás hélio, inicialmente à temperatura de 300 K e pressão de 1 atm. O gás expande-se adiabaticamente até duplicar seu volume. Calcule a pressão e a temperatura finais do gás.

■ **Solução**

O hélio é um gás monoatômico, para o qual $\gamma = 5/3$. Pela Equação 7.32, temos

$$p_f = p_o (V_o / V_f)^\gamma.$$

Substituindo os valores numéricos, calculamos:

$$p_f = 1{,}01 \times 10^5 \, \text{Pa}(1/2)^{5/3} = 1{,}01 \times 10^5 \, \text{Pa} \times 0{,}315 = 0{,}318 \times 10^5 \, \text{Pa}.$$

Para calcular a temperatura final do gás, partimos da relação válida para um gás ideal:

$$\frac{p_f V_f}{T_f} = \frac{p_o V_o}{T_o} \Rightarrow T_f = T_o \frac{p_f V_f}{p_o V_o}.$$

Substituindo os valores numéricos, obtemos:

$$T_f = T_o \frac{p_f}{p_o} \times \frac{V_f}{V_o} = 300 \text{K} \times 0{,}315 \times 2 = 189 \text{ K}.$$

Exercícios

E 7.11 Para o ar, tem-se $\gamma = 1{,}40$. O ar, contido em um recipiente, inicialmente à temperatura de 400 K e pressão de 1 atm, expande-se adiabaticamente até que seu volume duplique. Calcule sua pressão e sua temperatura finais.

E 7.12 Um gás passa por um processo adiabático em que volume inicial é V_o e o volume final é V_f. Se a sua temperatura inicial é T_o, mostre que a temperatura final é $T_f = T_o (V_o / V_f)^{\gamma - 1}$.

Seção 7.6 ■ Sistemas eletromagnéticos (opcional)

Até o momento, temos aplicado os conceitos termodinâmicos somente a fluidos elásticos, principalmente ao gás ideal, que é um fluido elástico muito especial. Nessas aplicações, a única força de interação do sistema com o ambiente é aquela associada à pressão do fluido. Na verdade, a força elástica é eletromagnética em sua essência, o que de resto também ocorre com todas as forças da nossa experiência diária, exceto a força gravitacional. Entretanto, muito freqüentemente podemos encontrar leis para tais forças sem fazer menção à sua origem. Afortunadamente, apesar de as forças terem origem em uma eletrodinâmica extremamente complexa, as leis resultantes para as forças macroscópicas muitas vezes acabam sendo muito simples. Por conveniência, denominamos tais forças macroscópicas *forças elásticas* e ignoramos de vez a sua origem eletromagnética. Um fluido tem comportamento elástico, como também ocorre com um sólido, que se deforma mediante forças "mecânicas" de modo relativamente simples. A elasticidade dos fluidos é especialmente simples porque pode ser descrita por meio do par de variáveis p e V. Por essa razão, os fluidos desempenharam papel fundamental no desenvolvimento da termodinâmica, principalmente o gás ideal, espécie de fluido que obedece a uma equação de estado excepcionalmente simples.

Entretanto, diversos sistemas termodinâmicos de grande interesse prático não podem ser tratados sem que se considere a natureza eletromagnética das forças atuantes. Um exemplo importante são os materiais magnéticos. Considere, por exemplo, um pedaço de ferro e a maneira como ele interage com um campo magnético. As forças macroscópicas resultantes não podem mais ser analisadas da mesma forma que as forças elásticas. Pela ação do campo magnético, um pedaço de ferro inicialmente não imantado passa a exibir um dipolo magnético macroscópico, ou seja, torna-se um ímã permanente. Esse ímã interage com o campo exibindo forças macroscópicas não-elásticas. Fenômeno similar ocorre quando um pedaço de material dielétrico (isolante) fica sob o efeito de um campo elétrico externo. O corpo dielétrico se polariza e é então atraído para as regiões em que o campo elétrico é mais intenso. Nesta seção, estudaremos o comportamento dos materiais magnéticos e dielétricos na presença de campos magnético e elétrico, respectivamente.

Consideremos primeiramente um corpo de material dielétrico submetido a um campo elétrico. Para simplificar, vamos supor que o campo elétrico seja uniforme e que também sejam homogêneas as propriedades do material. Assim, o corpo irá apresentar uma polarização elétrica uniforme **P**. Para calcular o trabalho realizado pelo sistema (corpo) no processo em que ele é polarizado, consideremos a situação simples em que o corpo é um bloco que preenche o interior de um capacitor de placas paralelas, como mostra a Figura 7.10.

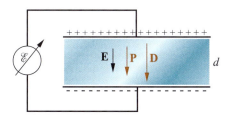

Figura 7.10
Bloco de material dielétrico, preenchendo um capacitor de placas paralelas, sendo polarizado por uma fonte de tensão variável externa.

Uma fonte externa de voltagem variável é utilizada para carregar o capacitor. O trabalho diferencial feito pela fonte é

$$dW_f = \mathcal{E}dq = Ed \cdot dq = Ed \cdot Ad\sigma. \tag{7.33}$$

O trabalho feito pelo sistema será $dW = -dW_f$. Considerando que o volume do corpo é $V = d \cdot A$, que $D = \sigma$, e que **E** e **D** são paralelos, podemos escrever

$$dW = -V\mathbf{E} \cdot d\mathbf{D}, \tag{7.34}$$

Física Básica ■ Gravitação | Fluidos | Ondas | Termodinâmica

Uma vez que $\mathbf{D} = \varepsilon_o \mathbf{E} + \mathbf{P}$, a Equação 7.34 pode ser escrita na forma

$$-dW = V\varepsilon_o \mathbf{E} \cdot d\mathbf{E} + V\mathbf{E} \cdot d\mathbf{P}. \tag{7.35}$$

Destaca-se que o primeiro termo no lado direito desta equação se relaciona com o trabalho necessário para gerar o campo elétrico no vácuo ocupado pelo corpo. Usualmente, na análise termodinâmica dos materiais dielétricos, esse termo é ignorado e se considera somente a parte do trabalho que é realizada sobre o corpo material. Portanto, é mais comum que nos textos de termodinâmica o trabalho diferencial feito por um sistema dielétrico seja escrito na forma

$$-dW = V\mathbf{E} \cdot d\mathbf{P}. \tag{7.36}$$

Na verdade, no caso mais geral em que o volume do corpo possa estar também se alterando durante o processo de polarização, o trabalho diferencial tem que ser escrito na forma

■ Trabalho realizado por um corpo ao ser polarizado

$$-dW = \mathbf{E} \cdot d(V\mathbf{P}), \tag{7.37}$$

uma vez que o trabalho está ligado à alteração do dipolo elétrico total do corpo, que é expresso por $V\mathbf{P}$.

A análise termodinâmica dos materiais magnéticos é muito similar à dos materiais dielétricos. Consideremos um material magnético de volume V submetido a um campo magnético externo $\mathbf{B}_{ext}$. A equação correspondente à Equação 7.34 é

$$dW = -V\frac{1}{\mu_o}\mathbf{B}_{ext} \cdot d\mathbf{B}, \tag{7.38}$$

onde $\mathbf{B}$ é o campo magnético total dentro do material magnético, ou seja, a soma do campo externo mais o campo criado pelo próprio material magnético. Este último campo vale $\mathbf{B}_M = \mu_o \mathbf{M}$, onde $\mathbf{M}$ é a magnetização do material. Assim, dado que $\mathbf{B} = \mathbf{B}_{ext} + \mu_o \mathbf{M}$, podemos escrever

$$dW = -\frac{1}{\mu_o}V\mathbf{B}_{ext} \cdot d\mathbf{B}_{ext} - V\mathbf{B}_{ext} \cdot d\mathbf{M}. \tag{7.39}$$

O primeiro termo do lado direito desta equação é também ignorado porque expressa o trabalho necessário para se criar o campo magnético no vácuo ocupado pelo corpo. Portanto,

■ Trabalho realizado por um corpo ao ser magnetizado

$$dW = -\mathbf{B}_{ext} \cdot d(V\mathbf{M}). \tag{7.40}$$

No caso mais geral, um sistema pode exibir mais de um mecanismo para a realização de trabalho. Um exemplo seria um fluido constituído de moléculas possuidoras de dipolos elétrico e magnético. Para tal sistema, a diferencial do trabalho teria a forma

$$dW = pdV - Ed(VP) - B_{ext}d(VM). \tag{7.41}$$

A equação foi escrita em forma simplificada porque no caso do fluido tem-se $\mathbf{P}\parallel\mathbf{E}$ e $\mathbf{M}\parallel\mathbf{B}_{ext}$. Relações envolvendo vários mecanismos de realização de trabalho, tal como a expressa pela Equação 7.41, são muito comuns na termodinâmica.

Seção 7.7 ■ Dissipação de calor em transformadores (opcional)

Um exemplo de aplicação da Equação 7.40 encontra-se no funcionamento de transformadores. O núcleo de um transformador tem um material magnético, cuja magnetização oscila tentando acompanhar a oscilação do campo magnético $\mathbf{B}_{ext}$ gerado pela corrente elétrica no transformador. A oscilação da magnetização seguindo o campo aplicado segue uma curva chamada curva de histerese, ilustrada na Figura 7.11. Uma discussão mais detalhada da curva de histerese pode ser vista no Capítulo 11 (*Materiais Magnéticos*) de *Física Básica*

Eletromagnetismo. O ciclo de histerese é sempre percorrido no sentido horário mostrado na Figura 7.11.

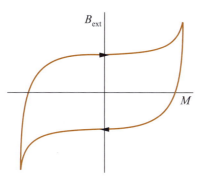

Figura 7.11

Reescrevendo a Equação 7.40 na forma simplificado, temos:

$$dW = -B_{ext}\, d(VM). \tag{7.42}$$

Vemos que o trabalho realizado por unidade de volume do material magnético do núcleo em cada ciclo da histerese é, em unidades convenientes, igual à área da curva de histerese. Assim, o núcleo magnético realiza trabalho negativo, ou seja, trabalho é realizado sobre ele. Assim, em cada ciclo, calor é gerado no núcleo. Esse calor é decorrente do atrito envolvido na oscilação da magnetização do material.

E·E Exercício-exemplo 7.6

■ O material mais usado para núcleo de transformadores é o ferro doce. Para estimar a energia dissipada no núcleo, podemos aproximar a curva de histerese na forma de um retângulo em que B_{ext} máximo vale 8×10^{-5} T e a magnetização máxima vale 7×10^5 J/(T · m³). Se o volume do núcleo magnético é de 2×10^{-3} m³, qual é a energia dissipada em cada ciclo do transformador?

■ Solução

O trabalho realizado sobre o núcleo em um ciclo de histerese valerá

$$W = V(2B_{ext,máx})(2M) = 2 \times 10^{-3}\ \text{m}^3 \times 1{,}6 \times 10^{-4}\text{T} \times 1{,}4 \times 10^{6}\ \text{J/(T·m}^3),$$

$$W = 04\ \text{J}.$$

PROBLEMAS

P 7.1 Considere 1 mol de um gás, cujo calor específico não depende da temperatura, inicialmente à temperatura de 300 K. O gás recebe 400 cal de calor em um processo isométrico e sua temperatura se eleva para 434 K. O gás é novamente resfriado a 300 K e após isso recebe 400 cal, desta vez em processo isobárico. Qual é sua temperatura final?

P 7.2 A Figura 7.12 mostra uma caixa térmica que tem uma divisória móvel de material condutor de calor. Inicialmente, a divisória está dividindo a caixa em partes iguais, mas um lado da caixa tem uma quantidade duas vezes maior de um gás ideal do que o outro lado. Moléculas são impedidas de transpor a divisória, e o sistema está à temperatura de 300 K. O dispositivo que prende a divisória é solto e ele então pode mover-se até que o sistema entre em equilíbrio. Calcule (A) a temperatura final do sistema; (B) o volume final da parte da esquerda.

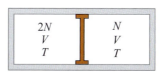

Figura 7.12
(Problema 7.2).

P 7.3 A Figura 7.13 mostra um cilindro metálico fechado por um êmbolo móvel de massa desprezível. O cilindro é preenchido com meio mol de hélio, inicialmente em equilíbrio com a atmosfera ambiente, cuja pressão é $1{,}01 \times 10^5$ e cuja temperatura é 295 K. A área A da base do cilindro vale 100 cm². Um bloco de massa

$m = 100$ kg é então depositado sobre o êmbolo. Calcule o calor cedido pelo gás à atmosfera até o momento em que o sistema atinge novo equilíbrio.

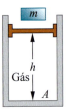

Figura 7.13
(Problema 7.3).

P 7.4 Mostre que um gás ideal expandindo-se adiabaticamente do estado (p_i, V_i) para o estado (p_f, V_f) realiza um trabalho dado por

$$W = \frac{1}{\gamma - 1}(p_i V_i - p_f V_f)$$

P 7.5 Um gás ideal contendo N moléculas expande-se adiabaticamente e no processo sua temperatura baixa de T_i para T_f. Mostre que o gás realiza o trabalho.

$$W = \frac{Nk_B}{\gamma - 1}(T_i - T_f)$$

P 7.6 Reconsidere o Problema 7.3 supondo que o material que compõe o cilindro e o êmbolo sejam isolantes térmicos. Calcule o trabalho realizado sobre o gás pelo bloco. *Sugestão*: utilize o resultado do Problema 7.4.

P 7.7 Um mol de um gás monoatômico expande-se adiabaticamente, partindo da pressão de 1,50 atm e temperatura de 298 K, até atingir a pressão final de 1,00 atm. Qual é o trabalho realizado pelo gás? *Sugestão*: considere o resultado do Problema 7.5.

P 7.8 Um gás de hélio (gás monoatômico) com massa de 10 g expande-se adiabaticamente realizando um trabalho de 500 J. Qual é a alteração em sua temperatura? *Sugestão*: utilize o resultado do Problema 7.5.

P 7.9 Mostre que em uma transformação adiabática de um gás ideal monoatômico contendo N moléculas vale a relação

$$dU = \frac{3}{2}Nk_B dT.$$

Sugestão: considere o resultado do Problema 7.5.

P 7.10 Mostre que os calores específicos molares de um gás ideal monoatômico são, respectivamente,

$$c_V = \frac{3}{2}R, \quad c_p = \frac{5}{2}R.$$

Sugestão: considere o resultado do Problema 7.9.

P 7.11 Considere uma substância paramagnética cuja susceptibilidade magnética varia com a temperatura na forma $\chi_m = C/T$ onde C é uma constante. Uma porção, de massa m, dessa substância é submetida a um campo magnético variável H, em um processo adiabático. Mostre que as variações em H e T estão ligadas pela relação

$$mcd(T^2) = V\mu_o C d(H^2),$$

onde c é o calor específico da substância.

Respostas dos exercícios

E 7.1 $V_i = 9{,}24 \times 10^{-3}$ m³, $V_f = 1{,}84 \times 10^{-2}$ m³
E 7.1 $W = 1{,}73$ kJ
E 7.3 $\Delta U = 3{,}0$ MJ
E 7.4 37 g
E 7.5 T $= 9{,}4 \times 10^2$ °C

E 7.6 $Q = 5{,}62$ kJ
E 7.7 2,9 kJ
E 7.8 $T_D = 100$ K
E 7.9 (A) $n = 0{,}122$. (B) $T_C = 100$ K, $T_D = 350$ K. (C) $Q = -634$ J
E 7.11 $p_f = 0{,}383 \times 10^5$ Pa. $T_f = 303$ K.

Respostas dos problemas

P 7.1 $T = 381$ K
P 7.2 (A) $T_f = 300$ K. (B) $V_e = 4V/3$
P 7.3 $Q = 831$ J

P 7.6 $W = 573$ J
P 7.7 $W = 377$ J
P 7.8 $\Delta T = -16$ K

8

Entropia e Segunda Lei da Termodinâmica

Seção 8.1 ▪ Introdução, 156

Seção 8.2 ▪ Processos irreversíveis, 156

Seção 8.3 ▪ Entropia: a grandeza associada à irreversibilidade, 159

Seção 8.4 ▪ Máquinas térmicas, 159

Seção 8.5 ▪ Ciclo de Carnot, 161

Seção 8.6 ▪ Processos do ciclo de Carnot, 162

Seção 8.7 ▪ Máquina de Carnot e refrigerador de Carnot, 163

Seção 8.8 ▪ Segunda lei da termodinâmica, 165

Seção 8.9 ▪ Universalidade na máquina de Carnot, 166

Seção 8.10 ▪ Demonstração de que nenhuma máquina pode ter rendimento maior que o da máquina de Carnot (opcional) 168

Seção 8.11 ▪ Temperatura termodinâmica, 169

Seção 8.12 ▪ Entropia, 169

Seção 8.13 ▪ Diagrama $T \times S$ do ciclo de Carnot, 172

Seção 8.14 ▪ Entropia e irreversibilidade, 173

Seção 8.15 ▪ Terceira lei da termodinâmica, 176

Problemas, 178

Respostas dos exercícios, 180

Respostas dos problemas, 180

Seção 8.1 ■ Introdução

O presente capítulo tem um caráter ímpar neste livro. Nele, conceitos inteiramente novos e distintos daqueles até aqui estudados são apresentados. Na elaboração dos novos conceitos, uma grandeza inteiramente nova é introduzida na física, a entropia. Tal grandeza é estreitamente associada à temperatura, e tal como esta nada tem a ver com as grandezas que aparecem na mecânica e no eletromagnetismo. Veremos também que ela está associada à desordem e à irreversibilidade.

A descoberta da entropia e da segunda lei da termodinâmica surgiu do esforço de melhorar as máquinas térmicas e tem origem no trabalho pioneiro do engenheiro francês *Sadi Carnot*. Em 1824, Carnot publicou um pequeno livro intitulado *Reflexões sobre a Potência Motriz do Fogo*. Esse livro é o primeiro estudo científico sobre o rendimento das máquinas térmicas. Ao escrevê-lo, Carnot, até então vacilante em aceitar a teoria cinética do calor, empregou o conceito de calórico. Entretanto, sua argumentação foi apresentada de modo que permanecesse válida qualquer que fosse a natureza do calor. A descoberta póstuma das anotações científicas de Carnot mostrou que na verdade ele se convenceu da natureza cinética do calor e acabou descobrindo a validade geral da conservação da energia muito antes de Mayer, Joule, Helmholtz e Colding. O trabalho de Carnot foi continuado por *Rudolph Julius Emanuel Clausius* (1822–1888), *William Thomson*, o *Lorde Kelvin*, e *Max Planck* (1858–1947).

Seção 8.2 ■ Processos irreversíveis

No comportamento da Natureza, há um fato de absoluta generalidade e que, de tão banal faz parte da nossa intuição: passado e futuro são distintos. Percebemos que o tempo tem uma seta, e que os fenômenos evoluem do passado para o futuro. Os processos espontâneos (que podem ocorrer em um sistema isolado, ou seja, livre de influências externas) são unidirecionais no tempo: esse é o significado da seta do tempo. Consideremos alguns exemplos:

1 Um pêndulo posto a oscilar terá amplitude decrescente e finalmente atingirá o repouso a menos que algum estímulo externo o force a manter-se em oscilação.

2 Se dois blocos, um quente e outro frio, são postos em contato, calor flui do mais quente para o mais frio até que os dois blocos atinjam a mesma temperatura.

3 Uma gota de tinta, colocada em um líquido, com o tempo se dilui em todo o seu volume.

4 Um gás é colocado em um dos compartimentos de uma caixa dividida ao meio. Se abrirmos um orifício na parede que divide a caixa, moléculas fluirão pelo orifício até que nos dois compartimentos a pressão do gás seja a mesma. Nesse estado final, cada compartimento da caixa terá, exeto por pequenas flutuações, o mesmo número de moléculas.

5 Um ser vivo (como o leitor e eu) nasce, cresce, envelhece e morre.

Sabemos muito bem que nenhum desses processos pode ser revertido. Ninguém verá um pêndulo espontaneamente sair do repouso para começar a oscilar com amplitude crescente nem verá um corpo aquecer-se à custa de calor retirado de outro mais frio. O leitor com certeza não teme que o ar de repente se concentre na outra metade da sala e o deixe agonizar no vácuo. Em vários fenômenos irreversíveis, sabemos de antemão o que vai ocorrer, mesmo que nunca os tenhamos observado. Como falou *Jorge Luis Borges* sobre o *Livro das mil e uma noites*, é como se esse comportamento irreversível da Natureza fizesse parte da nossa memória prévia. Entretanto, nenhum desses fenômenos viola qualquer das leis da física até agora investigadas. Em particular, não viola a primeira lei da termodinâmica, que expressa a conservação da energia. Por exemplo, um pêndulo em repouso poderia, sem violar a primeira

Sadi Nicolas Leonard Carnot

Sadi Nicolas Leonard Carnot (1796–1832). Sadi Carnot foi o mais velho de dois filhos de Lazare Nicolas Carnot, um matemático, engenheiro, militar e político que, juntamente com Gaspard Monge, fundou em 1794 a Escola Politécnica de Paris. Lazare foi um dos cinco membros do Diretório, que no período de 1795 a 1799 governou a França, e mais tarde foi ministro da Guerra de Napoleão. A partir de 1807 aposentou-se para se dedicar à educação dos filhos Sadi e Hippolyte. Após a derrota de Waterloo (1815), Lazare teve de exilar-se em Magdeburgo (Alemanha). Sadi ingressou, com a idade mínima permitida de 16 anos, na Escola Politécnica, onde teve professores como Poisson, Ampère e Arago, mas dois anos mais tarde a abandonou para fazer em Metz um curso de engenharia militar e seguir a carreira das armas. O passado do pai tornou sua carreira difícil e ele foi para a reserva em 1919 para dedicar-se à investigação científica. Seu interesse em máquinas térmicas foi despertado pelo pai, que já em 1778 tinha escrito o livro *Ensaio sobre Máquinas em Geral*. Em 1821, Sadi visitou o pai em Magdeburgo, onde uma máquina a vapor tinha sido recentemente instalada, o que gerou discussões sobre o assunto entre o pai e os dois filhos. Sadi passou a investigar maneiras de melhorar a eficiência das máquinas térmicas de um modo mais científico que o dos seus contemporâneos, tentando identificar os possíveis limites físicos para tal eficiência. Em 1824, publicou um pequeno livro intitulado *Reflexões sobre a Potência Motriz do Fogo*, sua única obra publicada em vida. Nele é descrito o hoje chamado Ciclo de Carnot, pelo qual se estabelece a eficiência máxima possível de uma máquina térmica. Em 1878, seu irmão Hippolyte apresentou na Academia de Ciências um manuscrito em que Sadi formula a segunda lei da termodinâmica, descoberta depois da sua morte por *Rudolph Clausius* (1822–1888) e *William Thomson* (1824–1907). Outros manuscritos mostraram que ele descobriu também a primeira lei da termodinâmica e realizou experiências similares às de Joule, vinte anos antes que este. Sadi morreu de cólera aos 36 anos, e seu último manuscrito importante só foi descoberto em 1966.

---

lei, retirar calor do ar, ou até mesmo do próprio corpo, para colocar-se em movimento. Se ele pode transformar energia mecânica em calor, como o faz ao cessar sua oscilação, por que não pode transformar calor em energia mecânica, e dessa forma ganhar movimento?

Apesar de ser um fato empírico banal, a irreversibilidade dos fenômenos naturais não é facilmente entendida com base nas leis fundamentais da mecânica. De fato, se examinarmos a segunda lei de Newton para o movimento de uma partícula, que expressaremos na forma

$$m\frac{d^2\mathbf{r}}{dt^2} = \mathbf{F}, \qquad (8.1)$$

veremos que o seu lado esquerdo fica invariante (não se altera) se trocarmos t por $-t$. Assim, exceto se $\mathbf{F}$ se alterar quando fizermos essa transformação, a lei terá a simetria de inversão no tempo. Nesse caso, qualquer movimento pode ser retrovertido sem qualquer problema. Consideremos, porém, o mais simples dos exemplos considerados há pouco: o do pêndulo. O que causa a diminuição da amplitude da oscilação é o atrito, principalmente o atrito com o ar. Ocorre que a força de atrito se opõe à velocidade do pêndulo. Nesse caso, se trocarmos t por $-t$ a velocidade $\mathbf{v}$ inverterá seu sentido e conseqüentemente o mesmo ocorrerá com a força de atrito. Assim, o pêndulo estará sujeito à força da gravidade, que não sofrerá alteração com a inversão do tempo, mais a força de atrito, que inverterá seu sinal, e essa inversão no sentido da força de atrito é o que torna a Equação 8.1, quando aplicada ao pêndulo, sensível ao sentido do tempo: passado e futuro não são a mesma coisa para um pêndulo sujeito a atrito.

O atrito é uma força que só aparece quando há muitas partículas no sistema. Ele é uma força de natureza macroscópica. Na verdade, na Natureza existem apenas quatro tipos de força: gravitacional, eletromagnética, força forte e força fraca, estas duas últimas atuantes entre as partículas subatômicas. Nesse caso, o que é força de atrito? A resposta é que ela é de natureza eletromagnética. Mas aqui temos um fato intrigante. As equações fundamentais do eletromagnetismo são invariantes mediante a inversão do tempo. Nesse caso, por que o mesmo não ocorre com a força de atrito, se ela é de origem eletromagnética? Colocando em outros termos, como pode um pêndulo, cujo movimento é regido pela força gravitacional e por forças eletromagnéticas, que não discriminam passado e futuro, ter um comportamento irreversível?

William Thomson

William Thomson (Lorde Kelvin) (1824–1907). William Thomson, mais tarde Lorde Kelvin, foi filho de James Thomson, catedrático de matemática da Universidade de Glasgow. Ingressou nessa universidade aos 10 anos, e aos 17, quando foi continuar seus estudos em Cambridge, já tinha amplo domínio da matemática (tinha publicado seu primeiro artigo, sobre séries de Fourier). Foi indicado aos 22 anos para a cátedra de Física na Universidade de Glasgow. No ano seguinte, ouviu uma palestra de James Joule que muito influenciou seu trabalho. Nela, Joule dizia que o calor não era uma substância, mas a energia associada ao movimento dos átomos. Além do mais, Joule defendia a existência de uma temperatura mínima possível, por volta de –284 ºC. Depois de uma discordância inicial, Thomson apoiou as idéias de Joule e buscou combiná-las com o trabalho de Carnot sobre máquinas térmicas. Nessa busca, conceituou a temperatura absoluta, hoje expressa no SI pela escala Kelvin, e finalmente chegou à segunda lei da termodinâmica, no que foi antecedido de forma independente por *Rudolph Clausius* e, como se descobriu mais tarde, pelo próprio Carnot. Foi ele quem cunhou, aos 23 anos, o termo termodinâmica. Descobriu o efeito Joule-Thomson, que é o resfriamento de um gás em expansão, e o efeito Thomson, de natureza termoelétrica. Reconheceu a importância da idéia de Michael Faraday de que as forças elétrica e magnética são exercidas por meio de campos, convenceu-se de que a luz era um fenômeno eletromagnético e aconselhou o então jovem James Maxwell a investigar essas idéias. Tornou-se popularmente conhecido pelas realizações na ciência aplicada. Liderou a equipe que instalou o primeiro cabo telegráfico submarino, entre a Inglaterra e os EUA, e desenvolveu vários instrumentos para a eletricidade e a navegação. Na segunda metade da sua longa vida incorreu em erros célebres. Quando Maxwell finalmente chegou à síntese do eletromagnetismo (por volta de 1865), Thomson discordou e buscou uma formulação alternativa. Sem conhecimento da radioatividade, descoberta mais tarde e que retarda o resfriamento da Terra, estimou a idade do Planeta em não mais de 30 milhões de anos. Com isso opôs-se à teoria da evolução de Darwin, que requeria uma história muito mais longa para a vida. Em 1895, disse que máquinas voadoras mais pesadas que o ar eram impossíveis. Em 1900 (logo nesse ano!) disse que não havia mais nada a ser descoberto na Física.

Para responder a essa pergunta, temos de incluir na discussão o conceito de probabilidade, inevitável na descrição do movimento de sistemas constituídos de muitas partículas. Para descrever como esse conceito é relevante no movimento de um pêndulo, faremos a idealização de que ele seja constituído de uma esfera suspensa por um fio inteiramente livre de atrito.

Consideremos inicialmente o pêndulo em repouso. A esfera sofre colisões com as moléculas do gás, e cada colisão lhe imprime uma força de curta duração. Mas o número de colisões é tão grande que a esfera sofre uma força que pode ser aproximada como contínua e uniformemente distribuída em sua superfície. Em outras palavras, a esfera fica sujeita a uma pressão uniforme do gás. A força resultante sobre ela é nula, e este fato tem um caráter estatístico. Mas, quando a esfera se move, a estatística das colisões se altera: há mais colisões na sua parte frontal do que na sua retaguarda. Conseqüentemente, seu hemisfério frontal fica sujeito a uma força de módulo maior que o outro, e isso gera uma força resultante que se opõe ao movimento da esfera.

A força de atrito sempre gera movimento irreversível. Mas há outras formas de irreversibilidade. Uma delas é o movimento que leva as moléculas do gás na caixa dividida ao meio ao estado final em que cada metade da caixa terá metade das moléculas. É importante aqui revermos os conceitos de microestado e macroestado apresentados no Capítulo 6 (*Temperatura*). Imaginemos que as N moléculas do gás sejam numeradas. Um microestado é descrito por uma listagem completa do lado em que se encontra cada molécula, enquanto um macroestado é descrito apenas pelo número de moléculas que estão em um dos compartimentos (digamos o esquerdo) da caixa. Consideremos o macroestado em que todas as N moléculas estejam no compartimento esquerdo; só há um microestado correspondente a esse macroestado. Mas para qualquer outro macroestado em que n (n diferente de zero e de N) moléculas estejam no compartimento esquerdo e $N - n$ estejam do lado direito, há muitos microestados, pois podemos permutar moléculas entre os dois compartimentos, dessa forma alterando o microestado sem alterar o macroestado. O maior número possível de microestados corresponde ao macroestado em que $n = N/2$, ou seja, ao macroestado em que as moléculas se dividem igualmente entre os dois compartimentos. A probabilidade de um macroestado é proporcional ao número de microestados que ele pode conter, e isso leva naturalmente a que as moléculas do gás acabem ocupando igualmente os dois compartimentos da caixa.

Assim, a irreversibilidade dos processos físicos tem origem nas leis da probabilidade: os processos sempre evoluem em busca de macroestados mais prováveis, e o macroestado de equilíbrio é o mais provável possível dentro das condições impostas ao sistema. Ou seja, o estado de equilíbrio de um sistema isolado é aquele que contém o maior número de microestados. Essa discussão não deixou claro por que o estado do pêndulo parado é o que contém o maior número de microestados (para ele mais o gás), e nesse caso a discussão não é simples porque deve incluir um estudo mais profundo do calor. Mas a regra básica que acabamos de formular é absolutamente geral e infalível.

> O estado de equilíbrio de um sistema isolado é aquele que contém o maior número de microestados

Seção 8.3 ■ Entropia: a grandeza associada à irreversibilidade

Historicamente, o estudo do calor e da temperatura foi anterior ao estudo das razões físicas da irreversibilidade. Nessa investigação foi descoberta uma nova grandeza, a entropia. Entropia é uma grandeza associada ao macroestado de um sistema, e que depende do número de microestados contidos no referido macroestado. Quanto maior o número de microestados, maior a entropia. Assim, nos sistemas isolados os processos ocorrem sempre no sentido de aumentar a entropia, e o estado de equilíbrio é o de maior entropia. Mas essa interpretação foi feita depois de se descobrir a entropia como grandeza física e se estabelecer a forma como ela pode ser quantificada. Como dissemos, antes de se investigar a irreversibilidade e se descobrir seu caráter estatístico, foi feito o estudo do calor e da temperatura. O primeiro estudo, que conceituou e quantificou a entropia em termos de calor e temperatura, é parte da termodinâmica. Já o segundo, que levou à sua interpretação e quantificação em temos estatísticos, é parte da física estatística. Neste capítulo faremos o estudo termodinâmico da entropia. Seu estudo com base na física estatística será feito no Capítulo 10 (*Introdução à Mecânica Estatística*).

Seção 8.4 ■ Máquinas térmicas

Muitas máquinas térmicas de grande interesse prático são baseadas na elasticidade dos gases. A máquina a vapor, inventada por *James Watt* (1736–1819) em 1769, opera com base na pressão dos gases. O mesmo ocorre com o motor de explosão interna, inventado por *Jean-Joseph-Etienne Lenoir* (1822–1900) em 1860 e aprimorado por *Nikolaus Otto* (1832–1891) em 1876, e que ainda equipa os automóveis atuais. Quando um gás se expande, realiza trabalho sobre o ambiente. Para sermos mais concretos, retomemos a situação simples do gás contido em um cilindro com um pistão móvel, como mostra a Figura 8.1. Suponhamos que as paredes do cilindro sejam condutoras de calor e que ele esteja imerso em um banho térmico à temperatura T. Nas máquinas térmicas, nem sempre é uma boa aproximação supor que o gás seja ideal. Entretanto, com base no modelo de gás ideal podemos tirar conclusões de grande importância e generalidade e, por isso, esse modelo é muito usado para a análise teórica das máquinas térmicas. É o que faremos neste capítulo.

Se o gás mostrado na Figura 8.1 se expande, indo do volume inicial V_o até o volume final V_f, ele realiza trabalho sobre o pistão. Como já vimos, esse trabalho, dado por

$$W = \int_{V_o}^{V_f} p\, dV,$$

(8.2)

é igual à área sombreada sob a curva na Figura 8.2.

No caso em que o gás é ideal, sua energia interna não se altera com a variação do volume; ou seja, no processo de expansão tem-se

$$\Delta U - 0 - Q - W,$$

(8.3)

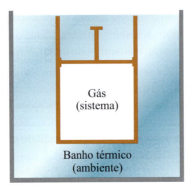

Figura 8.1
Gás contido em um cilindro de volume variável, imerso em um banho térmico à temperatura T.

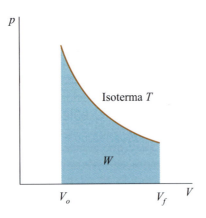

Figura 8.2
Diagrama $p \times V$ da expansão isotérmica do gás da Figura 8.1, do volume inicial V_o ao volume final V_f. No processo, o gás realiza um trabalho igual à área sombreada.

e, portanto, um dos resultados do processo é a retirada de uma certa quantidade Q de calor do reservatório térmico e sua transformação integral em trabalho, valendo assim a relação $W = Q$. Entretanto, outro resultado da expansão é deixar o sistema em um estado final diferente do inicial. Devido à mudança no estado do sistema, não podemos utilizar esse processo para a transformação contínua de calor em trabalho. Uma hora o pistão chega ao final do cilindro e nossa "máquina" tem que parar. Uma máquina autêntica tem que ser capaz de operar de forma contínua. Portanto, o processo no qual ela se baseia tem de ser um ciclo termodinâmico, ou seja, um processo em que o sistema finalmente volta ao mesmo estado inicial.

> Ciclo termodinâmico é um processo em que o sistema finalmente volta ao mesmo estado inicial

A Figura 8.3 mostra o diagrama $p \times V$ de um ciclo termodinâmico em um fluido. Suponhamos que o ciclo seja realizado no sentido horário. Nesse caso, durante a expansão do estado a para o estado b, o fluido realiza um trabalho igual à área sob a curva C_1, enquanto durante a contração do estado b para o estado a o trabalho realizado é igual a menos a área sob a curva C_2. Portanto, durante o ciclo o sistema realiza um trabalho positivo W igual à área sombreada mostrada na figura. Como no final ele volta ao mesmo estado inicial — por exemplo, o estado a — e uma vez que a energia interna U de um sistema é função do seu estado termodinâmico, sua energia interna retorna ao mesmo valor inicial. Assim, pela primeira lei da termodinâmica

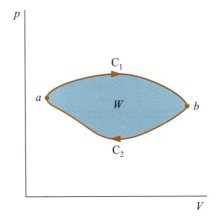

Figura 8.3
Ciclo termodinâmico em um fluido. O sistema parte do estado a, expande-se até o estado b passando pela trajetória C_1 e contrai-se novamente até o estado a pela trajetória C_2. Ao completar o ciclo, o sistema terá absorvido uma quantidade líquida de calor igual a Q e realizado um trabalho líquido $W = Q$.

Capítulo 8 ■ Entropia e Segunda Lei da Termodinâmica

para realizar esse trabalho, em cada ciclo o fluido tem de absorver uma quantidade líquida de calor igual a W, pois se $\Delta U = 0$ necessariamente $W = Q$. Temos agora uma máquina térmica autêntica. Em cada ciclo ela realiza um trabalho W, e se forem realizados v ciclos por unidade de tempo a máquina desenvolverá uma potência $P = vW$.

Imagine agora que o ciclo seja percorrido no sentido anti-horário. Nesse caso, o trabalho realizado pelo fluido será igual a menos a área sombreada do diagrama. O fluido realiza trabalho negativo, isto é, trabalho positivo é realizado sobre ele. Esse dispositivo opera de forma a transformar continuamente trabalho em calor.

Um ponto central destacado por Carnot em sua análise é o fato de que o ciclo termodinâmico do fluido não pode ser isotérmico. Com efeito, conforme vimos no Capítulo 7 (*Primeira Lei da Termodinâmica*), em equilíbrio termodinâmico o fluido está sujeito a uma equação de estado na qual a pressão é uma função unívoca do volume e da temperatura do gás, $p = p(V, T)$. A existência de um ciclo isotérmico violaria a equação de estado, pois para os mesmos valores de V e T teríamos dois valores para p. Poderíamos pensar em um ciclo em que o sistema não pudesse ser tratado pela termodinâmica de equilíbrio, ou seja, a equação de estado não fosse aplicável em cada etapa do processo. Por exemplo, a pressão no fluido seria não-uniforme, de forma que o trabalho não fosse expresso pela Equação 8.2. Os fatos empíricos demonstram que também não é possível obter trabalho positivo de uma máquina em um ciclo isotérmico de não-equilíbrio. Na verdade, conforme veremos mais adiante neste capítulo, a fuga do equilíbrio é sempre um elemento deletério nas máquinas térmicas, isto é, só contribui para piorar seu desempenho.

Carnot foi levado a concluir que uma máquina térmica (que realize trabalho positivo) não pode operar em um ciclo isotérmico. Isso é lamentável. Não podemos, por exemplo, desenvolver uma máquina que opere continuamente retirando calor do mar e transformando-o em trabalho. O oposto é certamente possível. Podemos desenvolver um dispositivo que transforme continuamente trabalho em calor cedido ao oceano. Uma hélice girando dentro da água constitui tal dispositivo. A hélice realiza em cada ciclo de rotação um trabalho para vencer o atrito, o qual é transformado integralmente em calor cedido à água.

> Uma máquina térmica não pode operar em um ciclo isotérmico, retirando calor de um reservatório térmico e realizando trabalho

Seção 8.5 ■ Ciclo de Carnot

Voltando ao diagrama da Figura 8.3, uma vez que a pressão do fluido a um dado volume aumenta com sua temperatura, sendo o ciclo percorrido no sentido horário, durante a expansão o fluido tem de estar mais aquecido do que durante a compressão. Esse é um princípio geral de operação das máquinas térmicas baseadas em fluidos: o fluido se expande a alta temperatura e é comprimido a uma temperatura inferior. Portanto, a operação da máquina requer pelo menos dois reservatórios térmicos a temperaturas distintas. No caso mais simples, temos apenas dois reservatórios, um quente à temperatura T_1 e outro frio à temperatura T_2. Supondo-se que os processos envolvidos sejam quase-estáticos, o fluido expande-se isotermicamente à temperatura T_1 (em contato térmico com o reservatório quente) e contrai-se isotermicamente à temperatura $T_2 < T_1$ (em contato térmico com o reservatório frio). As transformações do sistema da temperatura T_1 para T_2 e vice-versa têm que ser feitas de forma adiabática, pois não há outros reservatórios térmicos em temperaturas intermediárias. Essa seqüência de processos reversíveis constitui o *ciclo de Carnot*. A Figura 8.4A mostra o diagrama $p \times V$ do ciclo de Carnot para um gás. Na análise subseqüente, vamos supor que o gás seja ideal. A figura foi deformada para salientar as características envolvidas na discussão. Um diagrama exato do ciclo de Carnot para um gás ideal monoatômico é mostrado na Figura 8.4B.

O início do ciclo pode ser tomado arbitrariamente em qualquer ponto, como, por exemplo, o estado a. A partir desse estado, o gás sofre quatro processos descritos a seguir.

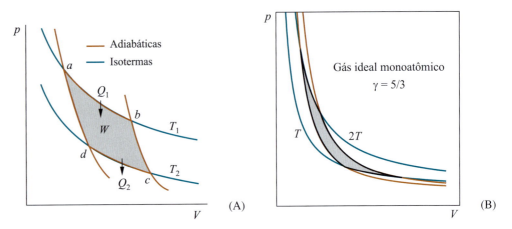

Figuras 8.4A e 8.4B
Ciclo de Carnot em um gás. Na Figura 8.4A, a curva foi deformada para salientar suas características. Na Figura 8.4B, vê-se o ciclo correto para um gás ideal monoatômico.

Seção 8.6 ■ Processos do ciclo de Carnot

Processo 1: o gás, colocado em contato com um banho térmico à temperatura T_1, expande-se isotermicamente do estado a até o estado b.

Processo 2: no estado b, o gás é isolado termicamente e então expande-se adiabaticamente até o estado c; na expansão ele se resfria, atingindo a temperatura $T_2 < T_1$.

Processo 3: em contato com um banho térmico à temperatura T_2, o gás é comprimido isotermicamente até o estado d.

Processo 4: o gás é novamente isolado termicamente e, após isso, comprimido adiabaticamente até atingir o estado inicial a, dessa forma encerrando o ciclo.

Durante o processo 1, o gás absorve uma quantidade de calor Q_1 do reservatório quente. No processo 3, o gás libera uma quantidade de calor Q_2 para o reservatório frio. Portanto, no ciclo o gás absorve uma quantidade líquida de calor dada por $Q = Q_1 - Q_2$. Uma vez que no fim do ciclo a energia interna do gás volta ao mesmo valor inicial, o trabalho total realizado pelo gás no ciclo é $W = Q$, ou seja,

$$W = Q_1 - Q_2. \tag{8.4}$$

A *eficiência* ou *rendimento* do ciclo de Carnot é (por definição) a razão entre o trabalho realizado e o calor retirado do reservatório quente:

■ Eficiência do ciclo de Carnot
$$e \equiv \frac{W}{Q_1}. \tag{8.5}$$

Considerando a Equação 8.4, obtemos

$$e = 1 - \frac{Q_2}{Q_1}. \tag{8.6}$$

Uma vez que a energia interna do gás ideal se mantém constante em um processo isotérmico, durante o processo 1 o calor absorvido pelo gás é igual ao trabalho por ele realizado. Considerando o resultado já conhecido para o trabalho na expansão isotérmica, podemos então escrever:

$$Q_1 = N k_B T_1 \ln \frac{V_b}{V_a}. \tag{8.7}$$

Analogamente, durante o processo isotérmico de compressão o pistão realiza sobre o gás um trabalho igual ao calor liberado para o reservatório frio. Portanto,

Capítulo 8 ■ Entropia e Segunda Lei da Termodinâmica

$$Q_2 = N k_B T_2 \ln \frac{V_c}{V_d}. \tag{8.8}$$

Por outro lado, uma vez que em um processo adiabático pV^γ se mantém constante, podemos escrever:

$$\begin{aligned} p_b V_b^\gamma &= p_c V_c^\gamma \\ p_a V_a^\gamma &= p_d V_d^\gamma \end{aligned}. \tag{8.9}$$

Dividindo uma equação pela outra, obtemos:

$$\frac{p_b V_b}{p_a V_a}\left(\frac{V_b}{V_a}\right)^{\gamma-1} = \frac{p_c V_c}{p_d V_d}\left(\frac{V_c}{V_d}\right)^{\gamma-1}. \tag{8.10}$$

Considerando ainda a equação de estado do gás ideal, obtemos $p_a V_a = p_b V_b$ e $p_d V_d = p_c V_c$. Levando essas relações à Equação 8.10, obtemos:

$$\frac{V_b}{V_a} = \frac{V_c}{V_d}. \tag{8.11}$$

Considerando esta relação e as Equações 8.7 e 8.8, obtemos também:

$$\frac{Q_2}{Q_1} = \frac{T_2}{T_1}. \tag{8.12}$$

Finalmente, concluímos que a eficiência de um ciclo de Carnot baseado em um gás ideal é dada por

■ Eficiência de um ciclo de Carnot

$$e = 1 - \frac{T_2}{T_1}. \tag{8.13}$$

Seção 8.7 ■ Máquina de Carnot e refrigerador de Carnot

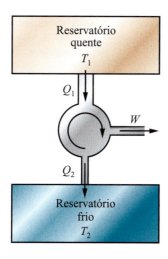

Figura 8.5
Máquina de Carnot. Em cada ciclo, o sistema retira o calor Q_1, de forma reversível, de um reservatório térmico à temperatura T_1, realiza um trabalho W e rejeita o calor $Q_2 = Q_1 - W$, também de forma reversível, em outro reservatório à temperatura T_2 menor do que T_1.

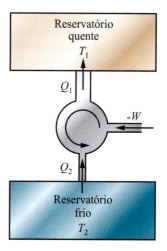

Figura 8.6
Refrigerador de Carnot. Em cada ciclo, o sistema retira o calor Q_2, de forma reversível, de um reservatório térmico à temperatura T_2, recebe um trabalho positivo W (realiza um trabalho negativo $-W$) e despeja o calor $Q_1 = Q_2 + W$, também de forma reversível, em outro reservatório à temperatura T_1 maior do que T_2.

164   Física Básica ■ Gravitação | Fluidos | Ondas | Termodinâmica

Máquina de Carnot é uma máquina que opera no ciclo de Carnot

Refrigerador de Carnot é um dispositivo que opera no ciclo de Carnot percorrido no sentido inverso

Na análise que concluímos, o ciclo de Carnot foi percorrido no sentido horário, ou seja, analisamos uma máquina de Carnot. A Figura 8.5 mostra diagramaticamente o resultado líquido da máquina: o calor Q_1 é retirado da fonte quente, um trabalho W é realizado pelo sistema, e o resto de calor $Q_2 = Q_1 - W$ é rejeitado no reservatório frio. O ciclo poderia também ser percorrido no sentido anti-horário. Nesse caso, o sistema iria se expandir em contato térmico com o reservatório frio, que se tornaria então a fonte de uma quantidade de calor Q_2. O trabalho realizado no ciclo pelo gás seria negativo, igual a $-W$, e uma quantidade de calor igual a $Q_1 = Q_2 + W$ seria despejada no reservatório quente. Com esse tipo de operação o sistema seria um refrigerador de Carnot. O sistema tira calor de uma fonte fria e o libera em um reservatório quente, juntamente com um calor adicional igual ao trabalho que algum agente externo tem de fazer sobre ele. A Figura 8.6 mostra o resultado líquido da operação do refrigerador de Carnot. Conforme vimos, a eficiência de uma máquina de Carnot baseada em um gás ideal é função unicamente da razão entre as temperaturas dos reservatórios frio e quente.

Deve-se também salientar que o ciclo de Carnot é reversível, pois todos os processos são lentos, e quando há troca de calor o sistema e o reservatório térmico estão à mesma temperatura. Ressalta-se que ele é o único ciclo reversível possível que envolve troca de calor entre o sistema e dois reservatórios a temperaturas distintas.

E·E Exercício-exemplo 8.1

■ Uma máquina de Carnot opera com 0,100 mol de um gás ideal, e durante a expansão o volume do gás é multiplicado por 10,0. Sendo 500 K e 300 K, respectivamente, as temperaturas da fonte e do exaustor, (*A*) qual é o trabalho realizado durante o ciclo? (*B*) Se a máquina realiza 4500 ciclos por minuto (4500 rpm), qual é a potência desenvolvida?

■ Solução

(*A*) Durante a expansão, o calor absorvido pela máquina é dado pela Equação 8.7. Uma vez que $V_b = 10V_a$ e $N = 0,100N_A$, podemos escrever

$$Q_1 = N k_B T_1 \ln \frac{V_b}{V_a} = 0,100 N_A k_B T_1 \ln 10.$$

Substituindo os valores numéricos, obtemos

$$Q_1 = 0,100 \times 6,02 \times 10^{23} \times 1,38 \times 10^{-23} \frac{J}{K} \times 500K \times 2,302 = 956 \text{ J}.$$

(*B*) A eficiência da máquina é

$$e = \frac{500 - 300}{500} = 0,400.$$

Portanto, o trabalho realizado em cada ciclo é

$$W = eQ_1 = 0,400 \times 956J = 382 \text{ J}.$$

A potência desenvolvida é o produto desse trabalho pela freqüência de operação da máquina:

$$P = \nu W = \frac{4500}{60s} \times 382J = 28,6 \text{ kW}.$$

Capítulo 8 ■ Entropia e Segunda Lei da Termodinâmica **165**

E-E Exercício-exemplo 8.2

■ Em uma usina de geração de energia elétrica a partir do calor, uma turbina é girada por vapor de água à temperatura de 500 °C e o vapor é depois liquefeito em um condensador à temperatura de 100 °C. Qual é a eficiência máxima possível dessa usina no uso da energia térmica?

■ Solução

A eficiência da usina tem de ser menor do que a de uma máquina de Carnot operando entre as temperaturas de 500 °C = 773K e 100 °C = 373K. A eficiência dessa máquina seria

$$e = 1 - \frac{373}{773} = 0,52.$$

Na prática, o rendimento é bem menor do que isso.

Exercícios

E 8.1 Uma máquina térmica absorve 23,0 J e rejeita 17,0 J de calor em cada ciclo de operação. (*A*) Qual é o trabalho realizado em cada ciclo? (*B*) Qual é a eficiência da máquina?

E 8.2 Uma usina termoelétrica usa carvão como fonte de energia. A usina consome 360 toneladas de carvão por hora e realiza trabalho à potência de 700 MW. O calor de combustão (quantidade de calor gerado na combustão) é de 28 MJ/kg. Qual é a eficiência da usina?

E 8.3 No fundo dos oceanos, a água tem temperatura de 4 °C; nas regiões tropicais, a temperatura da água de superfície é em torno de 25 °C. Se fosse possível obter um condutor de calor com condutividade suficientemente alta, poder-se-ia construir uma máquina térmica em que a fonte de calor seria a água morna de superfície e o exaustor seria a água fria do leito. Qual seria a eficiência de tal máquina, se ela operasse segundo um ciclo de Carnot?

E 8.4 Em um motor a explosão, a temperatura do gás logo após a ignição é de cerca de 400 °C. O calor não aproveitado no motor é descarregado no ar, cuja temperatura é de cerca de 30 °C. Se o motor fosse uma máquina de Carnot operando entre essas duas temperaturas, qual seria sua eficiência?

E 8.5 Uma máquina de Carnot opera entre dois reservatórios térmicos cuja diferença de temperatura é de 239 K, e sua eficiência é de 39,1%. Qual é a temperatura dos dois reservatórios?

Seção 8.8 ■ Segunda lei da termodinâmica

O estudo de Carnot, quantificado para o caso em que o sistema é um gás ideal, mostra que há uma eficiência bem definida para uma máquina operando em um ciclo reversível que envolva dois reservatórios térmicos às temperaturas T_1 e T_2, em que $T_2 < T_1$. A máquina sempre rejeitará parte do calor absorvido na fonte quente, despejando-o no reservatório frio. Analogamente, quando o sentido de operação do ciclo é invertido, de modo que o dispositivo se torna um refrigerador, algum trabalho é necessário para que calor seja retirado de uma fonte fria e despejado em um reservatório quente. Carnot concluiu que esses fatos decorrem de um princípio geral:

> *Não há máquina térmica perfeita, ou seja, que transforme em trabalho todo o calor retirado de uma fonte; nem refrigerador perfeito, ou seja, que transporte calor de uma fonte fria para um reservatório quente, sem também receber algum trabalho externo.*

Não há máquina térmica perfeita, ou seja, que transforme em trabalho todo o calor retirado de uma fonte; nem refrigerador perfeito, ou seja, que transporte calor de uma fonte fria para um reservatório quente, sem também receber algum trabalho externo

Este é o teor da segunda lei da termodinâmica. Essa lei empírica sintetiza o resultado negativo de todas as tentativas de violá-la. Sua violação seria potencialmente de imenso valor para o homem. Portanto, a aceitação da inexorabilidade do princípio afirmado por Carnot foi precedida das mais diversas tentativas de contrariá-lo, envolvendo um variado elenco de sistemas físicos. Exaurido o esforço que consumiu cerca de três décadas — no fim do qual

166 Física Básica ■ Gravitação | Fluidos | Ondas | Termodinâmica

---

Formulação de Clausius da segunda lei da termodinâmica: nenhum processo pode ter como único efeito transferir calor de um corpo para outro a temperatura mais elevada

Formulação de Kelvin da segunda lei da termodinâmica: nenhum processo pode ter como único efeito a retirada de calor de uma fonte a uma temperatura fixa e a realização de um trabalho equivalente

---

a experiência triunfou sobre a esperança! —, verificou-se também que a segunda lei pode ser formulada de diversas formas aparentemente distintas mas na verdade equivalentes. As duas formulações mais importantes da segunda lei são apresentadas a seguir:

Nenhum processo pode ter como único efeito transferir calor de um corpo para outro a temperatura mais elevada (formulação de Clausius).

Nenhum processo pode ter como único efeito a retirada de calor de uma fonte a uma temperatura fixa e a realização de um trabalho equivalente (formulação de Kelvin).

Essas duas formulações são equivalentes. Ou seja, a negação de uma das afirmações leva logicamente à negativa da outra. Logo, uma afirmação leva necessariamente à outra. É o que veremos a seguir.

Imagine que a afirmação de Clausius seja falsa. Haveria, portanto, um refrigerador perfeito, capaz de levar calor de um corpo frio para outro quente sem receber nenhum trabalho. Nesse caso, poderíamos combinar uma máquina térmica imperfeita e um refrigerador perfeito para criar uma máquina perfeita. A máquina imperfeita retira calor Q da fonte quente, realiza trabalho W e rejeita calor $Q' = Q - W$ no reservatório frio. O refrigerador perfeito levaria o calor Q' de volta para a fonte quente. O resultado seria um processo que viola a afirmação de Kelvin.

Imagine agora que a afirmação de Kelvin seja falsa. Uma máquina cíclica retiraria calor Q de uma fonte e realizaria trabalho $W = Q$. Esse trabalho poderia ser usado para atritar um corpo mais quente, dissipando ali uma quantidade de calor Q. O resultado líquido seria o corpo frio perder uma quantidade de calor Q e o corpo quente ganhar uma quantidade de calor também igual a Q. Como o processo é cíclico, nenhum outro efeito irá aparecer. Ficaria assim negada a afirmação de Clausius.

Seção 8.9 ■ Universalidade na máquina de Carnot

Nenhuma máquina que opere entre dois reservatórios térmicos pode ter eficiência maior do que uma máquina de Carnot operando entre esses reservatórios

---

Todas as máquinas reversíveis que operem entre dois reservatórios a temperaturas fixas têm o mesmo rendimento

---

Conforme vimos, a máquina de Carnot é a única *máquina reversível* operando com base em dois reservatórios térmicos a temperaturas fixas. O rendimento da máquina de Carnot foi quantificado para o caso em que o ciclo é realizado utilizando-se um gás ideal. Obviamente, resta a pergunta sobre o rendimento da máquina de Carnot envolvendo outros tipos de sistemas. Carnot atestou sem demonstração que *todas as máquinas reversíveis que operem entre dois reservatórios a temperaturas fixas têm o mesmo rendimento*. Haveria assim uma lei de universalidade determinando o rendimento das máquinas reversíveis. Clausius e Kelvin demonstraram que essa universalidade é também uma decorrência lógica da segunda lei da termodinâmica. Com base nessa lei, pode-se demonstrar o seguinte teorema:

Nenhuma máquina que opere entre dois reservatórios térmicos pode ter eficiência maior do que uma máquina de Carnot operando entre esses reservatórios.

Assim, todas as máquinas reversíveis que operem entre dois reservatórios a temperaturas fixas têm o mesmo rendimento. De fato, todas elas operam em um ciclo de Carnot e nenhuma delas pode ter rendimento menor que o das outras.

E·E Exercício-exemplo 8.3

■ Um refrigerador retira 20 cal/s de calor de uma fonte fria, à temperatura de –20 °C, e o despeja em um exaustor à temperatura de 40 °C. Qual é o mínimo de potência necessário para operá-lo?

Capítulo 8 ■ Entropia e Segunda Lei da Termodinâmica

■ Solução

As temperaturas Kelvin dos reservatórios frio e quente são, respectivamente, 253 K e 313 K. O menor trabalho requerido pelo refrigerador pode ser calculado como se ele operasse em um ciclo de Carnot. Assim, ele retira o calor Q_2 da fonte fria e despeja o calor Q_2 no exaustor quente, e a relação entre essas duas grandezas é

$$\frac{Q_1}{Q_2} = \frac{T_1}{T_2} = \frac{313\text{K}}{253\text{K}} = 1,237 \quad \Rightarrow Q_1 = 1,237 Q_2.$$

Mas, pela primeira lei da termodinâmica,

$$Q_1 = Q_2 + W.$$

Logo,

$$W = Q_1 - Q_2 = 0,237 Q_2.$$

Derivando esta equação em relação ao tempo, temos:

$$\frac{dW}{dt} = 0,237 \frac{dQ_2}{dt}.$$

Pelos dados do problema, $dQ_2 / dt = 20\text{cal} / \text{s} = 84\text{J} / \text{s} = 84$ W. Logo, a potência mínima requerida pelo refrigerador é

$$\frac{dW}{dt} = 0,237 \times 84\text{W} = 20 \text{ W}.$$

A eficiência de um refrigerador costuma ser medida em termos do chamado *coeficiente de rendimento*, que por definição é a razão entre a quantidade de calor que se tira do reservatório frio e o trabalho despendido para isso. Matematicamente,

■ Coeficiente de rendimento de um refrigerador

$$K \equiv \frac{Q_2}{|W|}. \tag{8.14}$$

O valor absoluto em W deve-se ao fato de que o trabalho realizado pelo refrigerador é negativo, ou seja, trabalho positivo tem de ser realizado sobre ele. Pela primeira lei da termodinâmica, $|W| = Q_1 - Q_2$ e nesse caso podemos escrever:

$$K = \frac{Q_2}{Q_1 - Q_2}. \tag{8.15}$$

Se o refrigerador opera com base no ciclo de Carnot, seu coeficiente de rendimento é dado por

$$K = \frac{T_2}{T_1 - T_2}, \tag{8.16}$$

onde T_2 é a temperatura do sistema a ser refrigerado e T_1 é a temperatura do exaustor, que é mais quente que o primeiro sistema.

E·E Exercício-exemplo 8.4

■ (A) Qual é a relação entre o coeficiente de rendimento de um refrigerador que opere em um ciclo de Carnot e a eficiência do ciclo? (B) Qual é o coeficiente de rendimento de um refrigerador de Carnot que retire calor de uma geladeira a −10 °C e o despeje na cozinha, onde a temperatura é de 25 °C?

■ Solução

(A) Com base na Equação 8.16, podemos escrever:

$$K = \frac{T_2}{T_1} \frac{T_1}{T_1 - T_2}.$$

Considerando a Equação 8.13, obtemos:

$$K = \frac{T_2}{eT_1}.$$

(B) Aplicando a Equação 8.16, calculamos:

$$K = \frac{T_2}{T_1 - T_2} = \frac{263K}{35K} = 7,5.$$

Exercícios

E 8.6 Qual é o coeficiente de rendimento de um refrigerador de Carnot que retire calor de um *freezer* a –20 ºC e o despeje em um ambiente em que a temperatura é de 28 ºC?

E 8.7 Um liquefator de hélio está em uma sala cuja temperatura é 300 K. O hélio líquido tem temperatura de 4,2 K. Calcule a razão entre o calor retirado do hélio no processo de liquefação e o calor liberado na sala, supondo que o liquefator opere em um ciclo de Carnot.

Seção 8.10 ■ Demonstração de que nenhuma máquina pode ter rendimento maior que o da máquina de Carnot (opcional)

Nosso objetivo é demonstrar o teorema enunciado na seção anterior. Para isso, consideremos dois reservatórios térmicos às temperaturas T_1 e T_2, sendo $T_1 > T_2$. Consideremos ainda uma máquina qualquer que opere entre esses dois reservatórios. Ela retira um calor Q_1 do reservatório quente, realiza um trabalho W e despeja um calor $Q_2 = Q_1 - W$ no reservatório frio. Iremos demonstrar que uma máquina reversível que opere entre esses dois reservatórios não pode ter eficiência menor do que a da máquina anterior. Faremos a demonstração pelo método do absurdo. Vamos supor que, caso a máquina reversível tenha eficiência menor do que a anterior, com uma combinação das duas poderemos violar a segunda lei da termodinâmica. Imaginemos, inicialmente, a máquina reversível operando em um ciclo em que o trabalho realizado seja igual ao trabalho W da máquina hipotética mais eficiente do que ela. Ela irá retirar o calor Q_1' do reservatório quente, realizar o trabalho W e rejeitar o calor Q_2' no reservatório frio. Como ela tem eficiência e' menor do que a anterior, e uma vez que $e \equiv W / Q_1$ e $e' \equiv W / Q_1'$, concluímos que $Q_1' > Q_1$. Uma vez que $Q_2' = Q_1' - W$ e $Q_2 = Q_1 - W$, concluímos também que $Q_2' > Q_2$. Mas nossa segunda máquina é reversível, logo podemos inverter seu ciclo de operação de modo a transformá-la em um refrigerador. Com seu ciclo invertido a acoplamos à máquina mais eficiente, como mostra a Figura 8.7. Ela recebe o trabalho W da máquina mais eficiente, retira o calor Q_2' do reservatório frio e despeja o calor Q_1' no reservatório quente. O resultado líquido da operação conjunta da máquina e do refrigerador é retirar o calor $Q_2' - Q_2$ do reservatório frio e despejar o calor $Q_1' - Q_1$ (que é igual a $Q_2' - Q_2$) no reservatório quente. Desse modo, seria violada a segunda lei da termodinâmica.

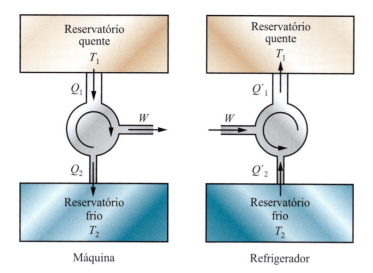

Figura 8.7
Uma máquina térmica e um refrigerador de Carnot, ambos operando entre os reservatórios às temperaturas T_1 e $T_2 < T_1$, são acoplados de modo que a máquina realiza o trabalho requerido para operar o refrigerador. Se o refrigerador tivesse eficiência menor do que a da máquina, em cada ciclo o refrigerador retiraria do reservatório frio uma quantidade de calor maior do que a quantidade ali despejada pela máquina. Ou seja, teríamos $Q'_2 > Q_2$. O resultado líquido do ciclo seria transferir calor de um reservatório para outro mais quente.

Seção 8.11 ■ Temperatura termodinâmica

Definição de temperatura termodinâmica, ou temperatura absoluta: o rendimento de uma máquina térmica reversível que opere entre dois reservatórios é $e = 1 - \theta_2 / \theta_1$, sendo θ_1 a temperatura termodinâmica da fonte e θ_2 a temperatura termodinâmica do exaustor

A universalidade do rendimento das máquinas de Carnot permite definir uma temperatura sem fazer referência a nenhum tipo de sistema físico específico. Tal temperatura é denominada temperatura termodinâmica, a qual será designada por θ e definida da seguinte forma:

O rendimento de uma máquina térmica reversível que opere entre dois reservatórios é $e = 1 - \theta_2 / \theta_1$, sendo θ_1 a temperatura termodinâmica da fonte e θ_2 a temperatura termodinâmica do exaustor.

Aplicando esta definição à máquina que opere com o gás ideal, concluímos que as temperaturas termodinâmica e Kelvin são idênticas. Essa temperatura é também denominada temperatura absoluta, em referência ao seu caráter universal.

Seção 8.12 ■ Entropia

Retornando ao ciclo de Carnot, a Equação 8.12 pode ser reescrita na forma

$$\frac{Q_1}{T_1} = \frac{Q_2}{T_2}. \tag{8.17}$$

É usual convencionar-se o sinal das trocas de calor entre o sistema e o ambiente de forma que o calor absorvido pelo sistema seja positivo, e o calor cedido pelo sistema seja negativo. Sejam

$$\Delta Q_1 \equiv Q_1, \quad \Delta Q_2 \equiv -Q_2 \tag{8.18}$$

os valores do calor recebido pelo sistema no ciclo de Carnot. Nesse caso, a Equação 8.17 assume a forma

$$\frac{\Delta Q_1}{T_1} + \frac{\Delta Q_2}{T_2}, \tag{8.19}$$

ou

$$\sum_{i=1}^{2} \frac{\Delta Q_i}{T_i} = 0.\tag{8.20}$$

Nosso próximo passo será argumentar que qualquer ciclo reversível pode ser aproximado com a precisão que se queira por uma sucessão de processos alternadamente adiabáticos e isotérmicos.

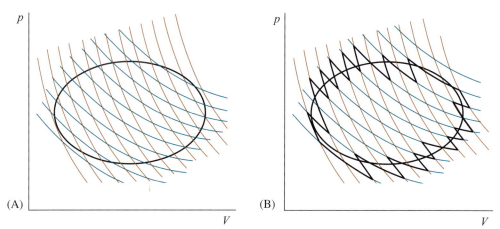

Figuras 8.8A e 8.8B

Um processo cíclico reversível (Figura 8.8A) pode ser aproximado por uma seqüência de processos alternadamente isotérmicos e adiabáticos. Isso é detalhado na Figura 8.8B.

A Figura 8.8A mostra o ciclo a ser aproximado. No diagrama $p \times V$ que mostra o ciclo, vê-se também uma malha fina em que as curvas são as *isotermas* e *adiabáticas* do fluido. A Figura 8.8B mostra a aproximação do ciclo pela seqüência de processos adiabáticos e isotérmicos. A cada processo isotérmico na expansão do fluido corresponde outro processo isotérmico na compressão, ambos limitados entre duas adiabáticas vizinhas. Para cada um desses pares de isotermas, vale uma relação como a expressa na Equação 8.20. Portanto, podemos escrever

$$\sum_{i=1}^{2N} \frac{\Delta Q_i}{T_i} = 0.\tag{8.21}$$

Tomando o limite em que a malha se torna infinitamente fina, podemos escrever

$$\oint_C \frac{dQ}{T} = 0.\tag{8.22}$$

Vemos assim que em qualquer ciclo C reversível a integral da razão entre o calor recebido pelo sistema e a temperatura em que o sistema está ao receber a respectiva dose de calor é nula. A Equação 8.22 leva a um resultado importante que deduziremos a seguir. Consideremos um fluido realizando um ciclo fechado C, como mostra a Figura 8.9. No ciclo C, o sistema vai do estado a até o estado b pelo processo que segue a trajetória C_1 e retorna ao estado a pelo processo que segue a trajetória C_2.

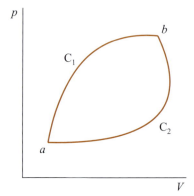

Figura 8.9

Capítulo 8 ■ Entropia e Segunda Lei da Termodinâmica **171**

Com base na Equação 8.22, podemos escrever:

$$\oint_C \frac{dQ}{T} = \int_{a,C_1}^{b} \frac{dQ}{T} + \int_{b,C_2}^{a} \frac{dQ}{T} = 0.$$
(8.23)

Mas,

$$\int_{b,C_2}^{a} \frac{dQ}{T} = - \int_{a,C_2}^{b} \frac{dQ}{T}.$$
(8.24)

As Equações 8.23 e 8.24 permitem escrever:

$$\int_{a,C_1}^{a} \frac{dQ}{T} = \int_{a,C_2}^{b} \frac{dQ}{T}.$$
(8.25)

Vemos, assim, que a integral de dQ/T entre os estados a e b não depende da trajetória no diagrama $p \times V$ pelo qual o sistema vai de um estado a outro. Em outros termos, a integral não depende do processo pelo qual o sistema vai do estado a ao estado b. Qualquer que seja o processo, a integral tem o mesmo valor

$$S_{ba} = \int_{a}^{b} \frac{dQ}{T}.$$
(8.26)

Essa invariância nos permite definir uma função do sistema, denominada *entropia*, da seguinte forma: se arbitrarmos um valor para a entropia do sistema no estado a, em qualquer estado b ela terá um valor bem definido dado por

■ Definição de entropia
$$S_b = S_a + \int_{a}^{b} \frac{dQ}{T},$$
(8.27)

onde a integral envolve qualquer processo reversível indo de a para b, ou seja, qualquer trajetória no espaço (p,V).

E-E Exercício-exemplo 8.5

■ Calcule a variação de entropia de um gás ideal ao expandir-se reversivelmente à temperatura T do volume inicial V_a ao volume final V_b.

■ Solução

Uma vez que em um processo isotérmico do gás ideal $dQ = dW = pdV$, podemos escrever

$$S(T,V_b) = S(T,V_a) + \int_{V_a}^{V_b} \frac{pdV}{T}$$

$$= S(T,V_a) + \int_{V_a}^{V_b} Nk_B \frac{dV}{V} = S(T,V_a) + Nk_B \ln \frac{V_b}{V_a}.$$

$$\Delta S = Nk_B \ln \frac{V_b}{V_a}.$$
(8.28)

Exercício-exemplo 8.6

■ Calcule a variação da entropia da água ao evaporar-se a 373 K.

■ **Solução**

Na ebulição da água, o líquido e o vapor estão em equilíbrio térmico entre si, de modo que a evaporação é um processo reversível. Nesse caso,

$$\Delta S = \frac{mL}{T} = m\frac{2.256\,J}{373\,K} = 6{,}05\frac{J}{K}\times m,$$

onde m é a massa convertida em vapor.

Exercícios

E 8.8 Quando um fluido vai do estado a para o estado b pelo processo descrito pela curva C_1, mostrado na Figura 8.10, sua entropia sofre uma variação de + 1,2J/K. (A) Qual é a variação da entropia quando o fluido vai do estado a para o estado b pelo processo descrito pela curva C_2? (B) Qual é a variação da entropia quando o fluido volta do estado b para o estado a pelo processo descrito pela curva C_2?

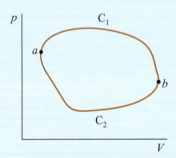

Figura 8.10 (Exercício 8.8).

E 8.9 À pressão atmosférica, os valores da temperatura de fusão e do calor latente de fusão do hidrogênio e do oxigênio são, respectivamente, T_f = 13,9 K, Q_f = 13,8 cal/g e T_f = 54,3 K, Q_f = 3,3 cal/g. Calcule a variação da entropia de 1 grama desses materiais ao se fundirem à pressão de 1 atm.

E 8.10 Calcule o aumento da entropia de 1,00 mol de um gás ideal quando seu volume se expande isotermicamente do valor inicial de 20,0 litros para o valor final de 80,0 litros.

E 8.11 Um corpo, cuja capacidade térmica vale C, é aquecido da temperatura T_o à temperatura final T_f. Mostre que sua entropia aumenta do valor $\Delta S = C \ln(T_f / T_o)$.

E 8.12 Calcule a diferença entre a entropia de 1,00 g de gelo a 0 °C e 1,00 g de água líquida a 100 °C ambos à pressão atmosférica. O calor latente de fusão e de evaporação da água à pressão atmosférica é 79,7 cal/g. Faça a aproximação de que o calor específico da água permaneça constante, com o valor de 1,0 cal /(gK) entre 0 °C e 100 °C.

Seção 8.13 ■ Diagrama $T \times S$ do ciclo de Carnot

Agora, já conhecido o conceito de entropia, é oportuno um reexame do ciclo de Carnot representado na Figura 8.4A. Olhemos o ciclo, partindo do ponto a. No processo isotérmico de expansão (indo de a até b), a temperatura permanece com valor constante T_1 e a entropia tem uma variação positiva ΔS_1. Na expansão adiabática (indo de b até c), a entropia permanece constante e a temperatura diminui até o valor T_2. Na compressão isotérmica (indo de c até d), a temperatura permanece com valor constante T_2 e a entropia sofre uma variação negativa ΔS_2. Finalmente, na compressão adiabática que fecha o ciclo (indo de d até a), a entropia permanece constante e a temperatura aumenta até o valor T_2. Em suma, o ciclo é constituído de dois processos isotérmicos em que a temperatura fica constante e dois processos adiabá ticos em que a entropia fica constante. Isso sugere uma outra representação do ciclo, não em um diagrama $p \times V$, mas sim em um diagrama $T \times S$. Nesse novo diagrama, o ciclo tem a forma de um retângulo, como mostra a Figura 8.11. A análise do ciclo, em termos dessas novas variáveis (T e S), é muito mais simples. O calor absorvido pelo sistema na expansão isotérmica (de a até b) é

$$Q_1 = T_1 \Delta S_1, \tag{8.29}$$

e o calor cedido pelo sistema na contração isotérmica (de c até d) é

$$Q_2 = -T_2 \Delta S_2. \tag{8.30}$$

O trabalho realizado pelo sistema no ciclo completo é

$$W = Q_1 - Q_2 = T_1 \Delta S_1 + T_2 \Delta S_2 = T_1 |\Delta S_1| - T_2 |\Delta S_2|. \tag{8.31}$$

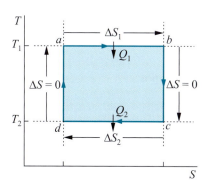

Figura 8.11
Ciclo de Carnot representado em um diagrama $T \times S$.

Exercício

E 8.13 A Figura 8.12 mostra um ciclo realizado por um sistema, representado em um diagrama $T \times S$, ou seja, um diagrama em que as variáveis que descrevem o sistema são T e S. Calcule: (A) o calor absorvido pelo sistema no processo de expansão isotérmica e (B) o trabalho realizado pelo sistema no ciclo fechado.

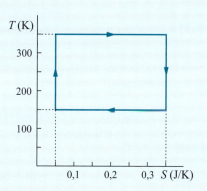

Figura 8.12
(Exercício 8.13).

Seção 8.14 ▪ Entropia e irreversibilidade

Em um processo reversível, a diferencial da entropia do sistema é dada por

▪ Diferencial da entropia em processo reversível

$$dS = \frac{dQ}{dT}. \tag{8.32}$$

Sendo o processo reversível, a quantidade de calor envolvida nesta equação tem que ser obtida de um ambiente à mesma temperatura T. Nesse caso, a mudança na entropia do ambiente é

$$dS_{amb} = -\frac{dQ}{T}.\tag{8.33}$$

Portanto, a mudança da entropia do Universo (sistema mais seu ambiente) em uma troca reversível de calor é

$$dS_U = dS + dS_{amb} = \frac{dQ}{T} - \frac{dQ}{T} = 0.\tag{8.34}$$

Podemos então dizer

■ **Diferencial da entropia do Universo em processo reversível**

$$dS_U = 0.\tag{8.35}$$

Consideremos agora uma troca de calor entre dois sistemas a temperaturas diferentes. Um sistema à temperatura T_1 cede calor a outro sistema à temperatura mais baixa T_2, o que constitui um processo irreversível. Vamos supor que essa troca seja lenta o suficiente para que cada sistema esteja sempre em estado de quase-equilíbrio. Nesse caso,

$$dS_U = \frac{dQ}{T_2} - \frac{dQ}{T_1}.\tag{8.36}$$

Uma vez que $T_1 > T_2$, concluímos:

■ **Diferencial da entropia do Universo em processo irreversível**

$$dS_U > 0.\tag{8.37}$$

Portanto, em uma troca irreversível de calor a entropia do Universo (do sistema mais do ambiente) sempre aumenta. Na verdade, isso é o que ocorre em qualquer processo irreversível, haja ou não troca de calor entre dois sistemas. Se um sistema isolado passa por um processo irreversível qualquer, sua entropia aumenta, apesar de o sistema não receber calor algum. A Equação 8.29 só vale para processos reversíveis. No caso mais geral, em que o sistema absorva calor e possivelmente passe por algum processo irreversível, vale a desigualdade

■ **Variação da entropia de um sistema em um processo qualquer**

$$dS \geq \frac{dQ}{T}.\tag{8.38}$$

Portanto, a Equação 8.32 representa o aumento mínimo da entropia de um sistema ao receber o calor dQ.

A Equação 8.35 expressa formalmente uma terceira formulação da segunda lei da termodinâmica. Em palavras, podemos enunciar:

A entropia do Universo nunca decresce. Ela fica invariante em processos reversíveis e cresce em processos irreversíveis. Se um sistema à temperatura T absorve calor dQ, sua variação de entropia é dS ≥ dQ / T.

Segunda lei da termodinâmica em termos da entropia: a entropia do Universo nunca decresce. Ela fica invariante em processos reversíveis e cresce em processos irreversíveis. Se um sistema à temperatura T absorve calor dQ, sua variação de entropia é $dS \geq dQ / T$

Entre outras coisas, a segunda lei exprime a irreversibilidade dos processos naturais. Reversibilidade é uma condição ideal que não se realiza. Qualquer processo é gerado por algum desequilíbrio interno do sistema, ou entre o sistema e seu ambiente. Em particular, uma vez que a condutividade térmica dos materiais é sempre finita, as correntes de calor requerem algum desequilíbrio térmico. Portanto, qualquer processo acaba gerando algum aumento na entropia total. Uma vez que a entropia não pode decrescer, é impossível que tudo volte a ser como antes, ou seja, a rigor nenhum processo pode ser revertido.

Contrariamente à maioria das leis da física, a segunda lei exprime algo que de forma qualitativa é extremamente familiar às pessoas. Ela exprime a seta do tempo, ou seja, a distinção fundamental entre passado e futuro. Na evolução do Universo, cada estado ocorre somente uma vez. A situação presente nunca ocorreu no passado e nunca irá se repetir no futuro. A segunda lei não é, todavia, a mera afirmação de um fato óbvio. Ela diz o óbvio e algo mais. Ela quantifica a irreversibilidade em termos de uma nova grandeza, a entropia, e a partir de ta

Capítulo 8 ■ Entropia e Segunda Lei da Termodinâmica

formulação faz previsões definidas sobre os processos. Além disso, os estados de equilíbrio dos sistemas têm necessariamente algumas propriedades cuja análise se torna possível com a formulação rigorosa da segunda lei.

Exercício-exemplo 8.7

■ Dois blocos com grande capacidade térmica estão conectados por uma barra que possibilita a transferência de calor entre eles, como mostra a Figura 8.13. Um dos blocos está à temperatura de 80 °C e o outro a 20 °C, e devido ao alto valor das suas capacidades térmicas as duas temperaturas mudam muito lentamente. Em 20,0 s, 1,00 cal de calor é transferida do bloco quente para o frio. Qual é a variação de entropia do Universo decorrente da troca de calor entre os blocos no espaço de 1,00 s?

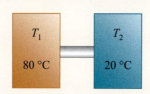

Figura 8.13
(Exercício-exemplo 8.7).

■ **Solução**

Em um segundo, o calor trocado entre os blocos é

$$\Delta Q = \frac{1,00 \text{ cal}}{20,0} = \frac{4,18 \text{ J}}{20,0} = 0,209 \text{ J}.$$

O bloco que perde calor sofre uma variação negativa de entropia, dada por

$$\Delta S_1 = -\frac{\Delta Q}{T_1} = -\frac{0,209 \text{ J}}{353 \text{ K}} = -0,592 \frac{\text{mJ}}{\text{K}}.$$

Já o bloco que recebe calor tem sua entropia aumentada em

$$\Delta S_2 = \frac{\Delta Q}{T_2} = \frac{0,209 \text{ J}}{293 \text{ K}} = 0,713 \frac{\text{mJ}}{\text{K}}.$$

A variação de entropia do Universo é dada por

$$\Delta S_U = \Delta S_1 + \Delta S_2 = 0,713 \frac{\text{mJ}}{\text{K}} - 0,592 \frac{\text{mJ}}{\text{K}} = 0,191 \frac{\text{mJ}}{\text{K}}.$$

Exercício-exemplo 8.8

■ Uma pedra, com massa de 5,0 kg, cai da altura de 10,0 m, partindo do repouso, e acaba em repouso no solo. Qual é o aumento da entropia nesse processo? A temperatura da pedra e do solo é de 25 °C.

■ **Solução**

Temos aqui um processo em que energia mecânica é transformada em calor. A variação de energia mecânica do sistema pedra-terra é

$$\Delta U = -mgh = -5,0 \text{ kg} \times 9,8 \frac{\text{m}}{\text{s}^2} \times 10 \text{ m} = -0,40 \text{ kJ}.$$

Pela lei da conservação da energia, uma quantidade de calor igual a $-\Delta U$ é gerada na pedra e no solo. A geração de calor Q, em um sistema à temperatura T, leva a uma criação de entropia cujo valor é Q/T. Portanto, a variação de entropia decorrente dessa geração de calor é

$$\Delta S = \frac{\Delta Q}{T} = \frac{0,49 \text{ kJ}}{298 \text{ K}} = 1,6 \frac{\text{J}}{\text{K}}.$$

176 · Física Básica ■ Gravitação | Fluidos | Ondas | Termodinâmica

E·E Exercício-exemplo 8.9

■ Um carro move-se com a velocidade constante de 30 m/s. O ar oferece uma força de atrito ao movimento do carro cujo módulo é de 650 N. Qual é a taxa, no tempo, de criação de entropia decorrente da resistência do ar?

■ Solução

A força de atrito gera calor a uma taxa igual à potência que a força realiza, com sinal trocado. Como a potência realizada pela força de atrito $\mathbf{F}_a$ é $P = -F_a v$, concluímos que calor é gerado a uma taxa dada por

$$\frac{dQ}{dt} = F_a v = 650\text{N} \times 30\,\frac{\text{m}}{\text{s}} = 19{,}5\text{ kW}.$$

A taxa de variação da entropia associada ao trabalho realizado pela força de atrito é

$$\frac{dS}{dt} = \frac{1}{T}\frac{dQ}{dt} = \frac{19{,}5\text{ kJ/s}}{300\text{K}} = 65\,\frac{\text{J}}{\text{K}\cdot\text{s}}.$$

Exercícios

E 8.14 Um reservatório térmico à temperatura de 90 °C é conectado a outro reservatório a 60 °C por uma barra metálica. Calor é transferido de um reservatório para outro à taxa de 0,80 cal/s. Calcule a taxa de variação da entropia do sistema.

E 8.15 Uma porção de água, à temperatura de 20 °C, está dentro de uma caixa de isopor que impede a transferência de calor entre a água e o ambiente, e que tem capacidade térmica desprezível comparada à da água, cujo valor é de 4,0 kJ/K. Um bloco com capacidade térmica de 2,0 kJ/K e à temperatura de 80 °C é colocado dentro da água. (A) Qual é a temperatura final do sistema água–bloco? (B) Quanto aumenta a entropia do Universo nesse processo de termalização?

E 8.16 Uma hélice gira dentro da água forçada por um motor, à freqüência de 50 Hz. Em cada giro da hélice, o motor realiza sobre ela um trabalho igual a 40 J. Tanto a água quanto a hélice se mantêm aproximadamente à temperatura de 22 °C. Quanto a entropia aumenta em cada minuto devido à rotação da hélice?

E 8.17 Mostre que nos dois processos adiabáticos do ciclo de Carnot não há variação na entropia do Universo.

E 8.18 Um pêndulo é constituído de uma esfera com massa de 100 g na extremidade de uma linha de massa desprezível e comprimento de 60 cm. O pêndulo é posto a oscilar com amplitude inicial de 12° e é atenuado pelo atrito do ar até parar. O pêndulo está (e permanece) em equilíbrio térmico com o ar, a 25 °C. (A) Qual é a variação da energia mecânica do pêndulo no processo? (B) Qual é a variação da entropia do ar decorrente do processo?

E 8.19 Uma lâmpada de filamento tem temperatura estável em 3000 K. O consumo de energia elétrica da lâmpada é de 100 W. Quanto de entropia é gerado no filamento a cada segundo?

E 8.20 O Sol irradia luz com a potência de $3{,}9 \times 10^{26}$ W e sua superfície tem temperatura de 5.500 K. Qual é o valor mínimo da taxa de produção de entropia no Sol?

Seção 8.15 ■ Terceira lei da termodinâmica

Criogenia é a técnica da refrigeração

Pelo visto até aqui, a entropia de um sistema sempre iria conter uma constante aditiva arbitrária. Esse era de fato o pensamento vigente até o início do século XX. Porém, o desenvolvimento das técnicas de resfriamento de sistemas, no conjunto denominadas criogenia, levaram a fatos novos que não podiam ser entendidos com base unicamente nas leis então conhecidas da termodinâmica. Conforme já vimos, no processo de expansão adiabática de um gás, sua temperatura decresce. Esse é um importante método de resfriar sistemas. Outros processos adiabáticos também são importantes em técnicas de resfriamento. Um deles é

Capítulo 8 ■ Entropia e Segunda Lei da Termodinâmica

desmagnetização adiabática de um sistema paramagnético: o sistema é magnetizado isotermicamente pela aplicação de um intenso campo magnético externo. Em seguida, o campo é retirado em condições adiabáticas, e o sistema se resfria (ver Problema 7.11 do Capítulo 7 (*Primeira Lei da Termodinâmica*).

O resfriamento de um gás ideal em uma expansão adiabática pode ser quantificado sem dificuldade. Consideremos que o gás seja expandido do volume inicial V_o para o volume final V_1. Podemos escrever

$$p_1 V_1^\gamma = p_o V_o^\gamma,$$

$$p_1 V_1 = p_o V_o \left(\frac{V_o}{V_1} \right)^{\gamma-1}. \tag{8.39}$$

Portanto, pela equação de estado do gás ideal,

$$T_1 = T_o \frac{p_1 V_1}{p_o V_o} = T_o \left(\frac{V_o}{V_1} \right)^{\gamma-1}. \tag{8.40}$$

Tomando-se um exemplo concreto, para um gás monoatômico, como o hélio, $\gamma = 5/3$. Se o hélio, inicialmente a 273 K, sofre uma expansão adiabática em que seu volume se multiplica por 10, sua temperatura final será

$$T_1 = 273\,\mathrm{K} \left(\frac{1}{10} \right)^{2/3} = 58,8\ \mathrm{K}.$$

Nesse processo, a variação de temperatura do gás é $\Delta T_1 = -214{,}2$ K. Se agora o sistema for comprimido isotermicamente até o volume inicial e novamente for expandido adiabaticamente de forma que seu volume seja outra vez multiplicado por 10, a temperatura atingida será

$$T_2 = T_1 \left(\frac{1}{10} \right)^{2/3} = 12.7\ \mathrm{K}.$$

A variação da temperatura do gás seria agora $\Delta T_2 = -46{,}1$ K. Se o processo fosse repetido mais uma vez, o gás atingiria a temperatura $T_3 = -2{,}73$ K, o que equivale a uma variação de temperatura $\Delta T_3 = -10{,}0$ K. Na verdade, neste último processo o gás provavelmente iria se condensar em forma de líquido, mas vamos ignorar isso na análise. O fato é que, nessa seqüência de compressão isotérmica seguida de expansão adiabática, o resfriamento em cada processo compressão–expansão seria cada vez menor e o sistema nunca atingiria a temperatura zero. Ao fim de N processos, a temperatura do gás seria

$$T_N = T_o \left(\frac{1}{10} \right)^{2N/3}. \tag{8.41}$$

> **Terceira lei da termodinâmica**: o zero absoluto de temperatura é inatingível em qualquer seqüência finita de processos

Portanto, T_N seria finito para qualquer N finito. Resultados semelhantes acabam sendo obtidos em qualquer processo utilizado para o resfriamento de um sistema. A generalização dessa experiência (novamente uma experiência frustrante!) constitui a terceira lei da termodinâmica, enunciada a seguir:

O zero absoluto de temperatura é inatingível em qualquer seqüência finita de processos.

> **Formulação da terceira lei da termodinâmica em termos da entropia**: a entropia do estado de equilíbrio de qualquer sistema tende para zero quando a temperatura tende para o zero absoluto

Analogamente à segunda, a terceira lei permite várias formulações equivalentes. Uma dessas, cuja fundamentação será omitida, decorre da interpretação da entropia com base na mecânica estatística, e diz:

A entropia do estado de equilíbrio de qualquer sistema tende para zero quando a temperatura tende para o zero absoluto.

Portanto, com base na terceira lei da termodinâmica, existe um estado do sistema, o estado de equilíbrio à temperatura zero, no qual sua entropia é nula. Conseqüentemente, a entropia em um estado qualquer será expressa por

$$S(T,X) = \int_0^T \frac{C(T',X')}{T'} dT', \qquad (8.42)$$

onde X representa o conjunto das outras variáveis necessárias para descrever o sistema e $C(X,T)$ é a sua capacidade térmica.

E-E Exercício-exemplo 8.10

■ Lei T^3 de Debye para o calor específico

■ A temperaturas baixas, o calor específico de um material isolante elétrico varia com a temperatura na forma da *lei T^3 de Debye*:

$$c = AT^3, \qquad (8.43)$$

onde A é uma constante que depende do material. Na verdade, A depende de se o aquecimento é feito a pressão constante ou a volume constante — e é ligeiramente maior no primeiro caso —, mas esse pequeno efeito pode ser ignorado sem grande erro. Qual é a entropia de uma massa m de material a uma temperatura suficientemente baixa para que a lei de Debye permaneça válida?

■ Solução

A capacidade térmica do material será

$C = mc = mAT^3$.

Pela Equação 8.42, sua entropia à temperatura T será

$$S(T) = \int_0^T \frac{C(T')}{T'} dT' = \int_0^T \frac{mAT'^3}{T'} dT' = \frac{1}{3} mAT^3.$$

Exercício

E 8.21 A baixas temperaturas o calor específico molar do alumínio varia com a temperatura na forma $c = 2{,}5 \times 10^{-5} \dfrac{\text{J}}{\text{K}^4} \times T^3$. Calcule a entropia de 1,0 mol de alumínio à temperatura de 100 K.

PROBLEMAS

P 8.1 Uma máquina térmica tem dois estágios. O primeiro utiliza uma fonte de calor à temperatura T_1, realiza trabalho e despeja o resto de calor no segundo estágio. Este utiliza o calor rejeitado pelo primeiro estágio, realiza trabalho e despeja o resto de calor em um reservatório à temperatura T_2. Demonstre que o rendimento máximo da máquina continua sendo $(T_1 - T_2)/T_1$.

P 8.2 Considere um ciclo de Carnot qualquer de um gás ideal. Mostre que o trabalho realizado pelo gás no processo de compressão adiabática é igual, e de sinal contrário, ao realizado no processo de expansão adiabática.

P 8.3 Obtenha a expressão $e = 1 - T_2/T_1$ para o rendimento de uma máquina de Carnot utilizando o diagrama $T \times S$.

P 8.4 Mostre que o trabalho realizado por uma máquina térmica em um ciclo reversível é a área dentro da curva que descreve o ciclo no diagrama $T \times S$ (Figura 8.14).

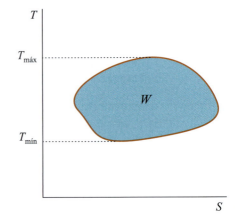

Figura 8.14
(Problemas 8.4 e 8.5)

Capítulo 8 ■ Entropia e Segunda Lei da Termodinâmica

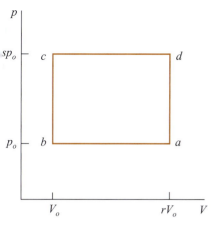

Figura 8.15
(Problemas 8.6 e 8.7).

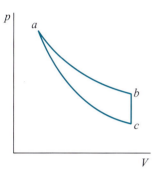

Figura 8.16
(Problema 8.8).

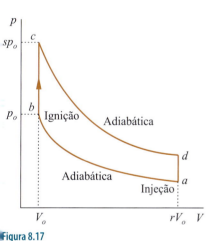

Figura 8.17
Ciclo Otto (Problema 8.13).

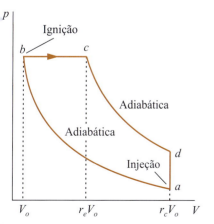

Figura 8.18
Ciclo Diesel (Problema 8.14).

P 8.5 A Figura 8.14 mostra o diagrama $T \times S$ de uma máquina térmica operando de forma reversível entre as duas temperaturas extremas $T_{mín}$ e $T_{máx}$. Mostre que o rendimento da máquina é menor do que o de uma máquina de Carnot operando entre as mesmas temperaturas $T_{mín}$ e $T_{máx}$.

P 8.6 Um gás ideal realiza o ciclo representado na Figura 8.15. Partindo do ponto a, ele é comprimido isobaricamente até o ponto b; a partir daí, é aquecido isometricamente até o ponto c; desse ponto, o gás se expande isobaricamente até o ponto d e então é resfriado isometricamente até o ponto inicial a. Calcule (A) as temperaturas nos pontos b, c e d em termos da temperatura T_a e dos parâmetros r e s; (B) o rendimento do ciclo.

P 8.7 Faça um diagrama $T \times S$ do ciclo representado na Figura 8.15.

P 8.8 Um mol de um gás monoatômico, cuja capacidade térmica a volume constante é $C_V = 3R/2$, está inicialmente à temperatura de 300 K e à pressão atmosférica. Esse estado é indicado pela letra a na Figura 8.16. O gás sofre uma expansão isotérmica e seu volume fica 5,00 vezes maior, e ele atinge o estado b. Calor é agora retirado do gás até que ele atinja o estado c, de onde ele retorna ao estado a por compressão adiabática. (A) Qual é a pressão do gás no estado c? (B) Quanto de calor é absorvido pelo gás no processo ab? (C) Quanto de calor é retirado no resfriamento do processo bc? (D) Qual é o trabalho realizado no ciclo? Qual é a eficiência do ciclo?

P 8.9 Um carro, com a potência de 110 hp (82 kW), opera com eficiência de 25%. Suponha que a temperatura do reservatório que fornece o calor (a temperatura gerada pela explosão da mistura ar–combustível) seja de 500 °C e a temperatura do exaustor de calor (a da água que refrigera o motor) seja de 85 °C. (A) Quanto de energia é fornecido ao carro em cada hora? (B) Qual seria a eficiência se o motor fosse ideal, ou seja, se operasse em um ciclo de Carnot?

P 8.10 O objetivo de um refrigerador é retirar calor de um sistema. Ele pode também ser usado como uma bomba de calor. Nesse caso, o que se pretende é aquecer um sistema usando calor retirado de outro mais frio. O calor despejado no sistema a ser aquecido é igual ao calor retirado do sistema frio mais o trabalho realizado sobre a bomba para que ela faça a transferência de calor. Em um dia de inverno, calor do ambiente externo, cuja temperatura é de –10 °C, é transferido para manter aquecida uma residência, cuja temperatura é de 22 °C. Para manter o aquecimento é necessário que calor seja injetado na residência a uma potência de 15 kW. Qual é a potência mínima do sistema que faz o bombeamento?

P 8.11 Dois carros, cada qual com massa de 1,0 tonelada e com velocidade de 80 km/h, colidem frontalmente e atingem o estado de repouso. Estime a entropia gerada pela colisão. Considere que a temperatura ambiente seja de 20 °C.

P 8.12 Um mol de hidrogênio, cuja capacidade térmica a volume constante é $C_V = 5R/2$, está inicialmente à temperatura de 300 K e à pressão atmosférica. O gás passa por uma transformação em dois estágios. No primeiro, o gás tem sua pressão aumentada em 50%, isometricamente. No segundo estágio, o gás tem seu volume aumentado em 50%, isobaricamente. Calcule (A) o calor absorvido pelo gás; (B) a variação total da entropia do gás.

P 8.13 Os motores de combustão interna de quatro tempos a gasolina ou álcool seguem aproximadamente o *ciclo Otto*, ilustrado na Figura 8.17. No ponto a, o combustível é injetado no cilindro; em seguida, o volume deste é reduzido por um fator r e o sistema atinge o ponto b; uma centelha gera a ignição do combustível, e o gás se aquece isometricamente até atingir o ponto c; a partir deste, o gás se expande adiabaticamente até o ponto d; uma válvula então

180 · Física Básica ■ Gravitação | Fluidos | Ondas | Termodinâmica

se abre e libera o resto da combustão, e o sistema atinge novamente o ponto a. (A) Imaginando que o ciclo fosse percorrido por um gás ideal, calcule as temperaturas nos pontos b, c e d em termos da temperatura T_a no ponto a, da taxa de compressão r, da taxa de pressurização s e do coeficiente γ do gás. (B) Calcule o rendimento do ciclo.

P 8.14 Os motores de combustão interna movidos a diesel seguem aproximadamente o *ciclo Diesel*, o qual se distingue do ciclo Otto pelo fato de que a ignição não é iniciada por uma centelha e sim resultado do aquecimento gerado pela compressão adiabática. A Figura 8.18 representa o ciclo Diesel. No processo bc, quando se dá a combustão, o gás se expande isobaricamente. Mostre que o rendimento do ciclo é

$$e = 1 - \frac{1}{\gamma}\frac{T_d - T_a}{T_c - T_b} = 1 - \frac{1}{\gamma}\frac{r_e^{-\gamma} - r_c^{-\gamma}}{r_e^{-1} - r_c^{-1}}$$

P 8.15 Mostre que, se algum fluido possuísse duas adiabáticas que se cruzassem, seria possível realizar com ele um ciclo violando a segunda lei da termodinâmica.

P 8.16 1,0 kg de alumínio, cujo calor específico é 0,22cal/(g°C), inicialmente a 50 °C, é imerso em um tanque que contém água a 20 °C. Calcule a variação da entropia (A) do corpo de alumínio; (B) da água; (C) do Universo.

P 8.17 Dois corpos de mesma capacidade térmica C, inicialmente às temperaturas T_1 e T_2, são colocados em contato térmico mútuo e isolados do resto do Universo. Mostre que o aumento da entropia decorrente da termalização entre eles é

$$\Delta S = C \ln \frac{(T_1 + T_2)^2}{4T_1 T_2}$$

■ Respostas dos exercícios ■

E 8.1 (A) $W = 6{,}0$ J. (B) $e = 26\%$

E 8.2 $e = 25\%$

E 8.3 $e = 7{,}0\%$

E 8.4 $e = 55\%$. Na verdade, a eficiência de um motor a gasolina não excede os 30%.

E 8.5 611 K e 372 K

E 8.6 $K = 5{,}3$

E 8.7 $r = 71$

E 8.8 (A) $+ 1{,}2$ J/K. (B) $- 1{,}2$ J/K

E 8.9 $\Delta S_H = 4{,}16$ J/K, $\Delta S_O = 0{,}25$ J/K

E 8.10 $\Delta S = 11{,}5$ J/K

E 8.12 $\Delta S = 2{,}5$ J/K

E 8.13 (A) $Q = 105$ J. (B) $W = 60$ J

E 8.14 $dS/dt = 0{,}83$ mJ/Ks

E 8.15 (A) 40 °C. (B) 37 J/K

E 8.16 0,41 kJ/K

E 8.20 $7{,}1 \times 10^{22} \dfrac{\text{J}}{\text{K} \cdot \text{s}}$

E 8.21 $S = 8{,}3$ J/K

■ Respostas dos problemas ■

P 8.6 (A) $T_b = T_a / r$, $T_c = sT_a / r$, $T_d = sT$.

(B) $e = 1 - \dfrac{\gamma(1 - 1/r) + s - 1}{s\gamma(1 - 1/r) + (s - 1)/r}$

P 8.8 (A) $p_c = 6{,}93$ kPa. (B) $Q_1 = 4{,}01$ kJ. (C) $Q_2 = 2{,}46$ kJ. (D) $e = 0{,}387$

P 8.9 (A) $Q_1 = 1{,}18 \times 10^9$ J. (B) $e = 54\%$

P 8.10 1,6 kW

P 8.11 $\Delta S = 1{,}7$ kJ/K

P 8.12 (A) $Q = 9{,}66$ kJ. (B) $\Delta S = 20{,}2$ kJ/K

P 8.13 (A) $T_b = r^{\gamma-1}T_a$, $T_c = sr^{\gamma-1}T_a$, $T_d = sT_a$. (B) $e = 1 - r^{\gamma-1}$

P 8.16 (A) $\Delta S_{Al} = -21{,}4$ cal/K. (B) $\Delta S_{\text{água}} = 22{,}5$ cal/K. (C) $\Delta S_U = 1{,}1$ cal/K

9

Teoria Cinética dos Gases

Seção 9.1 ■ Modelo do gás ideal, 182
Seção 9.2 ■ Eqüipartição da energia, 186
Seção 9.3 ■ Expansão livre e mistura de gases, 190
Seção 9.4 ■ Entropia e desordem, 192
Seção 9.5 ■ Um paradoxo, 195
Seção 9.6 ■ Dois tipos de desordem, 197
Seção 9.7 ■ Distribuição das velocidades moleculares, 197
Seção 9.8 ■ Verificação experimental da distribuição de Maxwell, 200
Seção 9.9 ■ Livre percurso médio das moléculas, 201
Seção 9.10 ■ Equação de estado de van der Waals (opcional), 204
Problemas, 207
Respostas dos exercícios, 208
Respostas dos problemas, 208

Seção 9.1 ■ Modelo do gás ideal

O gás ideal constitui o sistema mais simples de partículas interagentes. Felizmente, ele é um modelo capaz de descrever com boa fidelidade os gases reais relativamente rarefeitos, exceto quando a temperatura se aproxima do ponto de liquefação do gás a uma dada pressão. Consideremos, por exemplo, o ar em condições normais de pressão e temperatura. Cada mol ($6,02 \times 10^{23}$ moléculas) de ar ocupa um volume $V = 24 \times 10^3$ cm^3, o que significa um volume $v = 4,0 \times 10^{-20}$ cm^3 por molécula. A distância intermolecular média é $d = 3,4 \times 10^{-7}$ cm, o que significa cerca de dez vezes o diâmetro molecular. As moléculas do ar (N_2, O_2, Ar, H_2 etc.) têm carga elétrica e dipolo elétrico nulos. Por isso, só interagem quando muito próximas uma da outra. Duas moléculas cujos centros estejam separados por distância menor que o diâmetro molecular se repelem muito fortemente, devido à interpenetração de suas nuvens eletrônicas. Para separação maior do que o diâmetro molecular, as moléculas se atraem de forma débil, e essa atração é desprezível para separação maior do que cerca de dois diâmetros moleculares. Portanto, no caso do ar, a energia potencial decorrente das forças intermoleculares pode ser ignorada sem erro significativo. Além disso, a colisão entre duas moléculas é algo bastante semelhante à colisão entre duas bolas de bilhar, ou seja, é muito rápida e somente a força repulsiva é relevante. Essas são propriedades muito próximas daquelas atribuídas ao gás ideal, conforme o modelo apresentado a seguir:

> O gás ideal é constituído de partículas que só interagem durante as colisões, que se supõe serem instantâneas.

O gás ideal é constituído de partículas que só interagem durante as colisões, que se supõe serem instantâneas.

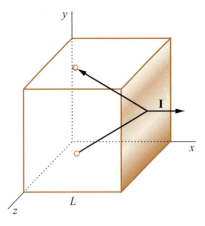

Figura 9.1
Colisão de uma molécula de um gás com a parede da caixa que o contém. Foi suposto que a colisão é elástica e que a força que a caixa exerce sobre a molécula é normal à parede.

Para análise do comportamento do gás ideal, consideremos o gás contendo N moléculas em uma caixa em forma de cubo de lado L, como mostra a Figura 9.1. Para simplificar, vamos supor que as moléculas sejam idênticas. O gás será analisado pelo método estatístico: uma molécula genérica será sorteada para investigação, e o comportamento do gás será obtido por meio de médias estatísticas obtidas sobre o comportamento da molécula. A contribuição efetiva das colisões entre moléculas é unicamente levar o gás ao equilíbrio termodinâmico e então mantê-lo nesse estado. Suponhamos que o equilíbrio tenha sido atingido. Uma molécula sorteada para análise tem inicialmente velocidade com componente v_x ao longo do eixo x. Devido às colisões com outras moléculas, esse estado será rapidamente alterado. Entretanto, o único efeito das colisões é manter a distribuição das probabilidades para as velocidades moleculares. Na análise que faremos a seguir, as colisões entre moléculas pode ser ignorada. Além disso, vamos supor que, ao colidir com a caixa, a molécula sinta uma força normal à parede, e que sua energia fique conservada. No intervalo de tempo Δt, a molécula sofrerá um número de colisões com a face sombreada da caixa (Figura 9.1), dado por

$$\Delta N = \frac{|v_x|\Delta t}{2L}. \tag{9.1}$$

Em cada colisão, a partícula transmitirá à parede um impulso que vale

$$I = 2mv_x, \tag{9.2}$$

e, portanto, a força média que a partícula exerce sobre a parede será

$$f = \frac{|I|\Delta N}{\Delta t} = 2m|v_x|\frac{|v_x|}{2L}. \tag{9.3}$$

No conjunto, as N moléculas exercerão sobre a parede uma força média dada por

$$F = N\langle f \rangle = \frac{N}{L}m\langle v_x^{\,2}\rangle. \tag{9.4}$$

A pressão sobre a parede será

$$p = \frac{F}{L^2} = \frac{N}{L^3}m\langle v_x^{\,2}\rangle. \tag{9.5}$$

Finalmente, como a caixa tem volume $V = L^3$,

$$pV = N\,m\,\langle v_x^2\rangle. \tag{9.6}$$

Por outro lado, temos

$$v^2 = v_x^{\,2} + v_y^{\,2} + v_z^{\,2}. \tag{9.7}$$

Uma vez que as três direções x, y e z são equivalentes,

$$\langle v_x^{\,2}\rangle = \langle v_y^{\,2}\rangle = \langle v_z^{\,2}\rangle. \tag{9.8}$$

Nesse caso,

$$\langle v^2\rangle = 3\langle v_x^{\,2}\rangle. \tag{9.9}$$

A partir das Equações 9.6 e 9.9, obtemos

$$pV = N\frac{1}{3}m\langle v^2\rangle. \tag{9.10}$$

Mas a energia cinética translacional das partículas é $K_{\text{trans}} = N\frac{1}{2}m\langle v^2\rangle$, logo podemos escrever

$$pV = \frac{2}{3}K_{\text{trans}}. \tag{9.11}$$

Considerando a equação de estado $pV = Nk_{\text{B}}T$ dos gases ideais, concluímos:

■ Energia cinética de translação das moléculas

$$K_{\text{trans}} = \frac{3}{2}Nk_{\text{B}}T. \tag{9.12}$$

Em termos das velocidades das partículas, a Equação 9.12 se reescreve na forma

$$\frac{1}{2}m\langle v^2\rangle = \frac{3}{2}k_{\text{B}}T. \tag{9.13}$$

184 Física Básica ■ Gravitação | Fluidos | Ondas | Termodinâmica

Com base neste resultado, podemos exprimir a *velocidade quadrática média* das moléculas

■ Velocidade quadrática média das moléculas em um gás

$$v_{rms} \equiv \sqrt{\langle v^2 \rangle} = \sqrt{\frac{3k_B T}{m}}, \qquad (9.14)$$

onde o índice rms significa *root of mean squares* (raiz da média dos quadrados).

A molécula mais abundante no ar é o N_2, cuja massa é $m = 4,65 \times 10^{-26}$ kg. À temperatura de 295 K, a velocidade rms dessa molécula vale

$$v_{rms} = \sqrt{\frac{3 \times 1,38 \times 10^{-23} \, J/K \times 295K}{4,65 \times 10^{-26} \, kg}} = 512 \text{ m/s}.$$

Um caso especial a se considerar é o dos gases monoatômicos, realizado pelos gases dos elementos nobres e também por outros gases a temperaturas muito elevadas. No gás monoatômico, toda a energia cinética vem do movimento de translação, e nesse caso temos

$$U = K_{trans}. \qquad (9.15)$$

Logo, para um gás ideal monoatômico, a energia interna vale

■ Energia interna de um gás ideal monoatômico

$$U = \frac{3}{2} N k_B T, \qquad (9.16)$$

do que se conclui que

$$pV = \frac{2}{3} U. \qquad (9.17)$$

A capacidade térmica a volume constante do gás monoatômico é

$$C_V = \left(\frac{dQ}{dT} \right)_V. \qquad (9.18)$$

O índice V na Equação 9.18 indica que o volume do gás é mantido fixo durante a absorção do calor dQ. Nesse caso, pela primeira lei da termodinâmica, $dQ = dU$, a Equação 9.18 resulta em

■ Capacidade térmica a volume constante de gás ideal monoatômico

$$C_V = \frac{dU}{dT} = \frac{3}{2} N k_B. \qquad (9.19)$$

Como vimos no Capítulo 7 (*Primeira Lei da Termodinâmica*), $C_p = C_V + N k_B$, e portanto a capacidade térmica a pressão constante do gás ideal monoatômico é

■ Capacidade térmica a pressão constante do gás ideal monoatômico

$$C_p = \frac{5}{2} N k_B. \qquad (9.20)$$

Partindo das Equações 9.9 e 9.20, podemos escrever

■ Gás ideal monoatômico

$$\gamma = \frac{C_p}{C_V} = \frac{5}{3}, \qquad (9.21)$$

resultado este já utilizado sem prova anteriormente. Freqüentemente, os gases são descritos pelos seus calores específicos molares, isto é, as capacidades térmicas de um mol de gás. Como $N_A k_B = R$, podemos escrever

■ Calores específicos molares dos gases ideais monoatômicos

$$C_V = \frac{3}{2} N_A k_B = \frac{3}{2} R,$$

$$\qquad (9.22)$$

$$C_p = \frac{5}{2} N_A k_B = \frac{5}{2} R.$$

Capítulo 9 ■ Teoria Cinética dos Gases

E-E Exercício-exemplo 9.1

■ No GaAs contendo impurezas de Si, aparece um gás de elétrons que podem ser tratados como elétrons livres, exceto pelo fato de que sua massa efetiva é $m^* = 0{,}067m_e$, sendo m_e a massa do elétron. Calcule a velocidade v_{rms} desses elétrons à temperatura de 295 K.

■ Solução

O cálculo pode ser realizado por aplicação direta da Equação 9.14:

$$v_{rms} = \sqrt{\frac{3 \times 1{,}38 \times 10^{-23}\,\mathrm{JK^{-1}} \times 295\mathrm{K}}{0{,}067 \times 9{,}11 \times 10^{-31}\,\mathrm{kg}}} = 4{,}5 \times 10^5\,\frac{\mathrm{m}}{\mathrm{s}}.$$

E-E Exercício-exemplo 9.2

■ Uma molécula de N_2 colide elasticamente com a parede de seu recipiente com a velocidade de 470 m/s, fazendo um ângulo de 55° com a normal. Qual é o impulso transmitido à parede?

■ Solução

O impulso transmitido é expresso pela Equação 9.2. A componente normal à parede da velocidade da molécula é

$$v_x = v\cos 55^\circ = 470\mathrm{m/s} \cdot 0{,}574 = 270 \text{ m/s}.$$

O impulso transmitido é

$$I = 2 \times 4{,}65 \times 10^{-26}\,\mathrm{kg} \times 270\mathrm{m/s} = 2{,}5 \times 10^{-23}\,\mathrm{N \cdot s}$$

E-E Exercício-exemplo 9.3

■ Um cubo com volume de 1,0 cm³ tem gás nitrogênio em condições normais de pressão e temperatura. (A) Calcule o número de moléculas contidas no gás. (B) Estime o número de colisões moleculares sobre cada face do cubo a cada segundo.

■ Solução

(A) O número de moléculas pode ser calculado por aplicação da equação de estado dos gases ideais, $pV = Nk_BT$, da qual obtemos:

$$N = \frac{pV}{k_BT} = \frac{1{,}0 \times 10^5\,\mathrm{Nm^{-2}} \times 1{,}0 \times 10^{-6}\,\mathrm{m^3}}{1{,}38 \times 10^{-23}\,\mathrm{JK^{-1}} \times 295\mathrm{K}} = 2{,}5 \times 10^{19}.$$

(B) Para estimar o número de colisões, tomaremos especificamente a face do cubo da qual emerge o eixo x de coordenadas. A fórmula correta para o cálculo das colisões é a Equação 9.1, que, para o cálculo estatístico, deve ser usada na forma $\Delta N = \langle |v_x| \rangle \Delta t / 2L$. Entretanto, não sabemos o valor de $\langle |v_x| \rangle$. Sabemos que

$$\langle v_x^2 \rangle = \frac{1}{3}\langle v^2 \rangle \quad \Rightarrow v_{x,rms} = \frac{v_{rms}}{\sqrt{3}}.$$

Nossa estimativa será feita com base na hipótese de que $\langle|v_x|\rangle$ e $v_{x,\text{rms}}$ tenham valores próximos. Ou seja, faremos a aproximação:

$$\langle|v_x|\rangle \cong \frac{v_{\text{rms}}}{\sqrt{3}}.$$

Agora podemos escrever:

$$\Delta N \cong \frac{v_{\text{rms}}\Delta t}{\sqrt{3}\,2L} = \frac{512\text{ms}^{-1}\times 1,0\text{s}}{1,73\times 2\times 1,0\times 10^{-2}\text{m}} = 1,5\times 10^4.$$

Este é o número de colisões que uma molécula faz em média com a parede. Para calcular o número total de colisões, devemos multiplicá-lo pelo número de moléculas contido no cubo:

$$N_{\text{colisões}} \cong 1,5 \times 10^4 \times 2,5 \times 10^{19} = 4 \times 10^{23}.$$

Este resultado ressalta o número extremamente grande de colisões que as moléculas fazem com as paredes da caixa. Essa é a razão pela qual a parede sente uma pressão que para quase todos os efeitos práticos é uniforme e constante.

Exercícios

E 9.1 Use a equação de estado $pV = Nk_{\text{B}}T$ para calcular o volume médio que uma molécula ocupa em um gás ideal em condições normais de pressão e temperatura.

E 9.2 Calcule o valor médio da energia cinética de translação de uma molécula de gás à temperatura de 295 K, em meV. Use o valor 1 eV = $1,60 \times 10^{-19}$ J.

E 9.3 Calcule a velocidade quadrática média de moléculas de (A) H_2 e (B) Bi (monoatômica), à temperatura de 295 K.

E 9.4 Calcule a velocidade quadrática média de partículas de poeira com massa de $1,0 \times 10^{-13}$ g, suspensas no ar à temperatura de 295 K.

E 9.5 Calcule a velocidade quadrática média de um vírus, com massa de $2,0 \times 10^{-17}$ g, imerso no sangue à temperatura de 310 K.

E 9.6 Em uma experiência de *condensação de Bose-Einstein*, um gás de átomos Rb é resfriado em uma armadilha magnetoóptica à temperatura de 3×10^{-9} K. Qual é a velocidade v_{rms} dos átomos de Rb?

Seção 9.2 ■ Eqüipartição da energia

A Equação 9.13 pode ser reescrita na forma

$$\frac{1}{2}m\langle v_x^2\rangle + \frac{1}{2}m\langle v_y^2\rangle + \frac{1}{2}m\langle v_y^2\rangle = \frac{3}{2}k_{\text{B}}T. \tag{9.23}$$

Por simetria, os três termos de energia cinética no lado esquerdo desta equação têm o mesmo valor, o que permite escrever:

$$\frac{1}{2}m\langle v_x^2\rangle = \frac{1}{2}k_{\text{B}}T,$$

$$\frac{1}{2}m\langle v_y^2\rangle = \frac{1}{2}k_{\text{B}}T, \tag{9.24}$$

$$\frac{1}{2}m\langle v_z^2\rangle = \frac{1}{2}k_{\text{B}}T.$$

Estas equações dizem que a cada grau de liberdade de translação do gás corresponde estatisticamente uma energia térmica igual a $k_{\text{B}}T/2$. Esse resultado é denominado eqüipartição da energia. Na verdade, essas equações constituem um caso particular de uma *lei da eqüipartição de energia*, que vamos expor a seguir.

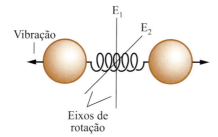

Figura 9.2
Molécula diatômica. A molécula pode girar em torno dos eixos E_1 e E_2 e vibrar na forma indicada.

Consideremos um gás constituído de um mesmo tipo de molécula diatômica, como a que mostra a Figura 9.2. A cada grau de liberdade de uma molécula está associada certa quantidade de energia térmica, e nesse caso temos de identificar os graus de liberdade da molécula diatômica que estamos analisando. Além da translação, a molécula apresenta movimentos de rotação e de vibração. Existem dois modos distintos de rotação, cada qual referente à rotação em torno de um dos dois eixos perpendiculares ao eixo de simetria da molécula, como mostra a figura. Além das duas rotações, a molécula apresenta vibração; nesta, aparecem duas formas de energia: a energia cinética e a energia potencial de vibração. Consolidando esses resultados, a molécula apresenta 7 formas de energia, listadas a seguir:

■ Formas de energia no movimento de uma molécula diatômica

Energia cinética de translação ao longo de x

Energia cinética de translação ao longo de y

Energia cinética de translação ao longo de z

Energia cinética de rotação em torno de E_1

Energia cinética de rotação em torno de E_2

Energia cinética de vibração

Energia potencial de vibração.

Pela física clássica, a cada uma dessas 7 formas de energia corresponde uma contribuição $\frac{1}{2}Nk_BT$ para a energia interna, e assim se tem a energia clássica do gás:

■ Energia clássica de um gás ideal diatômico

$$U_{cláss} = \frac{7}{2}Nk_BT. \tag{9.25}$$

Lei da eqüipartição da energia: a cada mecanismo de acúmulo de energia de um sistema termodinâmico está associada uma energia térmica igual a $k_BT/2$

A lei da eqüipartição da energia afirma que a cada mecanismo de acúmulo de energia de um sistema termodinâmico está associada uma energia térmica igual a $k_BT/2$, desde que a energia varie de forma quadrática com uma variável, tal como posição ou velocidade.

A descrição clássica falha para as contribuições que a vibração e as rotações da molécula dão para a energia interna e a capacidade térmica do gás. Devido a fenômenos quânticos, para temperaturas baixas o modo de vibração da molécula fica "congelado", ou seja, não é efetivamente excitado, conforme veremos. Segundo a física quântica, a energia de um oscilador harmônico não pode variar de forma contínua. Somente os valores discretos $E_n = (n + \frac{1}{2})h\nu$, onde n é um número inteiro ($n = 0,1,2\cdots$) e ν é a freqüência da vibração, são permitidos. Logo, os incrementos na energia de vibração das moléculas se dão em saltos de valor $h\nu$. Conseqüentemente, o modo de vibração fica não-efetivo (congelado) a baixas temperaturas, quando $k_BT \ll h\nu$. Para altas temperaturas, quando $k_BT \gg h\nu$, o caráter discreto da energia do oscilador fica irrelevante e o modo de vibração contribui com o valor Nk_BT para a energia do gás. Portanto, a altas temperaturas as moléculas se comportam efetivamente como se fossem osciladores clássicos, mas a temperaturas mais baixas a energia associada à vibração molecular decresce muito mais rapidamente do que o previsto pela física clássica. Dessa forma, a contribuição do modo de vibração para a capacidade térmica é

$$C_V(\text{vibração}) = \begin{cases} 0, & k_B T \ll h\nu \\ Nk_B, & k_B T \gg h\nu. \end{cases} \quad (9.26)$$

Fenômeno semelhante ocorre com os modos de rotação da molécula. A energia de rotação em torno de um determinado eixo principal de inércia só pode ter valores dados por

$$E_J = \frac{h^2}{8\pi^2 I} J(J+1), \quad J = 0, 1, 2, \ldots, \quad (9.27)$$

onde I é o momento de inércia associado ao referido eixo de rotação. Analogamente ao que ocorre com as vibrações moleculares, as rotações em torno de um dado eixo principal cujo momento de inércia vale I ficam congeladas para temperaturas em que $k_B T \ll h^2/4\pi^2 I$ (esta é a diferença de energia entre os estados $J = 0$ e $J = 1$). A contribuição que um dado modo de rotação dá para a capacidade térmica é

$$C_V(\text{rotação}) = \begin{cases} 0, & k_B T \ll h^2/4\pi^2 I \\ \frac{1}{2} Nk_B, & k_B T \gg h^2/4\pi^2 I. \end{cases} \quad (9.28)$$

Esse comportamento da capacidade térmica é exibido de forma clara pelo gás hidrogênio. A freqüência do modo de vibração da molécula de H_2 é $\nu = 1,25 \times 10^{14}$ s^{-1}. A temperatura de transição, abaixo da qual as vibrações moleculares ficam congeladas, é

$$T_{\text{vib}} = \frac{h\nu}{k_B} = 5,96 \times 10^3 \text{ K}. \quad (9.29)$$

O momento de inércia da molécula de H_2 para os dois eixos de rotação perpendiculares ao eixo de simetria é

$$I = 2m\left(\frac{d}{2}\right)^2, \quad (9.30)$$

onde m é a massa do átomo de hidrogênio e d é a separação entre os dois núcleos na molécula. Dados $m = 1,67 \times 10^{-27}$ e $d = 0,741 \times 10^{-10}$ m, obtemos $I = 4,58 \times 10^{-48}$ kg · m². Com base nesse valor, calculamos a temperatura de transição abaixo da qual as rotações moleculares tendem a ficar congeladas:

$$T_{\text{rot}} = \frac{h^2}{4\pi^2 k_B I} = 176 \text{ K}. \quad (9.31)$$

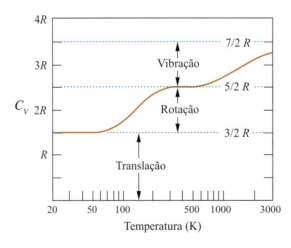

Figura 9.3
Calor específico molar a volume constante do gás hidrogênio.

A Figura 9.3 mostra a variação do calor específico molar do gás hidrogênio com a temperatura. Para um mol de gás, $N = N_A$ e nesse caso $Nk_B = R$. Note-se que o salto em C_V na transição T_{rot} é igual a R, o que decorre do fato de haver dois modos de rotação para a molécula, cada qual contribuindo com R/2 para o salto no calor específico. Já o único modo de vibração gera um salto de R no calor específico, o que tem origem no fato, discutido anteriormente, de que a vibração contém duas contribuições para a energia: a energia cinética e a energia potencial.

A contribuição de um modo de vibração para o calor específico de um gás, líquido ou sólido, é um tópico de muito interesse em física da matéria condensada. A variação com a temperatura dessa contribuição é mostrada na Figura 9.4.

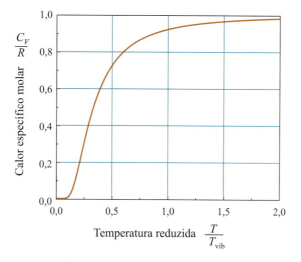

Figura 9.4
Contribuição para o calor específico molar de um modo de vibração. A temperatura característica T_{vib} que aparece na figura e a freqüência v do modo vibracional são relacionadas por $T_{vib} = hv / k_B$.

O hidrogênio é a única molécula em que o "congelamento" dos modos de rotação pode ser observado experimentalmente. As outras moléculas possuem momentos de inércia muito maiores do que o da molécula H_2, e além do mais os gases correspondentes se liquefazem a temperaturas mais elevadas. Por isso, a temperatura T_{rot} está abaixo do ponto de liquefação do gás e os modos de rotação sempre aparecem ativos na medida de C_V.

As moléculas poliatômicas não-lineares apresentam $3n$ (n é o número de átomos da molécula) graus de liberdade, sendo:

3 modos de translação

3 modos de rotação

$3n-6$ modos de vibração

Neste caso, a altas temperaturas o calor específico molar é dado por

$$C_V = 3\frac{R}{2} + 3\frac{R}{2} + (3n-6)R = 3(n-1)R. \tag{9.32}$$

Obviamente, a molécula pode se dissociar antes que esse limite seja atingido. Se a molécula for linear, como a molécula de CO_2, existem somente dois modos de rotação, de maneira que devemos subtrair $R/2$ no valor de C_V expresso pela Equação 9.32.

E-E Exercício-exemplo 9.4

■Calcule, no limite clássico, os calores específicos molares a volume constante e a pressão constante dos gases compostos de (A) CO_2 (que é uma molécula linear) e (B) do álcool etílico (C_2H_6O, ou CH_3CH_2OH), que é uma molécula não-linear.

190 Física Básica ■ Gravitação | Fluidos | Ondas | Termodinâmica

■ **Solução**

(A) Como o CO_2 é uma molécula linear, seu calor específico molar a volume constante é dado por

$$C_V = 3(n-1)R - R/2.$$

Uma vez que $n = 3$ para essa molécula, obtemos:

$$C_V = 3(3-1)R - \frac{R}{2} = 11\frac{R}{2} = 11 \times 8,31\frac{J}{2K} = 45,7\frac{J}{2K}.$$

O calor específico molar a pressão constante vale

$$C_p = C_V + R = 13\frac{R}{2} = 13 \times 8,31\frac{J}{2K} = 54,0\frac{J}{K}.$$

(B) Para o gás composto de C_2H_6O, onde $n = 9$, temos:

$$C_V = 3(n-1)R = 3(9-1)R = 24R = 24 \times 8,31\frac{J}{K} = 199\frac{J}{K}$$

e

$$C_p = C_V + R = 25R = 25 \times 8,31\frac{J}{2K} = 208\frac{J}{K}.$$

Observe-se que para o gás composto de C_2H_6O a razão entre os dois calores específicos é

$$\gamma = \frac{C_p}{C_V} = \frac{208}{199} = 1,04.$$

Quanto maior a molécula, mais próximo de 1 se torna o valor de γ.

Exercícios

E 9.7 Calcule os valores clássicos do calor específico molar a volume constante e a pressão constante do gás composto de P_2Cl_4, cujas moléculas são tridimensionais.

E 9.8 A freqüência de vibração da molécula de N_2 é $v = 8,22 \times 10^{13}\,\text{s}^{-1}$. (A) Calcule T_{vib} para o gás N_2. (B) Calcule o calor específico molar para o gás N_2 à temperatura ambiente. (C) Calcule o fator γ para o gás N_2 à temperatura ambiente.

Seção 9.3 ■ Expansão livre e mistura de gases

No Capítulo 8 (*Entropia e Segunda Lei da Termodinâmica*) vimos que, quando um gás ideal se expande isotermicamente e de forma reversível do volume V_a ao volume V_b, sua entropia aumenta de um valor

$$\Delta S = Nk_B \ln\frac{V_b}{V_a}. \tag{9.33}$$

Consideremos agora um tipo especial de processo irreversível em que um gás ideal à temperatura T passa do volume V_a ao volume V_b. As Figuras 9.5A, 9.5B e 9.5C mostram uma caixa rígida e isolada termicamente, com um volume total V_b. A caixa possui um compartimento de volume V_a no qual inicialmente se concentra um gás ideal com N moléculas à temperatura T (Figura 9.5A). Em um dado instante, um orifício (ou uma válvula) se abre na parede divisória, permitindo então passagem de gás de um compartimento para outro (Figura 9.5B). Após isso, o gás inicia um processo de expansão para ocupar também o compartimento da direita, sem que qualquer trabalho seja realizado. No final do processo, todo o volume V_b está uniformemente ocupado pelo gás (Figura 9.5C). Esse processo é denominado expansão livre. Uma vez

Expansão livre de um gás é aquela que ele faz sem realizar trabalho. No gás ideal, a expansão livre é isotérmica

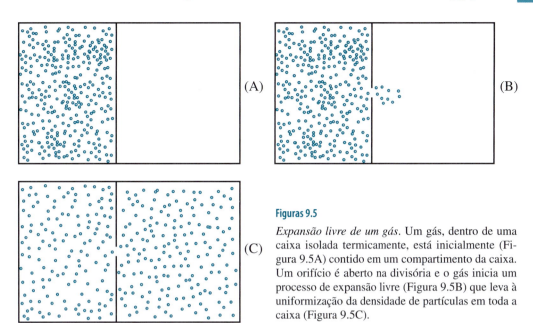

Figuras 9.5

Expansão livre de um gás. Um gás, dentro de uma caixa isolada termicamente, está inicialmente (Figura 9.5A) contido em um compartimento da caixa. Um orifício é aberto na divisória e o gás inicia um processo de expansão livre (Figura 9.5B) que leva à uniformização da densidade de partículas em toda a caixa (Figura 9.5C).

que também não há troca de calor entre o gás e seu ambiente, a energia interna do gás fica inalterada na expansão livre e, sendo o gás ideal, sua temperatura não muda, pois no gás ideal a energia interna só depende da temperatura.

Uma vez que a entropia do gás é função do estado, no fim da expansão livre o gás terá aumentado sua entropia pelo mesmo valor dado pela Equação 9.33, ou seja, a variação da entropia do gás ideal em uma expansão isotérmica reversível e em uma expansão livre é a mesma. Na expansão reversível o gás recebe uma quantidade de calor $\Delta Q = T\Delta S$, enquanto na expansão livre a absorção de calor é nula. Todo o aumento de entropia na expansão livre decorre do caráter irreversível do processo. Tal irreversibilidade é patente: é impossível reverter o processo no gás sem que se realize trabalho de compressão sobre ele. Esse trabalho de compressão será convertido em calor cedido a algum reservatório.

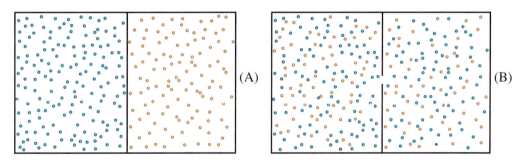

Figura 9.6

Mistura espontânea. Uma caixa é dividida em duas metades, cada qual contendo N moléculas de composição distinta das moléculas da outra metade (Figura 9.6A). Se um orifício é aberto na parede divisória, o sistema atingirá espontaneamente o estado de equilíbrio em que cada compartimento contém metade de cada tipo de moléculas (Figura 9.6B).

Consideremos agora o sistema mostrado nas Figuras 9.6A e 9.6B. Uma caixa é dividida em dois compartimentos, cada qual de volume V, e cada compartimento contém N moléculas de um gás ideal. As composições dos dois gases são distintas. O lado esquerdo contém moléculas A e o lado direito contém moléculas B (Figura 9.6A). Suponha que um orifício seja aberto na parede divisória, permitindo então que os dois gases se misturem (Figura 9.6B). Cada um dos gases amplia seu volume por um fator 2 e com isso sua entropia aumenta de um valor

$$\Delta S_A = \Delta S_B = Nk_B \ln 2. \tag{9.34}$$

Consideremos agora o sistema que engloba os dois gases. Com a mistura dos gases, sua entropia aumenta de um valor

Variação da entropia na mistura de dois gases

$$\Delta S = \Delta S_A + \Delta S_B = 2Nk_B \ln 2. \tag{9.35}$$

A irreversibilidade do processo de mistura dos dois gases é bastante intuitiva. O fato de que a entropia total aumenta demonstra formalmente essa irreversibilidade, uma vez que nenhum processo é capaz de diminuir a entropia total.

Exercícios

E 9.9 Calcule a variação de entropia de um mol de gás ideal quando seu volume aumenta isotermicamente por um fator de 10.

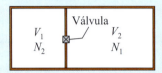

Figura 9.7
(Exercício 9.9).

E 9.10 Uma caixa é dividida em dois compartimentos de volumes V_1 e V_2, como mostra a Figura 9.7. O primeiro compartimento contém N_1 moléculas de um gás A e o segundo compartimento contém N_2 moléculas de outro gás B. Uma válvula na divisória da caixa é aberta e os dois gases se misturam, num processo isotérmico. Quanto aumenta a entropia do sistema?

E 9.11 Uma gota de corante, cujo volume é de 20×10^{-3} cm³, contém $3,0 \times 10^{19}$ moléculas. A gota é pingada em um copo que contém 100 cm³ de água e lentamente se dilui na água até dar-lhe uma coloração uniforme. Estime a variação de entropia associada a esse processo de diluição.

Seção 9.4 ■ Entropia e desordem

Tanto a expansão livre de um gás como a mistura de dois gases discutidos no parágrafo anterior são processos em que o sistema evolui de um estado de ordem para outro estado de desordem. Na verdade, o processo de mistura corresponde à ocorrência simultânea de dois processos de expansão livre, em que o gás A se expande livremente para o lado direito e o gás B se expande livremente para o lado esquerdo da caixa. Sendo assim, iniciaremos nossa discussão considerando a expansão livre de um gás, cujo volume duplica.

O estado inicial em que as moléculas do gás estão de um lado da caixa é um estado ordenado, enquanto o estado em que metade das moléculas está de cada lado é um estado de desordem. Nosso próximo passo é quantificar a desordem do gás. *Grosso modo*, cada molécula pode estar em dois microestados distintos, à esquerda ou à direita. Essa é uma descrição realmente grosseira, pois em cada metade da caixa uma dada molécula pode estar em uma enorme quantidade de microestados distintos, mas por enquanto vamos ignorar esse fato. Podemos descrever um dado macroestado do gás pelo número n de moléculas no lado esquerdo da caixa. O número de microestados contidos nesse macroestado é

$$W(n) = \frac{N!}{n!(N-n)!}. \tag{9.36}$$

No macroestado inicial, em que $n = N$, temos

$$W(N) = \frac{N!}{N!\,0!} = 1. \tag{9.37}$$

No estado final, em que $n = N/2$, temos

$$W(N/2) = \frac{N!}{[(N/2)!]^2} \gg 1. \tag{9.38}$$

Após o gás ter se expandido para ocupar os dois lados da caixa, o sistema terá atingido o estado de equilíbrio termodinâmico. Nesse estado, a probabilidade $P(n)$ de haver n moléculas do lado esquerdo da caixa é proporcional a $W(n)$. Isso porque a probabilidade de o sistema estar em um macroestado é proporcional ao número de microestados que ele contém. A Figura 9.8 mostra a variação de $P(n)$ para quatro valores de N. Vemos que esta probabilidade sempre tem um pico no valor $n = N/2$. A figura também mostra que esse pico torna-se relativamente mais estreito quando N cresce. Na verdade, a largura absoluta dos histogramas, que deve ser medida na altura igual a metade do valor de pico — é proporcional a $\sqrt{N}$. Portanto, a largura relativa, que é a largura absoluta dividida por N, é inversamente proporcional a $\sqrt{N}$ (ver Exercício 9.12). Assim, quando N é muito grande — o que sempre ocorre no caso de um gás — o pico é relativamente tão estreito que podemos dizer, com grande precisão, que no estado de equilíbrio as moléculas estarão igualmente distribuídas entre as duas metades da caixa.

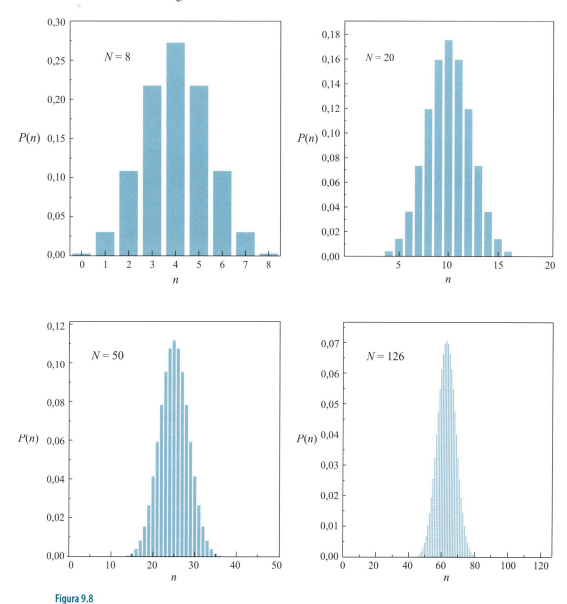

Figura 9.8

Probabilidade $P(n)$ de haver n moléculas na metade esquerda de uma caixa que contém um gás com um total de N moléculas.

Exercício

E 9.12 Use uma régua para medir a largura Δn, à metade do valor de pico, de cada um dos histogramas da Figura 9.8. Faça um gráfico de Δn em função de $\sqrt{N}$ e verifique que ele é uma reta que passa pela origem. Isso mostra que Δn é proporcional a $\sqrt{N}$.

194   Física Básica ■ Gravitação | Fluidos | Ondas | Termodinâmica

No exemplo analisado da expansão livre do gás, o estado inicial, em que todas as moléculas estão do lado esquerdo, é um estado de ordem. Já o estado final de equilíbrio, em que as moléculas estão igualmente distribuídas nas duas metades da caixa, é um estado de desordem. Ressalta-se que o número de microestados contidos em um macroestado de desordem é maior que o contido em um macroestado de ordem. Quanto mais desordenado o macroestado, maior o número de microestados nele contido. Somos então levados a concluir que o número de microestados contido em um macroestado mede o seu grau de desordem. Desordem é, portanto, uma propriedade quantificável, ou seja, uma grandeza física. Ressalta-se também que o estado de equilíbrio do gás, que corresponde à máxima entropia, também corresponde à máxima desordem, o que nos induz a pensar que a entropia do sistema esteja associada à sua desordem.

> **O número de microestados contido em um macroestado mede o seu grau de desordem**

Na busca da relação entre entropia e desordem, retomaremos o problema da mistura dos dois gases. Em um estado genérico, existem n_A moléculas do gás A do lado esquerdo e ($N - n_A$) moléculas do lado direito, n_B moléculas do gás B do lado esquerdo e ($N - n_B$) do lado direito. Existem $W_A(n_A)$ microestados associados ao gás A, e cada um deles pode ser combinado com $W_B(n_B)$ microestados associados ao gás B. Consideremos o macroestado (n_A, n_B) em que o lado esquerdo da caixa contém n_A moléculas do tipo A e n_B moléculas do tipo B. Esse macroestado possui um número de microestados dado por

$$W(n_A, n_B) = W_A(n_A)W_B(n_B), \tag{9.39}$$

$$W(n_A, n_B) = \frac{N!}{n_A!(N - n_A)!} \times \frac{N!}{n_B!(N - n_B)!}. \tag{9.40}$$

Vê-se portanto que, quando combinamos os dois gases A e B, o sistema combinado tem um número de microestados igual ao produto do número de microestados dos sistemas individuais. Isto contrasta com a Equação 9.35, em que se vê que o aumento da entropia na mistura dos dois gases é a soma dos aumentos das entropias de cada um dos gases. A única maneira de conciliar esses fatos é supor que a entropia do sistema em um macroestado seja proporcional ao logaritmo do número de microestados nele contidos. Esse tipo de consideração levou o físico austríaco *Ludwig Boltzmann* (1844-1907) a propor a relação

> ■ **Fórmula de Boltzmann para a entropia**

$$S = k_B \ln W. \tag{9.41}$$

A fórmula de Boltzmann diz:

> **A entropia de um sistema em um dado macroestado é proporcional ao logaritmo do número de microestados contidos nesse macroestado**

A entropia de um sistema em um dado macroestado é proporcional ao logaritmo do número de microestados contidos nesse macroestado.

A constante de proporcionalidade k_B é a constante de Boltzmann.

Ao empregar a fórmula de Boltzmann, não é legítimo fazer aproximações como a que fizemos ao ignorar os diversos microestados de uma molécula em cada lado da caixa. Note-se que devido a essa aproximação, na expansão livre, no estado inicial em que todas as moléculas estão do mesmo lado da caixa a entropia do gás é nula, como se vê pela Equação 9.37. Podemos corrigir nosso erro escrevendo

> As idéias de Boltzmann, principalmente sua interpretação da entropia, foram intensamente combatidas, e em tais circunstâncias Boltzmann acabou entrando em depressão e suicidando. Posteriormente, como homenagem e reconhecimento, sua fórmula foi gravada em seu túmulo em Viena

$$S(T, n) = k_B \ln\left[W'(T,V)\frac{N!}{n!(N-n)!}\right], \tag{9.42}$$

onde $W'(T,V)$ é o número de microestados do gás à temperatura T no volume V igual ao de metade da caixa. A Equação 9.42 resulta em

$$S(T, n) = k_B \ln W'(T,V) + k_B \ln \frac{N!}{n!(N-n)!}, \tag{9.43}$$

$$S(T, n) = S(T, V) + k_B \ln \frac{N!}{n!(N-n)!}. \tag{9.44}$$

Pela Equação 9.44, quando todas as N moléculas do gás estão do mesmo lado da caixa sua entropia é $S(T,V)$, e o último termo da equação exprime a contribuição que a expansão livre dá para a entropia. Podemos escrever

$$S(T,N) = S(T,V),$$
$$S(T,N/2) = S(T,V) + k_B \ln \frac{N!}{[(N/2)!]^2}.$$
(9.45)

A contribuição da expansão para a entropia pode ser calculada por meio da *aproximação de Stirling*, válida para N grande:

■ Aproximação de Stirling, válida para N grande

$$\ln N! = N \ln N - N.$$
(9.46)

Com esta aproximação, obtemos

$$\ln \frac{N!}{[(N/2)!]^2} = \ln N! - 2\ln(N/2)!$$
$$= N\ln N - N - N\ln\frac{N}{2} + N = N\ln 2.$$
(9.47)

Com este resultado e a Equação 9.45, obtemos

$$S(T, N/2) = S(T,V) + Nk_B \ln 2.$$
(9.48)

Portanto, ao completar o processo de expansão livre o gás terá aumentado sua entropia de um valor

$$\Delta S = Nk_B \ln 2.$$
(9.49)

A Equação 9.49 está em perfeita concordância com o resultado obtido anteriormente, Equação 9.34.

Seção 9.5 ■ Um paradoxo

Alguns sistemas apresentam um ordenamento espontâneo que constitui uma aparente violação da segunda lei da termodinâmica. Um exemplo desses sistemas é uma mistura de líquidos não-miscíveis, ou líquidos não-solúveis. Óleo e água são exemplos de líquidos não-miscíveis. Se colocarmos óleo e água em um recipiente e agitarmos a combinação, por exemplo, usando um liquidificador, teremos inicialmente uma mistura que a uma análise macroscópica parece homogênea, como mostra a Figura 9.9A. Entretanto, deixado em repouso o sistema se organizará espontaneamente em um estado em que água e óleo ocupam regiões distintas. Em presença de gravidade, a água, mais pesada, fica embaixo e o óleo fica na parte de cima do recipiente, como se vê na Figura 9.9B.

Figura 9.9
Se óleo e água são agitados até formar uma mistura macroscopicamente homogênea (Figura 9.9A) e após isso deixados em repouso, a mistura irá se desfazer e a água e o óleo irão se separar em regiões distintas do recipiente (Figura 9.9B). Esse processo espontâneo parece violar a segunda lei da termodinâmica.

Isso contrasta com a mistura de água e álcool, por exemplo, que nunca se desfaz espontaneamente. Álcool e água são miscíveis, enquanto óleo e água são não-miscíveis. O processo de separação entre água e óleo parece ser muito análogo ao inverso do processo de mistura espontânea de dois gases apresentado na seção anterior. Portanto, aparentemente nesse processo a entropia do sistema diminui!

Na análise dessa aparente violação da segunda lei da termodinâmica, devemos primeiramente analisar o papel da gravidade na separação das duas substâncias. Uma vez que a gravidade é o fator determinante para que o líquido mais denso fique na parte inferior e o menos denso fique na parte superior do recipiente, pode-se erroneamente ficar propenso a pensar que a gravidade desempenhe um papel central na separação dos líquidos. Entretanto, a separação ocorreria mesmo que a aceleração local da gravidade fosse infinitesimal. Provavelmente, a experiência nunca foi feita na ausência de gravidade, mas teoricamente nessas condições o sistema atingiria um estado em que água e óleo formassem cada um grandes aglomerados. Ou seja, em vez de dois domínios, um de água e outro de óleo, teríamos vários domínios, cada qual de puro óleo ou de pura água. Esse estado com grandes aglomerados seria claramente mais ordenado do que o estado inicial em que óleo e água formam uma mistura de aglomerados microscópicos. Portanto, é necessário encontrar uma explicação para o fenômeno que não envolva a gravidade.

> **Processo exotérmico** é aquele que libera calor

O processo em que dois líquidos não-miscíveis se separam em domínios distintos é **exotérmico**, ou seja, libera calor. Por essa razão, devemos considerar o processo em duas condições distintas. Primeiramente, consideremos o processo adiabático: o recipiente é isolado termicamente de forma a impedir troca de calor com ambiente. A Figura 9.10 mostra o processo.

Figura 9.10

Quando uma mistura de óleo e água se desfaz espontaneamente, estando o recipiente dentro de uma caixa com paredes isolantes, o sistema aumenta sua temperatura. O aumento de entropia decorrente do aquecimento é maior do que o decréscimo de entropia decorrente da separação espacial dos dois líquidos.

Os dois líquidos se separam, liberando calor que os aquece. Nesse caso, se por um lado o sistema adquire uma configuração mais ordenada, o que diminui a entropia, por outro lado sua temperatura se eleva, o que aumenta a entropia. Portanto, não podemos dizer que a entropia diminui. A segunda lei da termodinâmica assegura que o aumento da entropia decorrente do aquecimento supera a diminuição decorrente da separação dos líquidos.

Alternativamente, podemos considerar o processo em condições isotérmicas. O recipiente tem paredes condutoras de calor e está imerso em um banho térmico à temperatura T. Neste caso, o sistema diminui sua entropia, mas o banho térmico ganha uma entropia dada por $\Delta S = \Delta Q / T$, sendo ΔQ o calor gerado na separação dos líquidos. O aumento da entropia do banho térmico tem de superar a diminuição da entropia dos líquidos.

Outro exemplo muito conhecido de processos em que um sistema adquire espontaneamente maior ordem configuracional é o crescimento de cristais a partir de uma solução saturada. Consideremos açúcar dissolvido em água. A solubilidade do açúcar na água aumenta com a temperatura. Se uma solução saturada é resfriada, torna-se supersaturada, ou seja, a quantidade de açúcar dissolvido é superior à correspondente ao estado de equilíbrio. Nesse caso, se o recipiente contendo a solução é (após o referido resfriamento) mantido em um banho térmico a temperatura constante, o excedente de açúcar dissolvido se separa da água, formando um ou mais cristais de açúcar. Esse processo de cristalização também é exotérmico, ou seja, calor é liberado para a água e finalmente cedido ao banho térmico.

Seção 9.6 ■ Dois tipos de desordem

Há dois tipos de desordem que contribuem para a entropia de um sistema: a desordem configuracional e a desordem cinética associada ao movimento molecular

A análise feita na seção anterior mostra claramente que a desordem que devemos considerar na análise da entropia não pode ser puramente configuracional. A separação adiabática de dois líquidos não-miscíveis em dois domínios espaciais distintos diminui a desordem configuracional do sistema. Entretanto, para descrever o microestado do sistema não basta dizer a posição de todas as suas moléculas: é necessário também que se diga a velocidade de cada uma delas. Ou seja, além da configuração o microestado inclui o movimento do sistema, a sua cinética.

A necessidade de haver uma contribuição cinética para a entropia torna-se evidente quando consideramos o aquecimento de um gás mantido a volume constante. Nada muda na configuração molecular, mas a dinâmica muda claramente. A velocidade média de translação das moléculas aumenta com o aumento da temperatura, o mesmo ocorrendo com as velocidades de rotação e de vibração. O aumento nas velocidades é também um tipo de desordem, se bem que não seja fácil fazer uma analogia entre essa desordem e a desordem configuracional. Entretanto, para que a fórmula de Boltzmann para a entropia tenha sentido, é necessário que a desordem cinética seja quantificável de alguma forma definida e precisa. A forma de quantificar a desordem cinética e a análise da contribuição do movimento molecular para a entropia de um gás ideal é um tópico da mecânica estatística que não será abordado neste livro.

Seção 9.7 ■ Distribuição das velocidades moleculares

Como vimos, a velocidade quadrática média (v_{rms}) das moléculas em um gás ideal pode ser obtida com base na equação de estado do gás. Obviamente, porém, se tomarmos um instantâneo do gás, cada molécula terá uma velocidade distinta, e v_{rms} é apenas um valor médio obtido dessa distribuição de velocidades. Uma questão relevante que surge imediatamente é: qual é a distribuição de velocidade das moléculas? Em outros termos, qual é a fração de moléculas que tem velocidade em uma dada faixa, digamos entre v e $v + dv$? Essa questão foi resolvida por *James Clerk Maxwell* (1831-1979). Neste capítulo, não apresentaremos a dedução feita por Maxwell, e sim apenas a solução por ele encontrada. Tal dedução será apresentada no Capítulo 10 (*Introdução à Mecânica Estatística*). Se o gás tem N moléculas de massa m, o número de moléculas com velocidade entre v e $v + dv$ é

$$dN = N(v)dv, \tag{9.50}$$

onde

■ Distribuição de velocidades de Maxwell

$$N(v) = 4\pi N \left(\frac{m}{2\pi k_B T} \right)^{3/2} v^2 e^{-mv^2/2k_B T}. \tag{9.51}$$

A função $N(v)$ é denominada *distribuição de velocidades de Maxwell*, e seu gráfico é mostrado na Figura 9.11.

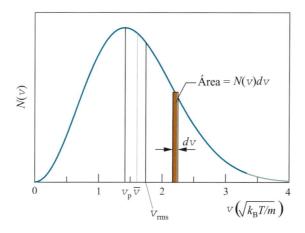

Figura 9.11

Distribuição de velocidades de Maxwell para as moléculas de um gás. O número de moléculas com velocidade entre v e $v + dv$ é igual à área do retângulo sombreado na figura, cuja altura é $N(v)$ e cuja largura é dv. A figura também mostra a velocidade mais provável, v_p, a velocidade média $\bar{v}$ e a velocidade quadrática média v_{rms}.

198 Física Básica ■ Gravitação | Fluidos | Ondas | Termodinâmica

Uma outra questão que se coloca, referente à distribuição das velocidades moleculares, é: qual é a velocidade típica das moléculas? Há mais de uma maneira de definir um valor típico para as velocidades, e a mais apropriada delas depende da aplicação que se tem em vista. Poderíamos usar para definir a velocidade típica o valor mais provável v_p da velocidade. Esse valor corresponde à velocidade de pico da função $N(v)$. Na velocidade em que $N(v)$ passa por seu máximo, sua derivada é nula. Logo, v_p é calculado a partir da equação

$$\left(\frac{dN}{dv}\right)_{v_p} = 0. \tag{9.52}$$

Realizando os cálculos (ver Problema 9.5), obtemos

■ Velocidade mais provável das moléculas

$$v_p = \sqrt{\frac{2k_B T}{m}}. \tag{9.53}$$

Outros valores típicos referem-se a médias tomadas sobre as velocidades. A velocidade média, designada por $\bar{v}$ ou por $<v>$, é dada por

$$\bar{v} \equiv N^{-1}\int_0^\infty v N(v)dv. \tag{9.54}$$

Realizando os cálculos (ver Problema 9.7), obtemos

$$\bar{v} = \sqrt{\frac{8k_B T}{\pi m}}. \tag{9.55}$$

Temos também a velocidade quadrática média, cujo valor já nos é conhecido. Matematicamente, essa velocidade é dada por

$$v_{rms}^2 \equiv <v^2> = N^{-1}\int_0^\infty v^2 N(v)dv = \frac{3k_B T}{m}. \tag{9.56}$$

E·E ## Exercício-exemplo 9.5

■ A molécula do oxigênio tem massa $m = 5{,}34 \times 10^{-26}$ kg. Calcule a velocidade mais provável, a velocidade média e a velocidade quadrática média das moléculas em um gás de O_2 à temperatura de 295 K.

■ **Solução**

Podemos aplicar diretamente as fórmulas disponíveis para calcular cada uma dessas velocidades:

$$v_p = \sqrt{\frac{2k_B T}{m}} = \sqrt{\frac{2 \times 1{,}38 \times 10^{-23}\ \text{JK}^{-1} \times 295\text{K}}{5{,}34 \times 10^{-26}\text{kg}}} = 390\ \frac{\text{m}}{\text{s}},$$

$$\bar{v} = \sqrt{\frac{8k_B T}{\pi m}} = \sqrt{\frac{8 \times 1{,}38 \times 10^{-23}\ \text{JK}^{-1} \times 295\text{K}}{3{,}14 \times 5{,}34 \times 10^{-26}\text{kg}}} = 441\ \frac{\text{m}}{\text{s}},$$

$$v_{rms} = \sqrt{\frac{3k_B T}{m}} = \sqrt{\frac{3 \times 1{,}38 \times 10^{-23}\ \text{JK}^{-1} \times 295\text{K}}{5{,}34 \times 10^{-26}\text{kg}}} = 478\ \frac{\text{m}}{\text{s}}.$$

Capítulo 9 ■ Teoria Cinética dos Gases

199

E·E Exercício-exemplo 9.6

■ Medidas das velocidades de um sistema de partículas levaram ao seguinte resultado (N_n é o número de partículas com a velocidade v_n):

v_n (m/s)	N_n
100	1
200	3
300	6
400	4
500	3

Calcule (A) a velocidade média e (B) a velocidade quadrática média das partículas.

■ Solução

(A) A velocidade média é, por definição, a média ponderada das velocidades.
O peso de cada velocidade é o número N_n de partículas que a têm. Seguindo essa receita, obtemos:

$$v = \frac{\sum_n N_n v_n}{\sum_n N_n}.$$

Substituindo os números dados na tabela, calculamos:

$$\overline{v} = \frac{1 \times 100 + 3 \times 200 + 6 \times 300 + 4 \times 400 + 3 \times 500}{1 + 3 + 6 + 4 + 3} \frac{m}{s},$$

$$\overline{v} = 329 \frac{m}{s}.$$

(B) O quadrado da velocidade quadrática média é, por definição, dado por

$$v_{rms}^2 = <v^2> = \frac{\sum_n N_n v_n^2}{\sum_n N_n}.$$

Substituindo os números, calculamos:

$$v_{rms}^2 = \frac{(1 \times 1 + 3 \times 4 + 6 \times 9 + 4 \times 16 + 3 \times 25) \times 10^4}{1 + 3 + 6 + 4 + 3} \frac{m^2}{s^2},$$

$$v_{rms}^2 = 12,1 \times 10^4 \frac{m^2}{s^2}.$$

Logo,

$$v_{rms} = 348 \frac{m}{s}.$$

Exercícios

E 9.13 A molécula do hidrogênio tem massa $m = 3{,}34 \times 10^{-27}$ kg. Calcule a velocidade mais provável, a velocidade média e a velocidade quadrática média das moléculas em um gás de H_2 à temperatura de 295 K.

E 9.14 Mostre que, para qualquer gás, valem as relações $\bar{v}/v_p = 1{,}128$ e $v_{rms}/v_p = 1{,}225$.

E 9.15 A que temperatura os átomos do gás hélio têm a mesma velocidade quadrática média que as moléculas do gás oxigênio a 300 K?

E 9.16 Medidas das velocidades de um sistema de partículas levaram ao seguinte resultado:

v_n (km/s)	N_n
0,20	2
0,30	4
0,40	7
0,50	6
0,60	5
0,70	4

(A) Calcule a velocidade média e (B) a velocidade quadrática média das partículas.

Seção 9.8 ▪ Verificação experimental da distribuição de Maxwell

Uma verificação experimental precisa da distribuição de velocidades moleculares prevista por Maxwell só pôde ser feita em 1955, por R. C. Miller e P. Kusch. Um esquema da montagem experimental usada por eles é mostrado na Figura 9.12. Um feixe de moléculas de vapor de tálio sai de um forno F, passa através de um sulco helicoidal em um cilindro giratório, e atinge um detector D. A velocidade angular ω do cilindro é variável, e para cada valor da velocidade angular apenas as moléculas com uma dada velocidade são capazes de passar pelo sulco. Na verdade, o cilindro usado na experiência tem muitas fendas, mas apenas uma é mostrada na figura. Para que a molécula possa passar através do sulco quando o cilindro está girando com velocidade angular ω, sua velocidade tem de ser tal que, enquanto ela percorre o comprimento L do cilindro, este gira o ângulo ϕ. O tempo gasto pela molécula no percurso é $t_{mol} = L/v$, e o cilindro leva o tempo $t_{cil} = \phi/\omega$ para girar o ângulo ϕ. Logo, $L/v = \phi/\omega$. A velocidade das moléculas registradas pelo detector é nesse caso dada por

$$v = \frac{\omega L}{\phi}. \tag{9.57}$$

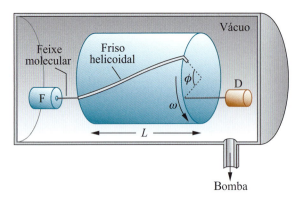

Figura 9.12
Esquema do aparato usado por R. C. Miller e P. Kusch para medir a distribuição das velocidades moleculares de um gás. Um feixe de moléculas sai de um forno F, passa por um sulco helicoidal em um cilindro giratório e atinge um detector D. Para cada velocidade angular ω do cilindro, apenas as moléculas com uma dada velocidade são capazes de passar pelo sulco. Observe-se que o forno F e o detector D estão posicionados fora do eixo do cilindro. Todo o dispositivo fica dentro de uma câmara evacuada.

A Figura 9.12 mostra os resultados obtidos por Miller e Kusch para as moléculas de vapor de tálio. Foram realizadas medidas para duas temperaturas do forno, $T = 870$ K e $T = 944$ K. Quando o gráfico é feito em termos da razão v/v_p, os dois conjuntos de medidas devem cair sobre a mesma curva. A curva sólida da figura representa a predição teórica baseada na distribuição de Maxwell, e vê-se que a concordância entre teoria e experiência é excelente.

Deve-se destacar que a distribuição das velocidades das moléculas que saem do forno (as moléculas contidas no feixe) é proporcional a $v^3 e^{-mv^2/2k_B T}$, e não a $v^2 e^{-mv^2/2k_B T}$, como ocorre na distribuição de Maxwell. A razão dessa alteração é a seguinte: a probabilidade de uma molécula escapar do forno, pelo orifício em sua parede, é proporcional à freqüência com que a molécula colide na parede. Ocorre que esta freqüência é proporcional a v. Quando multiplicamos a probabilidade de escape da molécula pela distribuição de velocidades de Maxwell, temos o fator v^3 contido na distribuição de velocidades do feixe de moléculas.

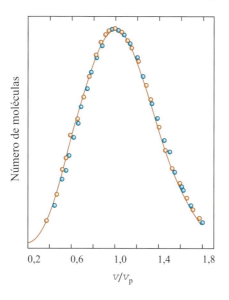

Figura 9.13

Dados obtidos por Miller e Kusch. Os círculos ocres são medidas tomadas com o gás à temperatura de 870 K e os círculos azuis são medidas com o gás a 944 K. Quando as velocidades, para cada temperatura, são divididas pela velocidade mais provável v_p, os dois conjuntos de medidas caem sobre a mesma curva. A curva sólida é a previsão teórica, baseada na distribuição de Maxwell.

Exercício

E 9.17 Na experiência de Miller e Kusch, foi usado um cilindro em que $L = 20,4$ cm e $\phi = 0,0841$ rad. Quando o cilindro gira com velocidade angular $\omega = 141$ rad/s, qual é a velocidade das moléculas que atingem o detector?

Seção 9.9 ■ Livre percurso médio das moléculas

As moléculas de um gás realizam um movimento caótico, em ziguezague, como mostra a Figura 9.13. Esse tipo de movimento não pode, até o presente momento, ser observado diretamente. Mas podemos observá-lo em partículas suspensas em um líquido ou um gás. Na verdade, a observação e o estudo do movimento incessante de partículas imersas em um fluido acabaram levando à primeira evidência irrefutável da existência de átomos. Em 1828, o botânico *Robert Brown* o observou em partículas de pólen suspensas na água. Logo verificou que o mesmo tipo de movimento é observado em outros tipos de partículas, incluídas as de origem mineral. Em 1905, sem ter conhecimento do trabalho de Brown, Einstein previu teoricamente o movimento de partículas imersas em um fluido e realizou cálculos de grandezas características do movimento. Na descrição de Einstein, uma partícula suspensa em um fluido é bombardeada continuamente pelo choque das moléculas do fluido, e esses choques lhe imprimem impulsos que a levam a se movimentar erraticamente. O movimento da partícula é muito semelhante ao da molécula em um gás. Na verdade, se observarmos sua posição em instantes diferentes e igualmente espaçados, e ligarmos as posições observadas sucessivamente por seguimentos de linha reta, teremos uma figura inteiramente análoga à mostrada na Figura 9.14.

Einstein considerou esferas de raio a suspensas em um fluido de viscosidade η e estudou estatisticamente a variação da sua posição com o tempo. Podemos usar a Figura 9.14 para discutir seus resultados. Suponhamos que a partícula tenha partido do ponto A no instante $t = 0$ e chegado no ponto B ao instante t. Seja $\Delta x = x_A - x_B$ a projeção no eixo x do seu deslocamento naquele intervalo de tempo. Evidentemente, $<\Delta x> = 0$. De fato, Δx pode, com

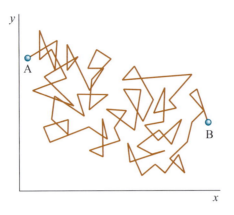

Figura 9.14
Ilustração do movimento de uma molécula em um gás. Para ir do ponto A ao ponto B, a molécula realiza um movimento aleatório em que o percurso total percorrido é muito maior que a distância entre A e B. Esse movimento é inteiramente similar ao de partículas suspensas no gás, ou ao movimento de elétrons em um metal.

iguais probabilidades, ser positivo ou negativo, e conseqüentemente seu valor médio tem de ser nulo. Mas $<(\Delta x)^2>$ não é nulo, pois estamos agora falando da média estatística de uma variável que é sempre positiva. Einstein mostrou que

$$(\Delta x)^2_{rms} \equiv <(\Delta x)^2> = \frac{RT}{3\pi\eta a N_A} t. \tag{9.58}$$

Esta fórmula mostra que Δx_{rms} é proporcional à raiz quadrada do tempo decorrido no movimento. Poucos anos depois, Jean-Baptiste Perrin realizou medidas do movimento de partículas de resina suspensa em água e comprovou as predições de Einstein. Destaca-se que a Equação 9.58 contém o número de Avogadro. Com as medidas de Perrin, esse número pôde ser obtido. Uma vez que $R/N_A = k_B$, das medidas de Perrin também pôde ser obtido o valor da constante de Boltzmann, que Planck tinha obtido em 1900 com base em sua teoria da radiação de corpo negro; a concordância entre os dois valores foi excelente. O sucesso da teoria de Einstein fez com que todos os opositores da teoria atômica da matéria se rendessem. Assim, sua teoria e as medidas de Perrin são um marco importante na história do atomismo. O movimento aleatório das moléculas, assim como o movimento de partículas suspensas em um fluido ou de elétrons de condução em um sólido, é denominado **movimento browniano** ou **movimento difusivo**.

> O movimento aleatório das moléculas, assim como o movimento de partículas suspensas em um fluido ou de elétrons de condução em um sólido, é denominado **movimento browniano** ou **movimento difusivo**.

> O valor médio da distância percorrida por uma molécula entre duas colisões é denominado **livre percurso médio**.

No movimento browniano das moléculas, uma das grandezas mais relevantes é a distância média que a molécula percorre entre duas colisões. Essa distância é denominada **livre percurso médio** da molécula. Ela pode ser calculada com base em um modelo simples. Nesse modelo, as moléculas são esferas de diâmetro d. Duas moléculas colidem quando a distância entre seus centros é igual a d. Para o cálculo do número de colisões que uma dada molécula sofre em um intervalo de tempo t, podemos imaginar que a molécula tenha um diâmetro $2d$ e todas as outras moléculas tenham dimensões desprezíveis, como mostra a Figura 9.15.

Figura 9.15
As moléculas em um gás são idealizadas como esferas de diâmetro d, e duas esferas colidem quando a distância entre seus centros é igual a d. Para o estudo das colisões moleculares, podemos imaginar uma esfera com diâmetro $2d$ movendo-se entre moléculas de diâmetros desprezíveis. Uma esfera pequena colidirá com a grande quando a distância entre seus centros for igual a d.

Vamos supor ainda que apenas a molécula de diâmetro $2d$ se mova, com velocidade v, e que as outras permaneçam imóveis. No intervalo de tempo t, a molécula varre um cilindro de volume $V_{cil} = \pi d^2 v t$, e colide com um número N_{cil} de moléculas igual a nV_{cil}, como mostra a Figura 9.16.

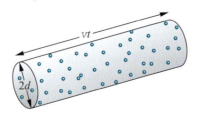

Figura 9.16
Uma molécula com diâmetro $2d$ movimenta-se com velocidade v em um gás com densidade n de moléculas de diâmetro desprezível. Em um tempo t, ela varre um cilindro de volume $V_{cil} = \pi d^2 v t$, que contém nV_{cil} moléculas.

Capítulo 9 ■ Teoria Cinética dos Gases **203**

O percurso médio entre duas colisões da molécula é

$$\bar{l} = \frac{L_{cil}}{N_{cil}} = \frac{vt}{n\pi d^2 vt} = \frac{1}{n\pi d^2}. \tag{9.59}$$

Pela equação de estado do gás ideal, $n = N / V = k_B T / p$. Substituindo este valor na Equação 9.59, obtemos:

$$\bar{l} = \frac{k_B T}{\pi d^2 p}. \tag{9.60}$$

Ao supormos que apenas a molécula eleita para análise se mova enquanto as outras ficam paradas, obtemos um valor subestimado para o número de colisões. Se considerarmos também o movimento das outras moléculas, as colisões ficam mais freqüentes. Um cálculo mais elaborado mostra que o valor correto do livre percurso médio, em que a molécula móvel colide com alvos também móveis, é

■ Livre percurso médio das moléculas em um gás ideal

$$\bar{l} = \frac{k_B T}{\sqrt{2}\pi d^2 p}. \tag{9.61}$$

E·E Exercício-exemplo 9.7

■ A molécula de nitrogênio tem diâmetro efetivo $d = 0,315$ nm . Calcule (A) o livre percurso médio e (B) o tempo médio entre as colisões para uma molécula no gás nitrogênio à pressão atmosférica e temperatura de 295 K.

■ **Solução**

O livre percurso médio pode ser calculado aplicando-se a Equação 9.61.

$$\bar{l} = \frac{1,38\times10^{-23}\,\text{JK}^{-1}\times295\text{K}}{1,41\times3,14\times(0,315)^2\times10^{-18}\,\text{m}^2\times1,01\times10^5\,\text{Nm}^{-2}} = 91,7 \text{ nm}.$$

O tempo médio entre as colisões é dado por

$$t_{col} = \frac{\bar{l}}{\bar{v}}.$$

A velocidade média das moléculas é

$$\bar{v} = \sqrt{\frac{8\times1,38\times10^{-23}\,\text{JK}^{-1}\times295\text{K}}{3,14\times4,65\times10^{-26}\,\text{kg}}} = 472\ \frac{\text{m}}{\text{s}}.$$

Logo, o tempo médio entre as colisões é

$$t_{col} = \frac{91,7\times10^{-9}\,\text{m}}{472\text{ms}^{-1}} = 1,9\times10^{-10} \text{ s}.$$

Exercícios

E 9.18 Vários experimentos têm de ser realizados em câmaras evacuadas para que feixes de moléculas ou de outras partículas (elétrons, prótons etc.) possam percorrer distâncias macroscópicas sem sofrer colisões. Um exemplo é a experiência de Miller e Kusch, descrita na seção anterior. Qual deve ser a pressão do ar (que pode ser visto como um gás de nitrogênio), à temperatura ambiente, para que as moléculas tenham um livre percurso médio de 1,0 m?

E 9.19 *Por que os raios cósmicos podem vir de tão longe.* Raios cósmicos (prótons, elétrons, raios gama etc.) incidem continuamente sobre a Terra. A maior parte tem origem no interior da nossa galáxia, mas parte da radiação tem origem extragaláctica. O espaço intergaláctico contém átomos de hidrogênio com uma densidade de cerca de 1 átomo por m³. (A) Qual é o livre percurso médio do hidrogênio atômico no espaço intergaláctico? O diâmetro efetivo do hidrogênio atômico é de cerca de 0,1 nm. (B) Para que um próton que se desloca no espaço intergaláctico tenha sua trajetória desviada, ele tem de se chocar com um núcleo do átomo de hidrogênio, que é outro próton. O diâmetro efetivo do próton para colisões é da ordem de 10^{-14} m. Qual é, em ordem de grandeza, o livre percurso médio de um próton no espaço intergaláctico?

Seção 9.10 ▪ Equação de estado de van der Waals (opcional)

Quando os gases se tornam muito densos, não podemos mais ignorar que as moléculas ocupam uma fração significativa do volume V do recipiente, e que por isso o volume disponível para o movimento das moléculas fica reduzido. Além disso, quando a temperatura é baixa e por isso a energia cinética de translação das moléculas é pequena, não podemos ignorar a força atrativa entre as moléculas. Portanto, o modelo de gás ideal é inadequado para descrever gases densos e/ou frios. Em 1873, *J. D. van der Waals* (1837–1923) propôs uma equação de estado para os gases que leva em conta de forma aproximada os efeitos de volume finito das moléculas e de atração entre elas. A denominada *equação de estado de van der Waals*, que apresentaremos nesta seção, mostrou-se também muito útil para a descrição qualitativa das transições de fase entre os estados gasoso e líquido de um fluido.

Seja v o volume por mol do referido gás, ou seja, o volume ocupado quando o número de moléculas é $N = N_A$. O valor finito do diâmetro das moléculas pode ser levado em conta simplesmente exprimindo o volume disponível para o movimento das moléculas por $v - b$, onde b é denominado covolume do gás. Assim, a relação $pv = RT$ que descreve um mol de gás ideal deve ser corrigida para

$$v = b + \frac{RT}{p}, \tag{9.62}$$

ou

$$p = \frac{RT}{v - b}. \tag{9.63}$$

A atração molecular tem como efeito a diminuição da pressão que o gás exerce sobre as paredes do recipiente. Para entender como essa redução é produzida, é importante levar em conta o fato de que a atração entre as moléculas tem um alcance $d \approx 4R$, sendo R o raio molecular efetivo. Uma molécula situada distante da parede do recipiente sentirá uma força estatisticamente nula resultante da atração molecular, mas o mesmo não ocorrerá com moléculas cuja distância até a parede seja menor que d. Consideremos uma molécula contida no filme de espessura d adjacente à parede, como mostra a Figura 9.17. Tal molécula estará sujeita a uma força de atração das outras moléculas que estatisticamente não irá se anular. A força média sentida pela molécula apontará para o interior do gás. Portanto, tenderá a enfraquecer o impulso transmitido pela molécula na colisão com a parede.

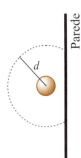

Figura 9.17
Uma molécula é atraída por qualquer outra que se situe dentro de uma esfera de raio d do seu centro. Tal esfera é indicada pela linha pontilhada na figura. Portanto, se uma molécula estiver próxima à superfície do recipiente, ela estará sujeita a uma força atrativa estatisticamente não-nula.

Estatisticamente, a força atrativa sentida pela molécula será proporcional à probabilidade de outra molécula se encontrar dentro do seu raio de ação d. Portanto, será proporcional à densidade do gás, ou seja, inversamente proporcional a v. Portanto, o impulso transmitido em cada colisão molecular com a parede será estatisticamente diminuído por um termo proporcional a $1/v$. Uma vez que o número de colisões por unidade de tempo e por unidade de área da parede também é proporcional a $1/v$, a pressão do gás será reduzida por um termo proporcional a v^{-2}. Neste caso, a Equação 9.63 será corrigida para

$$p = \frac{RT}{v - b} - \frac{a}{v^2}, \tag{9.64}$$

Equação de estado de van der Waals

ou

$$\left(p + \frac{a}{v^2}\right)(v - b) = RT. \tag{9.65}$$

O termo a/v^2 nesta equação é denominado *pressão interna* do gás.

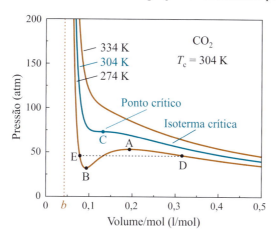

Figura 9.18

Três isotermas da equação de estado de van der Waals. Os parâmetros escolhidos são os que melhor ajustam o comportamento do CO_2: $a = 3{,}592 \; l^2atm/mol^2$, $b = 0{,}04267 \; l/mol$. Uma das isotermas corresponde à temperatura crítica do CO_2, $T_c = 304$ K, e é denominada isoterma crítica.

A Equação 9.65 é uma equação de terceiro grau em v. Dependendo dos valores de p e T, a equação possui três raízes reais, ou seja, três valores permitidos para o volume molar v. Tais raízes múltiplas aparecem para T abaixo de uma temperatura T_c, denominada *temperatura crítica* da substância. A Figura 9.18 ilustra essa anomalia para o caso do CO_2, no qual $T_c = 304$ K. A multiplicidade de raízes para v prevista pela equação de van der Waals não pode ser um fenômeno real. De fato, na isoterma a $T = 274$ K mostrada na Figura 9.18, na região entre os pontos A e B o módulo volumétrico isotérmico (ou módulo de compressão isotérmico) do fluido, expresso por

$$B_T = -v\left(\frac{\partial p}{\partial v}\right)_T, \tag{9.66}$$

é negativo. Portanto, uma diminuição na pressão do fluido acarretaria diminuição, e não aumento de volume. Obviamente, isto não pode corresponder a um estado estável (de equilíbrio) do fluido. Entretanto, o modelo de van der Waals ainda pode ser utilizado para a discussão do comportamento de um fluido denso, com a adaptação apresentada a seguir. Para discutir o comportamento de um fluido quando comprimido isotermicamente abaixo de sua temperatura crítica, reproduzimos na Figura 9.19 a isoterma correspondente a $T = 274$ K do CO_2.

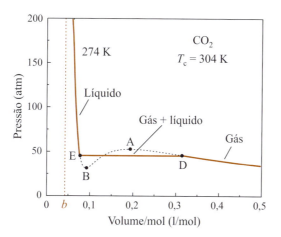

Figura 9.19

Isoterma de um fluido a uma temperatura abaixo da sua temperatura crítica. Se o fluido é comprimido a partir de um volume grande, inicialmente seu volume se reduz rapidamente com o aumento da pressão, e o módulo volumétrico é positivo. O fluido é um gás. Entre os pontos D e E, o fluido tem um módulo volumétrico isotérmico nulo. Ou seja, seu volume pode ser reduzido isotermicamente sem que haja aumento da pressão. Nesta pressão, coexistem os estados líquido e gasoso do fluido. Qualquer diminuição no volume do fluido nessa região resulta na condensação de certa quantidade do gás, aumentando a proporção de líquido na mistura, até que finalmente no ponto E todo o fluido já se liquefez. A partir daí, o fluido é um líquido com baixíssima compressibilidade ou seja, o módulo volumétrico torna-se muito grande.

Consideremos um processo de compressão isotérmica do fluido a uma temperatura abaixo da temperatura crítica T_c (Figura 9.19). Do ponto extremo à direita na isoterma até o ponto D, o módulo volumétrico do fluido é positivo, mas pequeno. Isso caracteriza o comportamento de um gás. Entre os pontos D e E, a isoterma se afasta do comportamento previsto pela equação de van der Waals e a pressão se torna independente do volume. Portanto, o módulo volumétrico é nulo. O fluido se torna não-homogêneo, apresentando fases separadas de líquido e gás, e as duas fases coexistem em todo o trecho DE da isoterma. O valor da pressão em que as duas fases coexistem é denominado pressão de vapor da substância àquela temperatura. Com a diminuição do volume, aumenta a massa do fluido condensado na fase líquida, até que no ponto E não mais existe gás para se condensar. Abaixo desse volume, o módulo volumétrico torna-se muito grande, o que caracteriza o comportamento de um líquido, pouco compressível.

Quando a temperatura aumenta, aproximando-se de T_c, a distância entre os pontos de pressão máxima A e pressão mínima B na Figura 9.18 diminui, e portanto também diminui o comprimento do seguimento horizontal DE na Figura 9.19. Isso significa que a diferença entre os volumes do fluido nas fases líquida e gasosa diminui. Quando $T = T_c$, os pontos A e B coalescem em um mesmo ponto C, denominado ponto crítico da substância. No ponto crítico, as fases líquida e gasosa coexistem com a mesma densidade de massa. Acima da temperatura T_c, a substância não mais apresenta uma fase líquida, por maior que seja a pressão.

> Ponto crítico de uma substância é o ponto (p_c, v_c, T_c) no qual as fases líquida e gasosa coexistem com a mesma densidade

> A temperaturas T acima da temperatura crítica Tc a substância não se liquefaz, por maior que seja a sua pressão

O ponto crítico é um ponto de inflexão da isoterma crítica, ou seja, um ponto em que dp/dv e d^2p/dv^2 são ambos nulos. Por derivações da Equação 9.64, podemos obter um par de equações cuja solução dá os valores de T_c e do *volume crítico* v_c:

$$\frac{dp}{dv} = -\frac{RT}{(v-b)^2} + \frac{2a}{v^3} = 0, \tag{9.67}$$

$$\frac{d^2p}{dv^2} = \frac{2RT}{(v-b)^3} - \frac{6a}{v^4} = 0. \tag{9.68}$$

A solução deste par de equações é

$$T_c = \frac{8a}{27bR}, \tag{9.69}$$

$$v_c = 3b. \tag{9.70}$$

Substituindo esses valores na Equação 9.64, obtemos

$$p_c = \frac{a}{27b^2}. \tag{9.71}$$

O modelo de van der Waals dos gases é capaz de oferecer uma descrição qualitativamente correta do comportamento de um gás denso e também da transição de fase entre os estados líquido e gasoso da substância. Entretanto, o comportamento quantitativo de uma substância em amplas faixas de variação de pressão e temperatura, incluindo o ponto crítico, não pode ser descrito em termos de apenas dois parâmetros a e b independentes do estado, como ocorre no referido modelo. Modelos muito mais complexos, em que os parâmetros a e b variam com a temperatura, são necessários para o estudo quantitativo de uma substância real.

A Tabela 9.1 mostra algumas propriedades termodinâmicas de várias substâncias e os parâmetros a e b que melhor ajustam suas equações de estado no modelo de van der Waals. Nota-se um importante desvio na previsão teórica do volume crítico das substâncias.

■ Tabela 9.1

Propriedades termodinâmicas de algumas substâncias e sua descrição em termos da equação de estado de van der Waals. Os parâmetros a e b são geralmente determinados a partir de medidas da variação de p com T (a v constante), de v com T (a p constante) e de p com v, ou seja, das isotermas. Note-se que, nas unidades utilizadas na tabela, a constante universal dos gases vale $R = 0,08206$ atm l/mol K.

Substância	a atm(l/mol)^2	B l/mol	$8a/27bR$ K	T_c K	$a/27b^2$ atm	p_c atm	$3b$ l/mol	v_c l/mol
Hélio	0,03412	0,02370	5,20	5,19	2,25	2,24	0,071	0,058
Neônio	0,2107	0,01709	44,52	44,40	26,7	26,9	0,051	
Argônio	1,345	0,03219	150,9	150,8	4,81	4,81	0,097	
H_2	0,2444	0,02661	33,16	32,98	12,78	12,80	0,080	0,064
N_2	1,390	0,03913	128,3	126,2	33,6	33,5	0,117	0,090
O_2	1,360	0,03183	154,3	154,6	49,72	49,77	0,096	0,078
H_2O	5,464	0,03049	647,1	647,5	217,7	218,3	0,091	0,055
CO_2	3,592	0,04267	304,4	304,4	73,1	72,9	0,128	

PROBLEMAS

P 9.1 À temperatura de 0 °C e pressão de 1,000 atm, as densidades do ar, do oxigênio e do nitrogênio valem, respectivamente, 1,293 kg/m³, 1,429 kg/m³ e 1,250 kg/m³. Supondo que o ar contenha apenas oxigênio e nitrogênio, calcule a fração, em massa, de nitrogênio contido no ar.

P 9.2 Um gás, com volume V, tem N_a átomos de massa m_a e N_b átomos de massa m_b. A velocidade quadrática média dos primeiros átomos é $v_{rms,a}$. (A) Deduza uma expressão para a pressão exercida pelo gás. (B) Suponha que $N_a = N_b$, e que os dois tipos de átomos se combinem para formar moléculas diatômicas. Qual será a pressão do novo gás quando ele tiver a temperatura anterior à reação?

P 9.3 Calcule o calor específico molar a volume constante de um gás ideal constituído de moléculas diatômicas, à temperatura $T = hv / 2k_B$, sendo v a freqüência de vibração das moléculas.

P 9.4 Dois líquidos sofrem uma transição do estado miscível para o estado não-miscível. Acima da temperatura T_{tr} eles são miscíveis e abaixo dela eles não mais o são. Um recipiente, em um banho térmico à temperatura T variável, contém um mol de cada líquido. Inicialmente a temperatura está acima de T_{tr} e os líquidos estão dissolvidos um no outro. Baixada a temperatura, no ponto de transição T_{tr} os dois líquidos se separam, ocupando cada qual metade do volume total. Mostre que o calor liberado para o banho térmico durante a transição é

$$Q = 2RT_{tr} \ln 2.$$

P 9.5 Derive a função distribuição de velocidades de Maxwell, e mostre que ela tem um valor nulo na velocidade v_p dada pela Equação 9.53.

P 9.6 Mostre que o valor mais provável para a velocidade de uma molécula no feixe molecular da experiência de Miller e Kusch é

$$v_p = \sqrt{\frac{3k_B T}{m}}.$$

P 9.7 Realize a integração indicada na Equação 9.54 para calcular o valor de $\bar{v}$ expresso pela Equação 9.55

P 9.8 Realize a integração indicada na Equação 9.56 para calcular o valor de v_{rms}.

P 9.9 Mostre que a distribuição de velocidades de Maxwell, expressa pela Equação 9.51, obedece à condição de normalização:

$$\int_0^\infty N(v)\,dv = N.$$

P 9.10 Imagine que um conjunto de N partículas tenha uma distribuição de velocidades tal como ilustra a Figura 9.20. A função distribuição é definida por: $N(v) = Av^2$, para $0 < v \leq v_o$; $N(v) = 0$ para $v > v_o$. (A) Calcule o valor da constante de proporcionalidade A em termos de N e v_o. (B) Calcule, em termos de v_o, os valores de $\bar{v}$ e de v_{rms}.

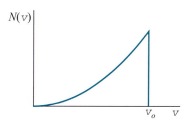

Figura 9.20 (Problema 9.10).

P 9.11 Considere uma variável estatística x qualquer que pode ter uma distribuição arbitrária de valores. Com base no fato de que $<(x - \bar{x})^2>$ é uma grandeza positiva, mostre que $x_{rms} > \bar{x}$.

P 9.12 Considere um gás contendo N moléculas em que o livre percurso médio é $\bar{l}$. A probabilidade de que uma molécula percorra uma distância entre l e $l + dl$ entre duas colisões consecutivas é $P(l)dl = Ae^{-\alpha l}dl$, onde A e α são constantes. Assim, se tomarmos

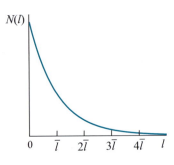

Figura 9.21
(Problema 9.12).

um instantâneo do gás, o número de moléculas que irá percorrer uma distância entre l e $l + dl$ até sofrer a próxima colisão é $N(l)dl$ = $ANe^{-\alpha l}dl$. A função $N(l)$ é mostrada na Figura 9.21. Calcule os valores de A e α.

P 9.13 (*Opcional*) Resolva o par de Equações 9.67 e 9.68 para obter as Equações 9.69 e 9.70.

P 9.14 (*Opcional*) Qual é a pressão interna do N_2 à pressão atmosférica e temperatura de 295 K?

P 9.15 (*Opcional*) (A) Calcule a correção relativa na pressão do N_2 à pressão atmosférica e temperatura de 295 K devida aos parâmetros a e b de van der Waals. (B) Repita o cálculo para o He.

P 9.16 (*Opcional*) Para uma dada temperatura T, para qual volume molar as equações de estado de van der Waals e do gás ideal predizem a mesma pressão para o gás?

Respostas dos exercícios

E 9.1 $4,1 \times 10^{-26}$ m^3
E 9.2 $K_{trans} = 38,1$ meV
E 9.3 (A) $V_{rms} = 1,91$ km/s (B) $v_{rms} = 187$ m/s
E 9.4 $v_{rms} = 11$ mm/s
E 9.5 $v_{rms} = 0,80$ m/s
E 9.6 $v_{rms} = 1$ mm/s
E 9.7 $C_V = 125$ J/K, $C_p = 133$ J/K
E 9.8 $T_{vib} = 4,24 \times 10^3$ K (B) $C_V = 5R/2$. (C) $\gamma = 1,40$
E 9.9 $\Delta S = 19$ J/K
E 9.10 $\Delta S = N_1 k_B \ln\left(\dfrac{V_1 + V_2}{V_1}\right) + N_2 k_B \ln\left(\dfrac{V_1 + V_2}{V_2}\right)$
E 9.11 $\Delta S = 4$ mJ/K
E 9.13 $v_p = 1,56$ km/s
E 9.15 $T = 37,5$ K
E 9.16 (A) $\bar{v} = 0,471$ km/s. (B) $v_{rms} = 0,494$ km/s
E 9.17 342 m/s
E 9.18 $p = 9,2$ mPa
E 9.19 (A) 3×10^{19} m; (B) 10^{27} m

Respostas dos problemas

P 9.1 76%
P 9.2 (A) $p = \dfrac{m_a v_{rms,a}^2}{3V}(N_a + N_b)$; (B) $p = \dfrac{m_a v_{rms,a}^2}{3V} N_a$
P 9.3 $C_V = 26,8$ J/K
P 9.10 (A) $A = 3N / v_o^3$; (B) $\bar{v} = 3v_o / 4$; $v_{rms} = \sqrt{\tfrac{3}{5}} v_o$
P 9.12 $A = \alpha = 1/\bar{l}$
P 9.14 $a/v^2 = 0,00237$ atm
P 9.15 (A) $\Delta p = -0,075\%$. (B) $\Delta p = -0,092\%$
P 9.16 $v = b + bRT/a$

10

Introdução à Mecânica Estatística

Seção 10.1 ▪ Introdução, 210

Seção 10.2 ▪ Hipóteses fundamentais, 210

Seção 10.3 ▪ Sistemas em contato térmico, 215

Seção 10.4 ▪ Lei de Boltzmann das probabilidades, 217

Seção 10.5 ▪ Paramagnetismo (opcional), 219

Seção 10.6 ▪ Distribuição de velocidades de Maxwell, 221

Seção 10.7 ▪ Lei exponencial das atmosferas, 222

Seção 10.8 ▪ Poderia o mundo não ser quântico?, 223

Seção 10.9 ▪ Há algo de especial na constante de Boltzmann?, 226

Seção 10.10 ▪ Não seriam de natureza estatística todas as leis físicas?, 228

Seção 10.11 ▪ A seta cosmológica do tempo, 229

Problemas, 231

Respostas dos exercícios, 231

Respostas dos problemas, 231

Seção 10.1 ■ Introdução

A mecânica estatística é a ponte entre as leis fundamentais da mecânica (clássica e quântica) e do eletromagnetismo, e as leis da termodinâmica. Historicamente, a termodinâmica desenvolveu-se como ciência autônoma no esforço de desenvolvimento de máquinas térmicas. No Capítulo 8 (*Entropia e Segunda Lei da Termodinâmica*) vimos que Carnot chegou à segunda lei da termodinâmica antes de se conhecer o caráter cinético do calor. Esse fato ilustra de forma muito enfática a desvinculação entre o desenvolvimento da termodinâmica e sua fundamentação em termos das leis que regem o movimento das partículas que compõem os sistemas macroscópicos.

A investigação pioneira em mecânica estatística foi o cálculo efetuado por Maxwell, em 1859, da distribuição das velocidades das moléculas em um gás, que estudamos no Capítulo 9 (*Teoria Cinética dos Gases*). Entretanto, o trabalho verdadeiramente seminal para o desenvolvimento dessa ciência foi realizado por *Ludwig Boltzmann*, que descobriu o caráter estatístico da irreversibilidade e a conexão entre entropia e desordem. Posteriormente, *Josiah Willard Gibbs* (1839–1903), o primeiro grande físico teórico americano, sistematizou essa ciência em termos mais próximos da forma encontrada nos textos modernos. Entretanto, no fim do século XIX, descobriu-se que a capacidade térmica dos sólidos tende a zero quando a temperatura tende para o zero absoluto, fato inteiramente incompatível com a mecânica estatística baseada na mecânica clássica. Com isso, Gibbs e alguns outros físicos notáveis perderam suas convicções sobre a validade da mecânica estatística. Coube a Einstein mostrar, em 1907, que a diminuição da capacidade térmica dos sólidos com a temperatura é uma decorrência da física quântica (ver Seção 8.2 do Capítulo 8) e a *Peter Debye* (1884–1966) detalhar, em 1912, a proposta de Einstein para obter excelente concordância entre as previsões da física estatística e os resultados experimentais. Extensões da mecânica estatística para incluir corretamente os fenômenos puramente quânticos foram feitas em 1924 pelo físico indiano *Satyendra Nath Bose* (1894–1974), cujo trabalho foi generalizado em 1925 por Einstein, e em 1926 por *Enrico Fermi* (1901–1954). A fundamentação do trabalho de Fermi em termos da mecânica quântica foi feita em 1926 por *Paul Maurice Dirac* (1902–1984).

A mecânica estatística é uma das ferramentas teóricas mais importantes para a pesquisa em física na atualidade. Com efeito, quase sempre os sistemas de interesse para a ciência e a tecnologia contemporâneas são macroscópicos, no sentido termodinâmico — contêm um número muito grande de partículas —, e por isso não podem ser tratados em termos de equações de movimento na forma prescrita pelo paradigma newtoniano. Os métodos probabilísticos introduzidos pela mecânica estatística são a forma de buscar a compreensão desses sistemas em termos das propriedades de suas partículas constituintes. A física assentada nesses métodos probabilísticos é denominada física estatística. Muitos físicos, astrofísicos, químicos e engenheiros modernos fazem uso rotineiro da mecânica estatística em suas investigações, e prevê-se que essa ferramenta terá também importância crescente na biologia e em outras ciências.

> Um sistema físico é considerado macroscópico quando contém um número de átomos grande o suficiente para poder ser tratado segundo as leis da termodinâmica e da mecânica estatística

É oportuno explicitar o significado da expressão *macroscópico no sentido termodinâmico* empregada poucas linhas atrás. Na linguagem comum, um sistema com dimensão de um mícron é microscópico. Entretanto, um mícron ainda é um comprimento muito grande comparado com o diâmetro de um átomo, tipicamente igual a 0,0002 μm. Por esta razão, uma partícula sólida com volume de um mícron cúbico contém algo da ordem de 10^{11} átomos. Esse sistema já é grande o suficiente para que as leis da termodinâmica possam ser aplicadas. Portanto, ele deve ser visto como um sistema macroscópico. Resumindo, um sistema é considerado macroscópico no sentido termodinâmico, quando contém um número de átomos suficientemente grande para que as leis da termodinâmica e da mecânica estatística possam ser aplicadas a ele.

Seção 10.2 ■ Hipóteses fundamentais

No Capítulo 9 (*Teoria Cinética dos Gases*), ao estudar um gás com N moléculas divididas em dois compartimentos iguais, fizemos a hipótese de que a probabilidade de um macroestado

Ludwig Boltzmann

Ludwig Boltzmann (1844–1906) foi um dos grandes físicos da história e um dos que mais influenciaram a física do século XX. De humor instável, nunca permaneceu longamente em um mesmo lugar. Doutorou-se em 1866 pela Universidade de Viena, sob a orientação de Josef Stefan. Após um breve estágio como assistente de Stefan, Boltzmann trabalhou em diversas universidades (Graz, Berlim, Viena, Graz, Munique, Viena, Leipzig e Viena). As menções repetidas entre parêntesis se explicam pelo fato de que ele esteve mais de uma vez em Graz e em Viena. Assumiu cátedras tão diversas como matemática, física experimental e física teórica, e revelou uma facilidade incomum para lecionar qualquer dessas disciplinas. Em 1903, deu um curso de filosofia da ciência, cuja repercussão cresceu a ponto de os alunos interessados não mais caberem no maior auditório da Universidade de Viena. O imperador Franz Josef o fez então prometer nunca mais trabalhar fora do Império austro-húngaro. Boltzmann foi o criador da mecânica estatística, na qual introduziu a probabilidade como um conceito fundamental e inevitável na formulação da física. Deduziu (1871) a fórmula de Maxwell para a distribuição para as velocidades das moléculas em um gás, dando-lhe melhor base conceitual. Em 1872, demonstrou o teorema H, segundo o qual um sistema macroscópico evolui para macroestados que contêm números crescentes de microestados. Em 1877, chegou à célebre fórmula $S = k \ln W$, onde S é a entropia, W é o número de microestados e k é uma constante universal (hoje conhecida como *constante de Boltzmann*, símbolo k_B); esta fórmula está gravada em seu túmulo. Demonstrou (1884) que a lei de Stefan (1879), segundo a qual a energia térmica irradiada por um corpo à temperatura T é proporcional a T^4, pode ser deduzida com base na termodinâmica. Para melhor apreciar o mérito de Boltzmann, é importante lembrar que naquele tempo átomos e moléculas eram vistos como uma especulação teórica — o atomismo tinha opositores do porte de Wilhelm Ostwald, Ernst Mach e Max Planck — e que o conceito de probabilidade era estranho ao determinismo newtoniano. Para aplicar seus métodos estatísticos, ele teve de tratar as energias de um sistema como um conjunto discreto, dessa maneira antecipando a teoria quântica. Em 1891, numa discussão com Ostwald e Planck, Boltzmann disse: "Não vejo razão pela qual a energia não possa ser considerada dividida atomicamente". Em 1897, convenceu Planck a adotar os métodos da mecânica estatística no estudo da radiação térmica dos corpos. Assim Planck acabou chegando (1900) à célebre fórmula para o espectro da radiação de corpo negro, que foi a semente da física quântica. Nas suas aulas de filosofia da ciência, e também no seu livro-texto de mecânica, já dava um tratamento igual ao tempo e às coordenadas espaciais, no que antecipou a teoria da relatividade de Einstein. Seu pensamento influenciou diretamente os formuladores da mecânica quântica, principalmente Max Born, que deu a interpretação probabilística para a função de onda, e Werner Heisenberg, cujas relações de incerteza fundamentam a divisão em células que Boltzmann fez do espaço de fase. Sobre o modo como Boltzmann via a natureza, Erwin Schrödinger disse: "Sua linha de pensamento pode ser chamada meu primeiro amor em ciência. Ninguém mais me capturou tanto ou jamais o fará". Sob a oposição dos seus irredutíveis opositores e fraquejado pelo seu temperamento depressivo, Boltzmann deu fim à própria vida em 1906. Einstein (1905) baseou-se na mecânica estatística para deduzir o movimento aleatório (movimento browniano) de partículas suspensas em um fluido, e Jean-Baptiste Perrin (1908) fez experiências comprovando a teoria de Einstein e obtendo o valor da constante de Boltzmann.

— que é descrito pelo número de moléculas no primeiro compartimento — é proporcional ao número de microestados que ele contém. Isso equivale a supor que todos os microestados do gás são igualmente prováveis. Esta hipótese pode ser justificada com argumentação simples. Visando a tal justificativa, vamos substituir o sistema de moléculas por outro inteiramente análogo na sua essência: um conjunto de N moedas jogadas à sorte. Cada moeda tem probabilidades iguais de dar cara ou coroa e, além disso, o estado de uma moeda não afeta a probabilidade de outra moeda qualquer dar cara ou coroa. Essa falta de correlação entre os estados de duas moedas recebe uma designação especial: dizemos que os estados de duas moedas são **eventos independentes**. Consideremos, portanto, um microestado qualquer das N moedas, como, por exemplo, o que se mostra a seguir:

> Dois eventos são **independentes** se a ocorrência de um não afeta a probabilidade de ocorrência do outro

$$(+,+,-,+,-,-,+,+,+,\ldots\ldots-,+). \tag{10.1}$$

Nesta expressão, cara é indicada por + e coroa por −. Assim, no referido microestado, a primeira moeda mostra cara, a segunda também mostra cara, a terceira mostra coroa etc.

Para calcular a probabilidade do microestado expresso pela Equação 10.1, procedemos da seguinte maneira: a probabilidade de a primeira moeda dar cara (+) é $P_1 = 1/2$; a probabilidade de a segunda moeda dar cara é $P_2 = 1/2$; a probabilidade de a terceira moeda dar coroa (−) é $P_3 = 1/2$, e assim por diante. Uma vez que os eventos são independentes, a probabilidade de todos esses eventos acontecerem é produto das suas probabilidades individuais:

$$P = P_1 P_2 P_3 \cdots P_N = \left(\frac{1}{2}\right)^N. \tag{10.2}$$

Obviamente, este resultado é independente do microestado específica que analisamos. Para outro microestado qualquer, como, por exemplo, todas as moedas mostrando cara, a probabilidade será exatamente a mesma. O que acabamos de dizer costuma soar contrário à nossa intuição. Mas um pouco de reflexão mostra onde a intuição falha. Naturalmente, esperamos que ao lançar as moedas obtenhamos muitas caras e muitas coroas. Mais precisamente, esperamos obter aproximadamente metade de caras e metade de coroas. Mas aqui já estamos falando de macroestado, e não de microestado. Quando nos referimos a um dado microestado, no qual o resultado para cada moeda é declarado, sua probabilidade é sempre muito pequena, e não há como essa probabilidade possa depender de qual microestado estamos falando.

Argumentação análoga pode ser desenvolvida para se investigar a configuração das moléculas em uma caixa. Essa investigação pode ser realizada com diferentes níveis de resolução sobre a posição de uma dada molécula. O nível de resolução mais baixa é aquele em que a caixa é dividida em duas metades: cada molécula pode estar do lado direito ou do lado esquerdo. Nesse caso, o problema é inteiramente análogo ao das moedas.

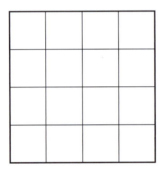

Figura 10.1
Caixa dividida em células de volumes iguais.

Consideremos, porém, a caixa contendo n divisões de volumes iguais, como mostra a Figura 10.1. Destaca-se que não há agora nenhum argumento inteiramente irrefutável de que a probabilidade de uma dada molécula estar em uma dada célula da caixa é a mesma para todas as células. Alguém pode questionar que uma célula em um canto da caixa possa ter probabilidade de ocupação diferente da de uma célula mais central, e não é possível rebater tal argumento. Se a caixa for dividida em duas metades, por simples simetria temos de concluir que as duas metades têm igual probabilidade de ocupação. Mas esse tipo de argumento por simetria não se aplica a uma caixa divida na forma que vê na Figura 10.1 Entretanto, admitiremos que todas as células tenham igual probabilidade, dada por $P = 1/n$. Esta é uma hipótese plausível, embora não facilmente demonstrável. Consideremos N moléculas na caixa, que vamos supor numeradas 1, 2, 3, ... N.

Um dado microestado do gás será, por exemplo,

$$\{i\} = (3, 1, 1, 2, 5, 6, 6, 4, ...), \tag{10.3}$$

ou seja, a molécula 1 está na célula 3, as moléculas 2 e 3 estão na célula 1 etc. A probabilidade deste microestado será

$$P = \left(\frac{1}{n}\right)^N. \tag{10.4}$$

Note-se que, mais uma vez, essa probabilidade independe do microestado do gás.

No caso do gás, estaremos interessados não somente na configuração das moléculas, mas também em suas velocidades. A primeira molécula terá velocidade **v**$_1$, a segunda molécula terá velocidade **v**$_2$ etc. Para sermos consistentes com o procedimento no estudo das configurações, devemos também dividir o espaço das velocidades em células. Na Figura 10.2 mostramos a projeção dessa divisão no plano (v_x, v_y). Em três dimensões, cada célula conterá os pontos de velocidades dentro do cubo centrado em **v** = (v_x, v_y, v_z) e de aresta Δv, como mostra a Figura 10.3.

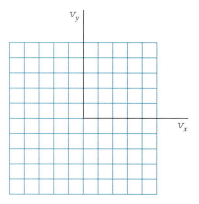

Figura 10.2
O espaço das velocidades de uma molécula é dividido em células de volumes iguais.

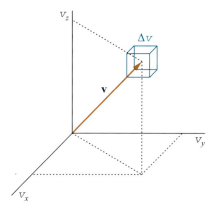

Figura 10.3
Uma determinada célula no espaço de velocidades é um cubo de aresta Δv centrado no ponto de velocidade **v**.

Podemos verificar imediatamente que a análise anterior das probabilidades de configurações falha completamente no presente caso. O primeiro ponto a se destacar é que nossa malha no espaço de velocidades não apresenta fronteiras definidas, em contraste com o que ocorre no caso da caixa da Figura 10.1. Na verdade, se o gás de partículas é um sistema isolado, existe um vínculo que limita as combinações possíveis de velocidades das partículas, como discutiremos a seguir. Seja E a energia interna do gás, que vamos supor ideal e monoatômico. Estamos agora usando o símbolo E para designar a energia interna, pois essa notação é a mais comum na mecânica estatística. Nesse caso, toda a energia do gás é energia cinética de translação das moléculas, e podemos então escrever:

$$E = \frac{1}{2} m \sum_{i=1}^{N} v_i^2. \tag{10.5}$$

A teoria cinética dos gases parte do pressuposto de que todos os microestados (todas as combinações de velocidades) compatíveis com a Equação 10.5 são igualmente prováveis. Esta é uma hipótese não-intuitiva e de difícil justificativa. Na verdade, apesar de se ter dedicado um esforço gigantesco, desde Boltzmann até os dias atuais, a uma eventual demonstração desta hipótese, isso não foi realizado.

Problemas análogos ocorrem no tratamento de outros sistemas termodinâmicos por meio da física estatística. A rigor, o tratamento deve partir da descrição dos sistemas feita pela mecânica quântica. Nesta, um sistema físico limitado, ou seja, confinado em dadas fronteiras, tem estados quânticos descritos por uma função de onda ψ, a cada estado correspondendo uma energia bem definida. As energias permitidas para o sistema formam um conjunto discreto. Assim, se o sistema tem energia entre E e $E + \delta E$, um certo número finito W de estados quânticos (microestados) será acessível. A chamada *estatística de Boltzmann-Gibbs* baseia-se no seguinte postulado:

> *No estado de equilíbrio, todos os microestados de energia compreendida entre E e $E + \delta E$ são igualmente prováveis.*

Este postulado, usualmente referido como da igual probabilidade *a priori* dos microestados, é a hipótese fundamental da mecânica estatística.

Pode-se mostrar que a fórmula de Boltzmann, $S = k_B \ln W$ já traz em si embutida a hipótese da igual probabilidade *a priori* dos microestados. Se a hipótese falhar, a entropia definida dessa forma não equivale àquela definida pelos métodos da termodinâmica.

Outra hipótese essencial na termodinâmica e na mecânica estatística é a de que as diferentes regiões de um sistema macroscópico interagem fracamente entre si. Para explicitar melhor tal hipótese e estudar as suas conseqüências, consideremos um sistema homogêneo S, dividido em duas metades, como mostra a Figura 10.4.

> A estatística de Boltzmann-Gibbs fundamenta-se na hipótese de que todos os microestados de igual energia de um sistema em equilíbrio são igualmente prováveis. Tal hipótese é denominada postulado da igual probabilidade *a priori* dos microestados

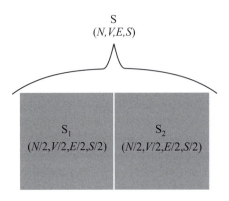

Figura 10.4
Sistema homogêneo dividido ao meio.

O sistema tem volume V, N partículas, energia E e entropia S. A divisão irá gerar dois subsistemas S_1 e S_2, cada qual com volume $V/2$ e número de partículas $N/2$. Imaginemos que os dois subsistemas sejam de fato separados fisicamente, como no caso em que um bloco sólido é quebrado ao meio. No caso do bloco sólido, gasta-se certa energia para quebrá-lo e isso significa que cada metade tem uma energia ligeiramente superior a $E/2$. Entretanto, comparada à energia necessária para fragmentar (evaporar) o sólido em seus átomos constituintes, a energia associada à fratura é insignificante. Com muito boa precisão, podemos então dizer que cada metade do bloco tem metade da energia do bloco íntegro. Fisicamente, isso decorre do fato de que as interações entre os átomos do sólido são de curto alcance, de modo que cada átomo só interage com os seus primeiros vizinhos. Nesse caso, a energia da fratura é proporcional ao número de átomos no plano da divisão entre as metades. Tal número é desprezível comparado ao número total N de átomos do bloco. Portanto, gasta-se relativamente muito pouca energia com a divisão do bloco.

Deve-se notar que tal conclusão falha completamente se estivermos lidando com um sistema cujas interações sejam de longo alcance. Por exemplo, se dividirmos o Sol em duas estrelas, cada qual com metade da massa total, e afastarmos as duas metades até que a interação mútua seja desprezível, cada uma das estrelas terá energia significativamente maior que metade da energia do Sol. O aumento na energia do sistema pode ser calculado de forma aproximada a partir da análise da energia de ligação gravitacional feita no Capítulo 1 (*Gravitação*). Uma esfera homogênea de massa M e raio R tem energia de ligação (auto-energia gravitacional) dada por

$$U = -\frac{3}{5}\frac{GM^2}{R}. \tag{10.6}$$

Se dividirmos a esfera em duas metades e com elas fizermos duas esferas de raio $R' = R/\sqrt[3]{2}$ e afastarmos tais metades infinitamente uma da outra, o conjunto terá uma energia de ligação gravitacional dada por

$$U' = -2\frac{3}{5}\frac{GM^2}{4R}\sqrt[3]{2}. \tag{10.7}$$

Comparando Equações 10.6 e 10.7, obtemos

$$U' = \frac{U}{\sqrt[3]{4}} \cong 0{,}63U. \tag{10.8}$$

Posto que U é negativa, $U' > U$.

Voltando ao caso do bloco fraturado, dizemos que a energia é uma **grandeza aditiva**, ou **grandeza extensiva**, ou seja, proporcional ao número de partículas do sistema. Consideremos agora o que ocorre com a entropia. Segundo a termodinâmica, quando fornecemos calor de forma reversível para o bloco íntegro, sua entropia sofre um incremento dado por

$$dS = \frac{dQ}{T}. \tag{10.9}$$

> Quando uma grandeza é proporcional ao número de partículas do sistema ao qual ela pertence, dizemos que é uma **grandeza aditiva**, ou **grandeza extensiva**.

Cada metade do bloco recebe uma quantidade de calor $dQ/2$ e, portanto, sofre um incremento de entropia igual a $dQ/2T$. Com base nessa consideração, concluímos que cada metade do bloco íntegro tem metade da entropia do bloco. Ao fraturar o bloco, podemos imaginar que cada fragmento continue contendo metade da entropia do bloco íntegro. Portanto, a entropia também seria uma grandeza aditiva.

Para que a fórmula de Boltzmann seja válida, a aditividade da entropia deve implicar uma regra bem definida para o número de microestados que discutiremos a seguir. Cada fragmento do bloco tem um número de microestados acessíveis igual a $W_{1/2}$. O sistema constituído pelos dois fragmentos separados tem um número de microestados acessíveis dado por

$$W = W_{1/2} \cdot W_{1/2}. \tag{10.10}$$

A entropia do sistema de dois fragmentos separados é

$$S = k_B \ln W = 2k_B \ln W_{1/2} = 2S_{1/2}, \tag{10.11}$$

onde $S_{1/2}$ é a entropia de cada fragmento. Vê-se que, ao supor que a entropia expressa pela fórmula de Boltzmann seja uma grandeza aditiva, estamos supondo que o número de microestados W do sistema fique inalterado se juntarmos os dois fragmentos para recompor o bloco íntegro.

Seção 10.3 ▪ Sistemas em contato térmico

A Figura 10.5 mostra dois sistemas S e S' em contato térmico um com o outro, dentro de uma caixa térmica. Os dois sistemas formam um sistema S_o isolado do ambiente. O sistema S_o tem energia E_o constante no tempo. As energias de S e S' são E e E', respectivamente, e podemos escrever

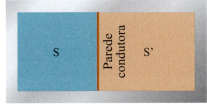

Figura 10.5

Dois sistemas S e S' em contato térmico um com o outro, dentro de uma caixa térmica. Os dois sistemas compõem o sistema isolado S_o.

$$E_o = E + E'. \tag{10.12}$$

Os números de microestados para S_o, S e S' são respectivamente W_o, W e W', e vale a relação

$$W_o(E_o) = W(E) \cdot W'(E'). \tag{10.13}$$

O estado de equilíbrio do sistema S_o corresponde à situação em que W_o atinge seu valor máximo. Portanto, no estado de equilíbrio vale a equação

$$\frac{dW_o}{dE} = 0. \tag{10.14}$$

Considerando a Equação 10.13, podemos escrever

$$\frac{dW}{dE} \cdot W' + W \cdot \frac{dW'}{dE} = 0. \tag{10.15}$$

Entretanto,

$$\frac{dW'}{dE} = \frac{dW'}{dE'} \cdot \frac{dE'}{dE}, \tag{10.16}$$

e tendo em vista a Equação 10.12 e o fato de que E_o é constante,

$$\frac{dE'}{dE} = -1. \tag{10.17}$$

Conseqüentemente, a Equação 10.15 toma a forma

$$\frac{dW}{dE} \cdot W' - W \cdot \frac{dW'}{dE'} = 0, \tag{10.18}$$

$$\frac{1}{W} \frac{dW}{dE} = \frac{1}{W'} \frac{dW'}{dE'}. \tag{10.19}$$

Desta equação, obtemos

$$\frac{d}{dE}(\ln W) = \frac{d}{dE'}(\ln W'). \tag{10.20}$$

Considerando ainda que $S = k_B \ln W$, $S' = k_B \ln W'$, podemos finalmente escrever:

$$\frac{dS}{dE} = \frac{dS'}{dE'}. \tag{10.21}$$

É interessante salientar que a Equação 10.21 expressa a lei zero da termodinâmica. De fato, uma vez que toda troca de energia entre os dois sistemas S e S' se dá em forma de calor, temos $dE = dQ$ e $dE' = dQ'$. Logo,

$$\frac{dS}{dE} = \frac{dS}{dQ} = \frac{1}{T}, \tag{10.22}$$

$$\frac{dS'}{dE'} = \frac{dS'}{dQ'} = \frac{1}{T'}.$$

A lei zero da termodinâmica pode ser deduzida com base no postulado da igual probabilidade *a priori* dos microestados de Boltzmann-Gibbs e na propriedade extensiva da energia e da entropia

Portanto, a Equação 10.21 equivale a

$$T = T'. \tag{10.23}$$

Destaca-se então que a lei zero da termodinâmica resulta do postulado da igual probabilidade *a priori* dos microestados acessíveis (que está pressuposta na fórmula de Boltzmann para a entropia), em combinação com a extensividade da energia e da entropia.

Capítulo 10 ■ Introdução à Mecânica Estatística

Seção 10.4 ■ Lei de Boltzmann das probabilidades

As Equações 10.22 podem ser escritas na forma

$$\frac{d}{dE}(\ln W) = \frac{1}{k_B T}$$

$$\frac{d}{dE'}(\ln W') = \frac{1}{k_B T}.$$

(10.24)

Estas equações podem ser integradas para se obter

$$W = Ce^{\frac{E}{k_B T}},$$

$$W' = C'e^{\frac{E'}{k_B T}},$$

(10.25)

onde C e C' são constantes características dos sistemas S e S', respectivamente. Consideremos agora que S' seja um banho térmico para o sistema S. Ao dizer que C e C' são constantes, estamos falando que não dependem da energia; entretanto, tanto C como C' variam com a temperatura.

Nossa próxima meta é calcular a probabilidade de o sistema S estar em um microestado preestabelecido de energia E. O sistema e o banho térmico constituem um sistema isolado S_o de energia E_o. Quando o sistema está no microestado de energia E, o reservatório térmico está em algum dos vários microestados de energia $E' = E_o - E$. O número total de microestados do sistema S_o é justamente igual ao número de microestados do reservatório, uma vez que o sistema S está em um microestado bem definido. Portanto,

$$W_o = C_o e^{\frac{E_o - E}{k_B T}} = C_o e^{\frac{E_o}{k_B T}} \cdot e^{-\frac{E}{k_B T}}.$$

(10.26)

Pelo postulado das iguais probabilidades *a priori*, a probabilidade $P(E)$ de o sistema S estar no microestado definido com energia E é proporcional ao número W_o. Podemos então escrever

■ Lei das probabilidades de Boltzmann

$$P(E) = Ke^{-\frac{E}{k_B T}},$$

(10.27)

onde K é uma constante independente de E. O termo $e^{-\frac{E}{k_B T}}$ que aparece na Equação 10.27 é denominado fator de Boltzmann.

O termo $e^{-\frac{E}{k_B T}}$ que aparece na Equação 10.27 é denominado fator de Boltzmann

---

E·E Exercício-exemplo 10.1

■ Considere dois estados quânticos ψ_1 e ψ_2 de um sistema, cujas energias são respectivamente E_1 e E_2. Mostre que, em equilíbrio termodinâmico à temperatura T, a razão entre as probabilidades de ocupação dos estados ψ_1 e ψ_2 é

$$\frac{P_1}{P_2} = e^{-\frac{E_1 - E_2}{k_B T}}.$$

(10.28)

■ Solução

Para calcular a razão entre as duas probabilidades de ocupação, vamos nos basear na Equação 10.27. Devemos, inicialmente, lembrar que K depende da temperatura do sistema, mas não depende da energia do nível considerado. Portanto,

$$\frac{P_1}{P_2} = \frac{K(T)e^{-\frac{E_1}{k_B T}}}{K(T)e^{-\frac{E_2}{k_B T}}}.$$

Simplificando o fator $K(T)$, chegamos imediatamente à Equação 10.28.

218 Física Básica ■ Gravitação | Fluidos | Ondas | Termodinâmica

E·E Exercício-exemplo 10.2

■ Um átomo de hidrogênio está em um gás à temperatura T. Calcule a razão entre a probabilidade de o elétron estar no primeiro nível excitado, cuja energia está 10,2 eV ($1,63 \times 10^{-18}$ J) acima do estado fundamental, e a probabilidade de ele estar no nível fundamental. Considere (A) $T = 5700$ K (superfície do Sol) e (B) $T = 295$ K.

■ Solução

Ao resolver este problema, temos de considerar que os níveis de energia do átomo de hidrogênio são degenerados. Ou seja, cada nível tem mais de um estado quântico. O nível fundamental tem 2 estados e o primeiro nível excitado tem 8 estados. A razão entre a probabilidade de o elétron estar *em um dado estado* no primeiro nível excitado e a probabilidade de ele estar *em um dado estado* no nível fundamental, para o átomo à temperatura do Sol, é

$$\frac{p_2}{p_1} = e^{-\frac{E_2 - E_1}{k_B T}} = e^{-\frac{1,63 \times 10^{-18} \text{J}}{1,38 \times 10^{-23} \text{JK}^{-1} \times 5,7 \times 10^3 \text{K}}} = e^{-20,7} = 1,0 \times 10^{-9}.$$

Para calcular as razões entre as probabilidades dos dois níveis, temos de levar em conta as suas degenerescências. Portanto,

$$(A) \quad \frac{P_2}{P_1} = \frac{8 p_2}{2 p_1} = 4 \times 1,02 \times 10^{-9} = 4,08 \times 10^{-9}.$$

(B) Para a temperatura de 295 K, temos

$$\frac{P_2}{P_1} = 4 \frac{p_2}{p_1} = 4 e^{-\frac{E_2 - E_1}{k_B T}} = 4 e^{-\frac{1,63 \times 10^{-18} \text{J}}{1,38 \times 10^{-23} \text{JK}^{-1} \times 5,7 \times 10^3 \text{K}}} = 4 e^{-400} = 8 \times 10^{-174}.$$

O fator K que aparece na Equação 10.27 é uma função da temperatura, característica do sistema, como veremos. Consideremos todos os microestados ψ_n permitidos para o sistema S e suas respectivas energias E_n. Naturalmente, com certeza o sistema está em um dos seus estados permitidos, ou seja, a soma das probabilidades de ocupação, realizada sobre todos os estados, tem de dar 1:

$$\sum_n P(E_n) = 1. \tag{10.28}$$

Portanto,

$$K \sum_n e^{-\frac{E_n}{k_B T}} = 1 \quad \Rightarrow K = \frac{1}{\sum_n e^{-\frac{E}{k_B T}}}. \tag{10.29}$$

A Equação 10.27 pode agora ser reescrita como

$$P(E) = \frac{e^{-\frac{E}{k_B T}}}{\sum_n e^{-\frac{E_n}{k_B T}}}. \tag{10.30}$$

Dada a importância da Equação 10.30, faremos uma descrição do seu significado. Um dado sistema admite os microestados ψ_n, de energia E_n, e está em contato com um banho térmico à temperatura T. A probabilidade de se encontrar o sistema em um dado microestado ψ (qualquer um dos estados ψ_n) de energia E é dada pela Equação 10.30, que é a mais importante em toda a mecânica estatística. Na próxima seção, ilustraremos essa prescrição com quatro problemas relativamente simples e de grande importância prática.

Capítulo **10** ■ Introdução à Mecânica Estatística

219

Exercício

E 10.1 A que temperatura o elétron do átomo de hidrogênio terá iguais probabilidades de estar no nível fundamental ou no primeiro nível excitado, cuja energia fica $1,63 \times 10^{-18}$ J acima da energia do nível fundamental? Considere as degenerescências desses dois níveis, ou seja, o fato de que o nível fundamental tem 2 estados quânticos e o primeiro nível excitado tem 8 estados.

Seção 10.5 ■ Paramagnetismo (opcional)

O pleno entendimento desta seção requer algum conhecimento de magnetismo; especificamente, da maneira como um dipolo magnético interage com um campo magnético. Se o leitor não tiver tal conhecimento, sugerimos que vá para a próxima seção. Considere um sistema contendo N átomos, cada qual com um elétron desemparelhado, na presença de um campo magnético B. O spin do elétron poderá estar em dois estados, $+\frac{1}{2}$ e $-\frac{1}{2}$. Portanto, a projeção do momento magnético do átomo na direção do campo magnético poderá ter dois valores $+\mu$ e $-\mu$. As energias do átomo para os dois estados $+\frac{1}{2}$ e $-\frac{1}{2}$ do spin eletrônico serão, respectivamente,

■ Energias dos dois estados do spin do elétron na presença do campo B

$$-\mu B \text{ e } +\mu B.$$

Deve-se notar que o estado em que o spin do elétron está alinhado com o campo magnético (estado + 1/2) tem energia mais baixa. Vamos supor que as interações magnéticas entre os átomos sejam desprezíveis, de modo que o estado magnético de um átomo seja independente dos estados dos outros átomos. Observe-se que esse sistema é muito distinto do sistema ferromagnético, no qual a interação entre os estados magnéticos de dois átomos é muito significativa e essencial para gerar o estado ferromagnético.

Podemos considerar cada átomo um sistema imerso no banho térmico formado pelo conjunto dos outros átomos. As probabilidades de ocorrência dos dois estados + e – do átomo serão, então,

$$P_+ = K e^{\frac{\mu B}{k_\text{B} T}},$$

$$P_- = K e^{-\frac{\mu B}{k_\text{B} T}}.$$

(10.31)

Considerando a Equação 10.29, podemos escrever

$$P_+ = \frac{e^{\frac{\mu B}{k_\text{B} T}}}{e^{\frac{\mu B}{k_\text{R} T}} + e^{-\frac{\mu B}{k_\text{B} T}}},$$

(10.32)

$$P_- = \frac{e^{-\frac{\mu B}{k_\text{B} T}}}{e^{\frac{\mu B}{k_\text{B} T}} + e^{-\frac{\mu B}{k_\text{B} T}}}.$$

O dipolo magnético total do sistema será

$$M = \mu N (P_+ - P_-),$$

(10.33)

e a magnetização será

$$M = \frac{M}{V} = \mu n (P_+ - P_-),$$

(10.34)

onde $n = N / V$ é o número de átomos por unidade de volume. Combinando as Equações 10.32, 10.33 e 10.34, obtemos

$$M = n\mu \frac{e^{\frac{\mu B}{k_\text{B} T}} - e^{-\frac{\mu B}{k_\text{B} T}}}{e^{\frac{\mu B}{k_\text{B} T}} + e^{-\frac{\mu B}{k_\text{B} T}}}.$$

(10.35)

Lembrando a forma da função tangente hiperbólica

$$\tanh(x) \equiv \frac{e^x - e^{-x}}{e^x + e^{-x}}, \quad (10.36)$$

podemos escrever

$$M = n\mu \tanh\left(\frac{\mu B}{k_B T}\right). \quad (10.37)$$

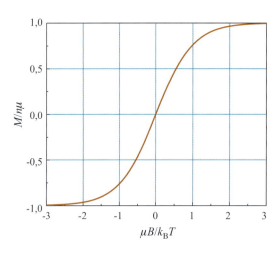

Figura 10.6

Variação da magnetização M de um sistema paramagnético sujeito a um campo magnético B com a razão B/T entre o valor do campo e a temperatura absoluta T.

A Figura 10.6 mostra o comportamento da magnetização dada pela Equação 10.37 em função do argumento $\mu B / k_B T$. A Figura 10.7 mostra a comparação entre a teoria e dados experimentais para o material paramagnético $CrK(SO_4)_2(12H_2O)$.

Para campos magnéticos pouco intensos, tais que

$$\frac{\mu B}{k_B T} \ll 1, \quad (10.38)$$

podemos fazer a aproximação $\tanh x \cong x$, para $x \ll 1$ e, portanto, a magnetização fica na forma

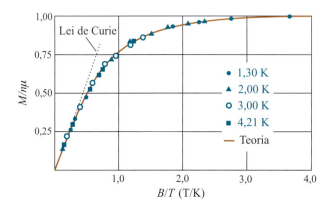

Figura 10.7

Alinhamento dipolar de um material paramagnético com um campo externo em função da razão B/T. (*Fonte:* W. E. Henry, Physical Review **88**, 559 [1952]).

$$M \cong n\frac{\mu^2 B}{k_B T}. \quad (10.39)$$

A susceptibilidade magnética é definida por

$$\chi_m \equiv \frac{\mu_o M}{B}, \quad (10.40)$$

Capítulo 10 ■ Introdução à Mecânica Estatística

para medidas feitas no limite de campos baixos. Nesta equação, μ_o é a permeabilidade magnética do vácuo. A partir da Equação 10.39, podemos calcular

$$\chi_m = n\mu_o \frac{\mu^2}{k_B T}. \tag{10.41}$$

> A susceptibilidade magnética dos materiais paramagnéticos é inversamente proporcional à temperatura, como diz a **lei de Curie**

Esta equação mostra que a susceptibilidade magnética de um material paramagnético é inversamente proporcional à temperatura. Essa relação é chamada **lei de Curie**.

Nem todos os sistemas paramagnéticos são constituídos de átomos cuja projeção do momento magnético na direção do campo pode ter, como supusemos, somente dois valores. Entretanto, a presente análise é qualitativamente válida para todos os sistemas paramagnéticos. Em particular, a susceptibilidade magnética é sempre inversamente proporcional à temperatura.

Exercícios

E 10.2 O momento magnético do elétron vale $\mu_B = 0{,}928 \times 10^{-23}$ J/T. Calcule a diferença $\Delta P = P_+ - P_-$ entre as probabilidades de um elétron, na presença de um campo magnético de 1,00 T, ter seu dipolo nos estados paralelo ou antiparalelo ao campo. Considere as temperaturas (A) 295 K e (B) 4,2 K.

E 10.3 Um material paramagnético possui átomos com um elétron desemparelhado em uma concentração de $2{,}0 \times 10^{28}$ átomo / m³. Cada átomo possui um dipolo magnético igual a μ_B, dado no Exercício 10.2. Calcule a susceptibilidade magnética do material às temperaturas de (A) 295 K e (B) 4,2 K.

Seção 10.6 ■ Distribuição de velocidades de Maxwell

Consideremos uma dada molécula em um gás em estado de equilíbrio à temperatura T. Sendo o gás ideal, a interação entre as moléculas será muito fraca. Somente ocorrerá interação durante as colisões, e essa interação estabelecerá o contato térmico entre as moléculas. Para estudar a distribuição das velocidades das moléculas, podemos eleger uma dada molécula como nosso sistema S, e nesse caso o restante das moléculas será o banho térmico para o sistema. Pela lei de Boltzmann, Equação 10.27, a probabilidade de a molécula estar em um dado estado de movimento em que sua velocidade tem módulo v é

$$P(v) = K e^{-\frac{mv^2}{2k_B T}}, \tag{10.42}$$

onde m é a massa da molécula. Por outro lado, o número $\rho(v)dv$ de estados da molécula em que sua velocidade tem módulo entre v e $v + dv$ é proporcional ao volume da casca esférica de raio v e espessura dv, cuja projeção no plano (v_x, v_y) é mostrada na Figura 10.8.

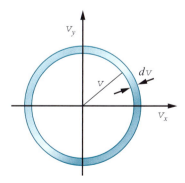

Figura 10.8
O número de estados em que uma dada molécula em um gás tem velocidade com módulo entre v e $v + dv$ é proporcional ao volume da casca esférica cuja projeção no plano (v_x, v_y) é mostrada na figura.

Logo, podemos escrever

$$\rho(v)dv \propto 4\pi v^2\, dv. \tag{10.43}$$

Combinando as Equações 10.42 e 10.43, concluímos que a probabilidade de uma dada molécula ter velocidade entre v e $v + dv$ é dada por

$$P(v)dv = Cv^2 e^{-\frac{mv^2}{2k_B T}}.$$

(10.44)

O valor da constante de proporcionalidade C é definido pela condição de normalização:

$$\int_0^\infty P(v)dv = 1,$$

(10.45)

$$C\int_0^\infty v^2 e^{-\frac{mv^2}{2k_B T}} dv = 1.$$

(10.46)

Considerando o valor da integral

$$\int_0^\infty v^2 e^{-\frac{mv^2}{2k_B T}} dv = \frac{1}{4\pi}\left(\frac{2\pi k_B T}{m}\right)^{3/2},$$

(10.47)

obtemos

$$P(v)dv = 4\pi \left(\frac{m}{2\pi k_B T}\right)^{3/2} e^{-\frac{mv^2}{2k_B T}} v^2 dv.$$

(10.48)

Se o gás tem N moléculas, o número de moléculas com velocidade entre v e $v + dv$ é

$$N(v)dv = NP(v)dv = 4\pi N \left(\frac{m}{2\pi k_B T}\right)^{3/2} e^{-\frac{mv^2}{2k_B T}} v^2 dv.$$

(10.49)

Esta é a distribuição de Maxwell de velocidades moleculares, já antecipada sem demonstração e estudada no Capítulo 9 (*Teoria Cinética dos Gases*).

Seção 10.7 ▪ Lei exponencial das atmosferas

A nossa atmosfera não é um sistema em equilíbrio termodinâmico. Sua superfície superior é excitada pela radiação ultravioleta do Sol. O solo e as águas, aquecidos pela luz solar e pela radioatividade das rochas, cedem calor para as partes mais baixas da atmosfera, de modo que a temperatura atmosférica decresce com a altitude. Além disso, o efeito de aquecimento da superfície, assim como o vapor de água injetado na atmosfera, variam com a posição geográfica e com as estações. Tudo isso faz com que a atmosfera seja um sistema fora do equilíbrio térmico e mecânico, cuja dinâmica é extraordinariamente complexa. Entretanto, a variação da pressão atmosférica com a altitude pode ser calculada aproximadamente idealizando-se a atmosfera como um gás em equilíbrio termodinâmico à temperatura T. Consideremos as moléculas de um dado tipo, como, por exemplo, moléculas de N_2. Cada molécula estará no banho térmico das outras moléculas, e sua energia potencial gravitacional varia com a altura z na forma

$$V(z) = mgz.$$

(10.50)

Pela lei das probabilidades de Boltzmann, a densidade de probabilidade de uma dada molécula estar à altura z é

$$P(z) = Ke^{-\frac{mgz}{k_B T}}.$$

(10.51)

Logo, a densidade de moléculas de massa m varia com a altitude na forma

$$n(z) = n_o e^{-\frac{mgz}{k_B T}},$$

(10.52)

onde $n_o = n(0)$ é a densidade à altura zero. Esta equação pode ser reescrita na forma

Capítulo 10 ■ Introdução à Mecânica Estatística

$$n(z) = n_o e^{-\frac{z}{H}},$$ (10.53)

onde $H = k_B T / mg$ é a altura na qual a densidade das moléculas vale $n_o / e = 0,367 \, n_o$. Para $T = 273$ K, podemos calcular:

$H = 8,3$ km (*nitrogênio*)

$H = 7,2$ km (*oxigênio*)

$H = 116$ km (*hidrogênio*)

Uma vez que a densidade dos gases mais pesados decai mais rapidamente com a coordenada vertical z, a composição da atmosfera se altera com a altitude. Os gases leves, como hidrogênio e hélio, atingem alturas mais elevadas. Esse fenômeno, mais o fato de as moléculas leves possuírem maior velocidade térmica, fez com que o hidrogênio e o hélio, muito abundantes na época da formação da Terra, tenham escapado da gravitação terrestre e sejam hoje pouco abundantes em nossa atmosfera.

Exercícios

E 10.4 Calcule a altura típica H para poeira muito fina, cujos grãos têm massa de $2,5 \times 10^{-15}$ g, à temperatura ambiente. O resultado mostra que a poeira que vemos na atmosfera decorre de vento e convecção, que tiram a atmosfera do equilíbrio.

E 10.5 Assim como Saturno, Urano e Netuno, Júpiter é um planeta gasoso, composto principalmente de hidrogênio e hélio. Sua gravidade de superfície é de 23 m/s² e a temperatura média de sua atmosfera é de 123 K. Calcule a altitude típica H para o hidrogênio molecular na atmosfera de Júpiter.

Seção 10.8 ■ Poderia o mundo não ser quântico?

Como antecipamos na Seção 10.2 (*Hipóteses fundamentais*), ao aplicar a mecânica estatística para o estudo de um sistema acabamos tendo de supor que a sua energia fosse quantizada, ou seja, que o conjunto das energias possíveis do sistema fosse discreto. Nesta seção, discutiremos em mais detalhe essa necessidade. Tomaremos a distribuição das velocidades moleculares em um gás como exemplo concreto para a discussão. A Equação 10.43 exprime a suposição de que o número de estados moleculares em que a velocidade está entre v e $v + dv$ é proporcional ao volume da casca esférica mostrada na Figura 10.8. Mas qual é o sentido dessa hipótese se as velocidades possíveis para a molécula formam um conjunto contínuo? Nesse caso, a casca esférica tem um número infinito de pontos, e conseqüentemente um número infinito de velocidades possíveis, o que levanta imediatamente a validade de se compararem entre si duas grandezas infinitas.

Os conjuntos infinitos têm a intrigante propriedade de que uma parte deles não é necessariamente menor que o todo. Consideremos como exemplo o conjunto dos números naturais

$$\{n\} \equiv (1, 2, 3, ...).$$ (10.54)

Tomemos um subconjunto deste conjunto: o conjunto dos números pares

$$\{2p\} \equiv (2, 4, 6, ...).$$ (10.55)

A primeira impressão pode ser a de que o conjunto dos números pares tenha metade dos elementos contidos no conjunto dos números inteiros. Naturalmente, ambos os conjuntos têm infinitos elementos, mas podemos ser tentados a pensar que o infinito que mede o conjunto dos números naturais seja duas vezes maior que aquele que mede o conjunto dos números pares. Isso é um erro. Os dois infinitos são absolutamente iguais. Para demonstrar isso, utilizaremos o conceito de correspondência biunívoca — ou correspondência um a um — entre dois conjuntos. Nesse tipo de correspondência, a cada elemento a_i do conjunto A associamos um elemento b_i do conjunto B, e vice-versa. No caso dos dois conjuntos sob análise, o definido pela Equação 10.54 e o definido pela Equação 10.55, esse tipo de correspondência é fácil de ser feito: a cada número n do primeiro conjunto fazemos corresponder o número $2n$ do segundo. Essa correspondência é ilustrada na Figura 10.9.

```
1   2   3   4   5   6   7   •   •   •
|   |   |   |   |   |   |   |   |   |
2   4   6   8  10  12  14   •   •   •
```

Figura 10.9
Correspondência biunívoca entre o conjunto dos números naturais e o conjunto dos números pares.

Ao fazer esse tipo de correspondência, estamos de fato demonstrando que os dois conjuntos têm o mesmo número de elementos: cada elemento de um conjunto tem seu correspondente no outro, e nenhum fica sem o seu correspondente. Na verdade, o conjunto dos números inteiros também contém o mesmo número de elementos que o conjunto das potências de qualquer número, digamos o conjunto das potências do número 137, mostrado a seguir:

$$\{137^n\} \equiv (137, 18769, 2571353, ...). \tag{10.56}$$

A correspondência entre os dois conjuntos também é óbvia neste caso. A cada número natural n associamos o número inteiro $(137)^n$. A Equação 10.56 mostra que as potências de 137 escalam rapidamente valores muito altos e que ficam cada vez mais espaçados entre si. Mas isso não importa: o infinito é assombroso, algo que desafia a nossa imaginação.

Até aqui, tratamos de conjuntos discretos. Para entender a dificuldade de se construir uma mecânica estatística sem a discretização (quantização) dos estados do sistema, consideremos o conjunto dos pontos contidos em uma esfera de raio R. Obviamente, esse conjunto tem um número infinito de pontos. Nossa pergunta é se esse infinito é menor que o do número de pontos contidos em uma esfera $2R$. A resposta é negativa: as duas esferas têm o mesmo número de pontos (ver Figura 10.10 e sua legenda). Assim, dentro de um grão de ervilha temos o mesmo número de pontos encontrados dentro da Terra, e esse número não é menor que o dos pontos contidos em todo o Universo conhecido. Esse fato contrasta nitidamente com as comparações entre os números de elementos em conjuntos infinitos discretos. Para realçar esse contraste, consideremos dois conjuntos estudados anteriormente: o dos números naturais e o dos números pares. Como vimos, esses dois conjuntos têm o mesmo número de elementos. Mas, se considerarmos o subconjunto dos números menores que um dado valor N, veremos que o conjunto dos números naturais terá duas vezes mais elementos que o conjunto dos números pares. Temos 100 números naturais menores que, ou iguais a 100, mas apenas 50 números pares que atendem essa condição.

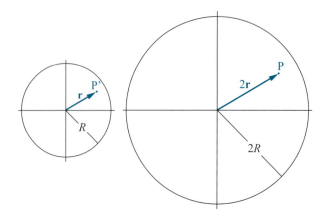

Figura 10.10
A esfera de raio R tem o mesmo número de pontos que uma esfera de raio $2R$. De fato, a cada ponto P (definido pelo vetor posição $2\mathbf{r}$) na esfera maior podemos associar outro ponto P' (definido pelo vetor posição $\mathbf{r}$) na esfera menor. Desse modo, fazemos uma correspondência biunívoca entre os pontos de uma esfera e os pontos da outra.

Somos agora obrigados a reconsiderar o que afirmamos sobre os estados possíveis de velocidade molecular contidos na casca esférica da Figura 10.8. Na Seção 10.6, dissemos que esse número de estados é proporcional ao volume da casca esférica, mas agora vimos que tal afirmação carece de qualquer significado. Na verdade, em qualquer casca esférica semelhante à da Figura 10.8 teríamos o mesmo número de velocidades possíveis para a molécula, caso os estados de velocidade molecular formassem um contínuo.

Considerações análogas podem ser feitas sobre a expressão que Boltzmann propôs para a entropia: $S = k_B \ln W$. A dificuldade aqui é que, sem a discretização dos estados de movimento das partículas, o número W de estados contidos em qualquer macroestado do sistema sempre seria infinito. Ou seja, a entropia dos sistemas físicos sempre teria um valor infinito. Ao formular a mecânica estatística, Boltzmann concebeu o chamado espaço de fase, ou espaço Γ. Para um sistema de N partículas, o espaço de fase tem $6N$ coordenadas, que são as $3N$ coordenadas que definem as posições das partículas e as $3N$ coordenadas que definem seus momentos lineares. Mas as idéias essenciais na teoria de Boltzmann podem ser entendidas com base no espaço de fase de um sistema muito simples, o de uma única partícula que pode se mover sobre uma reta, digamos, sobre o eixo dos x. Neste caso, o espaço Γ tem duas coordenadas, que são x e p_x. Boltzmann dividiu o espaço de fase em células com área h, como mostra a Figura 10.11. Vê-se que h tem dimensão de comprimento multiplicado por momento linear, que é a dimensão de momento angular, cuja unidade no SI é J · s. Ao construir a teoria da radiação de corpo negro, em 1900, Planck — um ex-opositor de Boltzmann que já tinha então se convertido às suas idéias — postulou que o momento angular é quantizado, e usou o mesmo símbolo h de Boltzmann para designar o *quantum* de momento angular. Ao formular o seu princípio da incerteza, em 1925, Heisenberg colocou em fundamentos físicos a igualdade entre a área h das células de Boltzmann e a constante de Planck.

> **Espaço de fase** é um espaço que contém as coordenadas que descrevem a configuração do sistema mais as coordenadas que descrevem os seus momentos

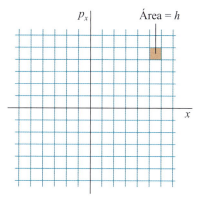

Figura 10.11

O espaço de fase de Boltzmann para o caso de uma partícula cujo movimento está restrito ao eixo dos x. O espaço é dividido em células de área h. Mais tarde viu-se que h é a constante de Planck. Se as células não tivessem área finita (não-nula), a entropia de qualquer sistema seria infinita.

E·E Exercício-exemplo 10.3

■ Considere uma partícula de massa m movendo-se livremente dentro de uma caixa de volume V. (A) Calcule o número de microestados da partícula em que sua velocidade está entre v e $v + dv$. (B) Calcule o valor numérico para esse número de estados para o caso em que m = $4{,}65 \times 10^{-26}$ kg (como é o caso da molécula de N_2), $V = 1{,}0$ cm³, $v = 400$ m/s e $dv = 0{,}10$ m/s.

■ **Solução**

(A) Considerando-se o espaço de fase Γ da partícula, o volume dV_Γ dentro do qual estão contidos os estados a serem calculados é dado por:

$dV_\Gamma = V 4\pi\, p^2 dp$.

Ao calcular esse volume, multiplicamos o volume V da caixa pelo volume da casca esférica de raio p e espessura dp, sendo $p = mv$. Substituindo os valor de p e dp na expressão para dV_Γ, obtemos

$dV_\Gamma = m^3 V 4\pi\, v^2 dv$.

O número dN_{est} de estados contidos em dV_Γ é a razão entre esse volume e o volume das células no espaço de fase, que para o caso de uma partícula que se move-se nas três dimensões vale h^3. Seguindo essa prescrição, obtemos:

$$dN_{est} = \frac{m^3 V 4\pi v^2 dv}{h^3}.$$

(B) Substituindo os valores numéricos propostos no problema, obtemos

$$dN_{est} = \frac{(4,65 \times 10^{-26} \text{kg})^3 \times 10^{-6} \text{m}^3 \times 12,6 \times (400 \text{m/s})^2 \times 0,10 \text{m/s}}{(6,63 \times 10^{-34} \text{Js})^3} = 7,0 \times 10^{24}.$$

O cálculo mostra que o número de microestados dentro daquela faixa de velocidades é muito grande, maior que o número de Avogadro. Entretanto, ele não é infinito, e isso é essencial para que possamos aplicar a física estatística.

Exercício

E 10.6 Calcule o número de estados de um elétron, com velocidades entre 5,0 km/s e (5,0 + 0,0010) km/s, dentro de um pedaço de cobre com volume de 1,0 mm³.

Ao concluir esta seção, julgamos estar preparados para dar uma resposta à pergunta original. Inicialmente, temos de admitir que qualquer universo que não viole as leis da lógica é em princípio possível. Como a quantização não parece ser uma exigência da lógica, seria possível a existência de um universo não-quântico. Mas tal universo seria deveras muito estranho. Nele, não poderia haver uma grandeza como a entropia, pois seu valor seria infinito. Ou, alternativamente, nesse universo a constante de Boltzmann também teria de ser nula. Na verdade, há pelo menos mais outra razão para que um valor finito para k_B requeira um valor também finito para h. O fato é que, se k_B fosse finito e h fosse nulo, qualquer corpo irradiaria uma quantidade infinita de energia térmica. Esse fato, conhecido como catástrofe do ultravioleta, foi descoberto tão logo tentaram entender a irradiação térmica a partir da mecânica estatística. De fato, Planck postulou um valor finito para h exatamente para fugir dessa predição catastrófica. No presente estágio da ciência, ainda não sabemos dizer qual é a origem das constantes universais. Mas a discussão que acabamos de apresentar parece indicar que a constante de Boltzmann e a de Planck estão estreitamente entrelaçadas, e que a compreensão de uma delas requer a compreensão da outra.

> Se k_B fosse finito e h fosse nulo, qualquer corpo irradiaria uma quantidade infinita de energia

Seção 10.9 ■ Há algo de especial na constante de Boltzmann?

Desde a seção anterior, estamos nos envolvendo em problemas de natureza mais filosófica que científica. Alguns colegas físicos julgam que não deveríamos distrair nossa mente com questões dessa natureza. Segundo eles, a ciência é uma construção objetiva, no sentido de que as afirmações podem ser comprovadas ou desmentidas com base em experimentos. Assim, a experiência é o juiz final e inapelável para as disputas científicas. Já no campo da filosofia, esse juiz não existe, e por isso as divergências filosóficas são fadadas a se tornar disputas sem um ponto final. Nesse ponto, eles têm razão. Todavia, muitos dos maiores físicos da história julgaram impossível construir uma ciência sem pressupostos filosóficos, e na verdade assentaram suas construções científicas sobre preceitos filosóficos que lhes serviram de paradigmas. Esse fato talvez nos dê licença para alguma aventura no campo filosófico, e não creio que prosseguir na leitura deste capítulo vá deixar o leitor menos capacitado para a prática da ciência.

Para a inteira compreensão do que pretendemos discutir, é preciso retomar a discussão sobre grandezas físicas apresentada no Capítulo 2 (*Grandezas Físicas*) de *Física Básica | Mecânica*. Ali dissemos que todas as grandezas que aparecem na mecânica newtoniana, na mecânica relativística, na mecânica quântica e no estudo das interações (forças) da natureza, que incluem o eletromagnetismo e três outras formas de interação, podem ser quantificadas em termos de massa, comprimento e tempo. Assim, massa, comprimento e tempo são as grandezas fundamentais de um universo puramente mecanicista. Mas, no Capítulo 6 (*Temperatura*) deste livro, nos defrontamos com uma nova grandeza física, a temperatura, que não pode ser quantificada em termos das três grandezas de caráter mecanicista. A discussão sobre o caráter dessa nova grandeza ainda não levou a um consenso. Na verdade, ela se insere na questão mais ampla da interpretação da entropia e da segunda lei da termodinâmica, que polarizou a atenção de muitos cientistas na segunda metade do século XIX e que sempre foi cheia de controvérsias. Naturalmente, a existência da seta do tempo (a distinção essencial entre passado e futuro) está incluída nesse amplo tema.

No final do século XIX, após se esgotarem os esforços para se compreender a segunda lei a partir dos preceitos mecanicistas e do paradigma newtoniano, muitos físicos foram levados a concluir que o Universo não é um aparato puramente mecânico. Segundo alguns, havia as leis mecânicas e, além delas, uma outra lei inteiramente autônoma que Deus tinha incorporado à sua criação: a segunda lei da termodinâmica. Curiosamente, foi precisamente essa lei que permaneceu incólume e imutável durante a revolução que a relatividade e a mecânica quântica geraram na física. É impossível avançar na discussão sobre a temperatura e a segunda lei sem retornar a um conceito introduzido no Capítulo 1 (*O que É a Física*) de *Física Básica | Mecânica*: o conceito de reducionismo.

Como vimos, reducionismo é a hipótese de que todos os fenômenos naturais podem ser entendidos com base nas leis fundamentais da Natureza. Essas leis fundamentais seriam leis de movimento capazes de descrever precisamente a evolução espaço-temporal das partículas que constituem os sistemas e também dos seus campos de forças. Deve-se observar que esta última sentença é na verdade um enunciado do paradigma newtoniano. Boltzmann introduziu um elemento novo na agenda da discussão: o conceito de probabilidade, que segundo ele é essencial e inevitável. Mais tarde, também a mecânica quântica introduziu o conceito de probabilidade na física, e também ela lhe deu um caráter fundamental. Neste último caso, as discussões filosóficas tornaram-se ainda mais calorosas e infindáveis que as referentes à termodinâmica. Não nos envolveremos nessa outra discussão, mas é oportuno lembrar a afirmação de Richard P. Feynman (1918–1988), o maior de todos os físicos americanos e também o autor da mais poderosa formulação matemática da mecânica quântica: "Creio poder dizer com segurança que ninguém entende a mecânica quântica".

Mas, distintamente da termodinâmica, a mecânica quântica foi inteiramente fiel ao paradigma newtoniano. O chamado estado quântico de um sistema evolui no espaço e no tempo segundo uma lei de movimento, precisamente na forma prescrita pelo paradigma. Embora ninguém possa dizer precisamente o que probabilidade significa em cada uma dessas duas teorias, todo mundo sente que em cada reduto a mesma palavra quer dizer uma coisa distinta. Enquanto na mecânica quântica probabilidade é parte de uma ordem sutil que ainda não compreendemos, na mecânica estatística essa palavra é algo associado a uma contingência, à impossibilidade de tratarmos um sistema de muitas partículas pelo método das equações de movimento.

Na formulação da física mecanicista, encontramos três constantes universais: a velocidade c da luz, a constante gravitacional G e a constante de Planck h. Com essas três constantes, podemos definir três unidades naturais para comprimento, tempo e massa, como se vê nas três equações seguintes:

■ Comprimento de Planck

$$L_{\mathrm{P}} = \left(\frac{\hbar G}{c^3} \right)^{1/2} \cong 1{,}6 \times 10^{-35}\,\mathrm{m}, \tag{10.57}$$

■ Tempo de Planck

$$T_{\mathrm{P}} = \left(\frac{\hbar G}{c^5} \right)^{1/2} \cong 5{,}5 \times 10^{-44}\,\mathrm{s}, \tag{10.58}$$

■ Massa de Planck

$$M_{\mathrm{P}} = \left(\frac{\hbar c}{G} \right)^{1/2} \cong 2{,}2 \times 10^{-8}\,\mathrm{kg}. \tag{10.59}$$

228 · Física Básica ■ Gravitação | Fluidos | Ondas | Termodinâmica

Nas Equações 10.57 a 10.59, usamos o símbolo $\hbar = h / 2\pi$. Esse conjunto de equações pode ser resolvido para se obter:

■ Constantes universais de natureza mecanicista, expressas em termos das unidades naturais de comprimento, de tempo e de massa

$$\hbar = \frac{M_{\mathrm{P}} L_{\mathrm{P}}^2}{T_{\mathrm{P}}},$$

(10.60)

$$G = \frac{L_{\mathrm{P}}^3}{T_{\mathrm{P}}^2 M_{\mathrm{P}}},$$

(10.61)

$$c = \frac{L_{\mathrm{P}}}{T_{\mathrm{P}}}.$$

(10.62)

Diante das Equações 10.57 a 10.62, é inevitável que surja a questão: o que é fundamental na Natureza, as constantes universais ou as unidades naturais para as diversas grandezas? Na atualidade, não temos como responder a esta pergunta. Seja como for, nota-se que a constante de Boltzmann ficou de fora de todas essas relações. Ou seja, ela não é relevante para a definição dos valores das unidades naturais de natureza mecanicista e também não pode ser expressa em termos dessas unidades.

Análises desse tipo levaram muitos físicos a não considerar a constante de Boltzmann uma das constantes universais. Para eles, essa constante é apenas um instrumento para que se estabeleça uma escala de temperatura em unidades de energia. O ponto mais relevante de sua argumentação é o fato de que, na mecânica estatística, sempre encontramos o produto $k_{\mathrm{B}} T$ (que tem dimensão de energia), mas nunca a temperatura isoladamente. Todavia, é importante lembrar que a entropia, o mais importante conceito da termodinâmica e também um dos mais importantes da mecânica estatística, tem dimensão de energia dividida por temperatura, ou seja, tem a mesma dimensão que a constante de Boltzmann. A fórmula $S = k_{\mathrm{B}} \ln W$ de fato sugere que k_{B} seja uma unidade natural de entropia, um *quantum* de entropia. Giles Cohen-Tannoudji, no seu livro *Universal Constants in Physics* (1993) defende a idéia de que k_{B} seja uma unidade natural de informação. Dada a conexão entre informação e entropia, estabelecida na moderna teoria da informação, as palavras de Cohen-Tannoudji são uma maneira quase equivalente de formular a mesma idéia que acabamos de expor.

Em oposição aos seus contemporâneos que viam a descoberta da entropia como uma evidência de que o Universo não era meramente mecanicista, Boltzmann criou a mecânica estatística, que ele propunha ser a ponte entre a física fundamental, expressa pelas leis mecanicistas, e o comportamento dos sistemas macroscópicos. Mas a sua obra, embora magnífica e de enorme importância para a física contemporânea, deixou em aberto questões que nunca foram respondidas. Por um lado, o postulado das iguais probabilidades *a priori* dos microestados nunca pôde ser justificado em termos da física fundamental. Ou seja, para a construção da mecânica estatística temos de nos apoiar em um postulado que na verdade é tão fundamental quanto os postulados da física mecanicista. Também temos de introduzir uma constante universal que não pode ser entendida a partir das constantes universais associadas à física mecanicista. Assim, temos de aceitar a possibilidade de que o reducionismo seja um programa irrealizável, não por razões práticas, mas por razões fundamentais. Ou seja, os problemas filosóficos relativos à entropia e à seta do tempo ainda permanecem tão abertos como na época em que foram formulados.

Seção 10.10 ■ Não seriam de natureza estatística todas as leis físicas?

Na Equação 10.57, vemos o valor da unidade natural de comprimento, da ordem de 10^{-35} m. Essa é uma unidade muito pequena. O comprimento menor já atingido em experimentos (que envolvem colisões de partículas com energias muito altas) é de 10^{-19} m, e não temos informação empírica do que acontece em dimensões menores do que essa. A escala de 10^{-35} m é denominada escala de Planck. O comportamento da Natureza nessa escala é um mistério que, no presente, pode ser matéria apenas de especulações. Muitas dessas especulações sugerem que nessa escala o espaço deixa de ser um contínuo estático para se tornar uma espécie de estrutura fractal e dinâmica. Nenhum constrangimento empírico nos impede de imaginar que o espaço seja composto de entidades cuja dimensão esteja na escala de Planck. Na falta de um nome, podemos chamá-las de mônadas, um termo cunhado por Leibniz para designar os elementos que compõem todas as coisas. O primeiro fato a se reconhecer, nesse exercício especulativo, é que o número de mônadas contidas em qualquer coisa por nós conhecida é muito grande. Em um volume de $(10^{-19}$ m$)^3$ teríamos um número de mônadas igual a

$$N = \left(\frac{10^{-19}\text{m}}{10^{-35}\text{m}}\right)^3 = 10^{48}.$$

(10.63)

Isso é mais que o número de moléculas que compõem a atmosfera. Como vimos do nosso estudo do jogo de moedas ou de distribuição de moléculas em uma caixa divida ao meio, dos grandes números surgem regularidades (leis) de grande precisão. Sendo assim, um mundo feito de mônadas que se comportassem de forma intrinsecamente caótica iria apresentar leis muito precisas em qualquer escala acessível até os dias de hoje. Nossa especulação acabou levando à possibilidade de uma inteira inversão de princípios. Com tal inversão, o paradigma da física é a estatística, e as chamadas leis mecanicistas adquirem um caráter análogo ao das leis da termodinâmica e da mecânica estatística. Segundo este novo — e especulativo — paradigma, na escala ultramicroscópica de Planck imperaria o caos, mas as leis dos grandes números, puramente matemáticas, gerariam leis em qualquer escala humanamente acessível. Assim, as leis físicas teriam origem na própria matemática, o que explicaria o intrigante fato de que elas sempre podem ser expressas matematicamente.

Seção 10.11 ■ A seta cosmológica do tempo

O Universo é um sistema fora do equilíbrio termodinâmico. Por definição, um sistema em equilíbrio é aquele em que os processos termodinâmicos cessam e o macroestado permanece estável, exceto por pequenas flutuações estatísticas. Felizmente, não vivemos em um universo morto, capaz apenas de percorrer um gigantesco número de microestados possíveis, num incessante e aleatório movimento de partículas. Na verdade, em tal universo a vida seria um fenômeno impossível. As observações astronômicas revelam que o Universo está se expandindo. Assim, as galáxias estão se afastando da Via-Láctea, e a velocidade de afastamento de uma galáxia é proporcional à distância r que a separa de nós. Matematicamente, esse fenômeno é expresso pela *lei de Hubble*, descoberta em 1929 por *Edwin Hubble* (1889–1953):

■ Lei de Hubble

$$v = H_o r,$$

(10.64)

onde H_o é a constante de Hubble, cujo valor está sendo conhecido com valor cada vez mais preciso, e que hoje é aceito como

$$H_o = 71 \frac{\text{km}}{\text{s} \cdot \text{Mpc}}.$$

(10.65)

Nesta equação, Mpc simboliza megaparsec, é uma unidade de distância astronômica que vale 3,26 milhões de anos-luz.

Essa expansão deu origem ao modelo cosmológico do big-bang, segundo o qual o Universo teve origem há 13,7 bilhões de anos numa explosão, partindo de um estado extremamente denso e quente. É impossível não questionar a razão pela qual o Universo partiu de um estado inicial tão especial. Porém, na atualidade não temos meio de responder a esta questão.

230 Física Básica ■ Gravitação | Fluidos | Ondas | Termodinâmica

E·E Exercício-exemplo 10.4

■ Qual é a velocidade de afastamento de uma galáxia cuja distância até nós é de 2 bilhões de anos-luz?

■ **Solução**

Em Mpc, a distância da galáxia é

$$r = \frac{2,0 \times 10^9 \, ly}{3,26 \times 10^6 \, ly/Mpc} = \frac{2000}{3,26} \; Mpc = 6,1 \times 10^2 \; Mpc,$$

onde ly simboliza ano-luz.

Logo, a velocidade de recuo da galáxia é

$$v = 71 \frac{km}{s \cdot Mpc} \times 6,1 \times 10^2 \, Mpc = 4,3 \times 10^4 \, \frac{km}{s}.$$

Exercício

E 10.7 Se extrapolarmos a lei de Hubble para grandes distâncias e altas velocidades, a que distância uma galáxia teria de estar para que sua velocidade de recuo fosse igual à velocidade da luz?

A expansão do Universo já estabelece uma seta do tempo, mas ela por si só não gera nada de especialmente interessante. A seta do tempo que observamos na experiência ordinária tem outra origem. Sua causa principal é a força gravitacional, que fez com que o gás em expansão, originário da explosão, se condensasse em galáxias, e dentro delas em estrelas. Consideremos a formação de uma estrela, como o nosso Sol. O gás do qual o Sol foi formado, que vamos tratar como um sistema termodinâmico, tinha extensão de alguns anos-luz. A energia potencial gravitacional do gás era inicialmente muito pequena, mas ele começou a se contrair puxado pela força gravitacional. Como já vimos, para sistemas dominados pela força gravitacional, a energia não é uma grandeza aditiva, e por isso não podemos aplicar a termodinâmica para entender seu comportamento.

No processo de contração gravitacional, a energia potencial torna-se crescentemente negativa. Nesse processo, o sistema também perde parte de sua energia na forma de radiação eletromagnética. Ou seja, o sistema perde calor. Entretanto, mesmo perdendo calor, sua temperatura se eleva. Assim, se insistirmos em analisar o sistema do ponto de vista da termodinâmica, concluímos que sua capacidade térmica é negativa. No caso do Sol, devido ao momento angular inicial, o sistema deu origem não só ao Sol, muito quente, mas também a um sistema planetário, muito mais frio. Desse modo, o sistema desenvolveu espontaneamente uma divisão entre uma parte quente e outras partes frias. Esse é um comportamento que nunca observaríamos em um sistema que não fosse dominado pela força gravitacional.

Vivemos em um planeta relativamente frio, que é permanentemente bombardeado pela luz de uma estrela, e isso dá origem a uma série de processos que observamos o tempo todo. Pela fotossíntese, a luz gera moléculas elaboradas, que não se formariam de outra maneira. A partir de vegetais formados pela fotossíntese, todo um complexo de vida cobriu a superfície da Terra. Na vida, a seta do tempo é ostensivamente evidente. Os seres vivos nascem, crescem e finalmente decaem e morrem; são sistemas inteiramente fora do equilíbrio.

Esse tipo de irreversibilidade que acabamos de discutir é muito distinto da irreversibilidade da expansão livre de um gás inicialmente colocado em um dos compartimentos de uma caixa, estudado no Capítulo 9. Naquele caso, o sistema teve de ser preparado por um agente externo que o colocou em um estado inicial altamente ordenado, e que o sistema não atingiria espontaneamente. Já a formação de estrelas quentes que irradiam luz para planetas frios, a partir do gás interestelar, é um processo espontâneo, que ocorre sem a ação de agentes externos.

Capítulo 10 ■ Introdução à Mecânica Estatística

PROBLEMAS

P 10.1* (A) Mostre que a possibilidade de uma molécula de massa m em um gás à temperatura T ter sua velocidade v_x (componente da velocidade na direção dos x) entre v_x e $v_x + dv_x$ é

$$P(v_x)dv_x = \sqrt{\frac{2m}{\pi k_B T}}\, e^{-\frac{m v_x^2}{2 k_B T}}\, dv_x.$$

(B) Com base nessa distribuição de velocidades, mostre que $\bar{v}_x = 0$ e que $v_{x,\text{rms}} = \sqrt{k_B T / m}$.

P 10.2 *Alargamento Doppler de linhas espectrais.* Um átomo de massa m em um gás sofre transições eletrônicas entre dois estados eletrônicos e com isto emite fótons. A freqüência do fóton emitido, para um observador parado em relação ao átomo, é v_o. Se o átomo se move na direção do observador com velocidade v, muito menor que a velocidade c da luz, devido ao efeito Doppler, o fóton é visto com freqüência $v = v_o(1 + v/c)$. Como os átomos em um gás têm uma distribuição estatística de velocidades, o espectro medido pelo observador não é monocromático. Considerando o resultado do Problema 10.1 e o fato de que as velocidades moleculares são muito menores que a velocidade da luz, mostre que o espectro observado é

$$I(v)\, dv = C\, e^{-\frac{mc^2}{2 k_B T}\left(\frac{v-v_o}{v_o}\right)^2}\, dv,$$

onde C é um parâmetro independente de v.

P 10.3 *Suspensão coloidal.* Partículas microscópicas de volume V e densidade ρ estão imersas em um líquido de densidade $\rho' < \rho$ contido em um recipiente cilíndrico de eixo vertical. O sistema está em equilíbrio termodinâmico à temperatura T. Mostre que a probabilidade de uma dada partícula estar entre as alturas z e $z + dz$ do fundo do recipiente é

$$P(z)dz = \frac{gV}{k_B T}(\rho - \rho')\, e^{-\frac{gVz}{k_B T}(\rho - \rho')}\, dz$$

P 10.4 Faça gráficos da função $n(z)$ vista na Equação 10.51 para os gases nitrogênio, oxigênio e hidrogênio.

P 10.5 *Por que a Lua não tem atmosfera.* A aceleração da gravidade na superfície da Lua é apenas um sexto do valor observado na Terra e vale $g = 1{,}67$ m/s². A velocidade de escape do nosso satélite é $v_e = 2{,}38$ km/s², bem menor que os 11,2 km/s que se tem na Terra. A temperatura de superfície na Lua é sujeita a grandes variações, tanto porque não há atmosfera nem água quanto porque o período de rotação é muito longo, de 27,3 dias. Assim, a temperatura varia de –237 ºC a 123 ºC. Calcule a altitude típica das moléculas de H_2 e O_2 no lado quente da Lua, a temperaturas de 123 ºC.

P 10.6 Considere uma caixa contendo $N = 10^n$ moléculas dividida ao meio. Mostre que a lei que diz que no estado de equilíbrio cada metade da caixa contém metade das moléculas é precisa com $n/2$ dígitos.

Respostas dos exercícios

E 10.1 $8{,}5 \times 10^4$ K

E 10.2 (A) $\Delta P = 0{,}00229$; (B) $\Delta P = 0{,}159$

E 10.3 (A) $\chi = 5{,}3 \times 10^{-4}$; (B) $\chi = 0{,}037$

E 10.4 $H = 0{,}17$ mm

E 10.5 $H = 22$ km

E 10.6 $d\text{Nest} = 8{,}0 \times 10^{17}$

E 10.7 14×10^9 ly

Resposta do problema

P 10.5 $H_{H_2} = 0{,}99 \times 10^3$ km, $H_{O_2} = 62$ km

Apêndices

Apêndice A ■ Sistema Internacional de Unidades (SI), 234

Apêndice B ■ Constantes Universais, 235

Apêndice C ■ Constantes Eletromagnéticas e Atômicas, 235

Apêndice D ■ Constantes das Partículas do Átomo, 236

Apêndice E ■ Constantes Físico-químicas, 236

Apêndice F ■ Dados Referentes à Terra, ao Sol e à Lua, 237

Apêndice G ■ Dados Referentes aos Planetas, 237

Apêndice H ■ Tabela Periódica dos Elementos, 238

Apêndice A ▪ Sistema Internacional de Unidades (SI)

Unidades básicas

Grandeza	Unidade	Símbolo	Definição
Tempo	segundo	s	Duração de 9.192.631.770 períodos da radiação gerada pela transição entre os dois níveis hiperfinos do estado fundamental do ^{133}Cs
Comprimento	metro	m	Distância percorrida pela luz no vácuo em 1/299.792.458 s
Massa	quilograma	kg	Massa de um corpo padrão depositado em Sèvres, França
Corrente elétrica	ampère	A	Corrente que, quando mantida em dois fios retos paralelos muito longos e de seção reta circular desprezível, separados pela distância de 1 m, gera uma força de 2×10^{-7} N por metro de seu comprimento
Temperatura termodinâmica	kelvin	K	1/273,16 da temperatura termodinâmica do ponto triplo da água
Intensidade luminosa	candela	cd	Intensidade luminosa uma dada direção de uma fonte que emite radiação monocromática de freqüência 540×10^{12} Hz com intensidade radiante de 1/683 watt por estéreorradiano, naquela direção
Quantidade de substância	mole	mol	Quantidade de substância de um sistema com um número de entidades elementares igual ao número de átomos em 0,012 kg de ^{12}C

Unidades derivadas

Grandeza	Unidade	Símbolo	Definição
Força	newton	N	$kg \cdot m/s^2$
Pressão	pascal	Pa	N/m^2
Trabalho, energia	joule	J	$N \cdot m$
Potência	watt	W	$N \cdot m/s$
Freqüência	hertz	Hz	s^{-1}
Carga elétrica	coulomb	C	$A \cdot s$
Potencial elétrico	volt	V	J/C
Resistência elétrica	ohm	Ω	V/A
Capacitância	farad	F	C/V
Campo magnético	tesla	T	$N \cdot s \cdot C^{-1} \cdot m^{-1} = J \cdot A^{-1} \cdot m^{-2}$
Fluxo magnético	weber	Wb	$T \cdot m^2$
Indutância	henry	H	$J / A^2 = T \cdot m^2 / A$

Apêndice B ■ Constantes Universais

Descrição da constante	Símbolo	Valor
Velocidade da luz no vácuo	c	$299\ 792\ 458$ m s^{-1}
Permissividade elétrica do vácuo	ε_o	$8,854\ 187\ 817... \times 10^{-12}$ F m^{-1}
Constante da lei de Coulomb	k	$8,987551787... \times 10^{9}$ N,m^2/C^2
Permissividade magnética do vácuo	μ_o	$4\pi \times 10^{-7} = 12,566\ 370\ 614... \times 10^{-7}$ N A^{-2}
Constante gravitacional de Newton	G	$6,6742(10) \times 10^{-11}$ m^3 kg^{-1} s^{-2}
Constante de Planck	h	$6,626\ 0693(11) \times 10^{-34}$ J s $4,135\ 667\ 43(35) \times 10^{-15}$ eV s
Constante de Planck sobre 2π	$\hbar$	$1,054\ 571\ 68(18) \times 10^{-34}$ J s $6,582\ 119\ 15(56) \times 10^{-16}$ eV s
Tempo de Planck $\sqrt{\hbar G / c^5}$	t_P	$5,391\ 21(40) \times 10^{-44}$ s
Comprimento de Planck ct_P	ℓ_P	$1,616\ 24(12) \times 10^{-35}$
Massa de Planck $\hbar / c\ell_\mathrm{P}$	m_P	$2,176\ 45(16) \times 10^{-8}$ kg

Apêndice C ■ Constantes Eletromagnéticas e Atômicas

Descrição da constante	Símbolo	Valor
Carga elementar	e	$1,602\ 176\ 53(14) \times 10^{-19}$ C
Quantum de fluxo magnético	Φ_o	$2,067\ 833\ 72(18) \times 10^{-15}$ Wb
Constante de von Klitzing	R_K	$25\ 812,807\ 449(86)$ Ω
Magnéton de Bohr	μ_B	$927,400\ 949(80) \times 10^{-26}$ J T^{-1} $5,788\ 381\ 804(39) \times 10^{-5}$ eV T^{-1}
Magnéton de Bohr em Hz/T	μ_B / h	$13,996\ 2458(12) \times 10^{9}$ Hz T^{-1}
Magnéton de Bohr em K/T	μ_B / k_B	$0,671\ 7131(12)$ K T^{-1}
Magnéton nuclear	μ_N	$5,050\ 783\ 43(43) \times 10^{-27}$ J T^{-1} $3,152\ 451\ 259(21) \times 10^{-8}$ eV T^{-1}
Magnéton nuclear em MHz/T	μ_N / h	$7,622\ 593\ 71(65)$ MHz T^{-1}
Magnéton nuclear em K/T	μ_N / k_B	$3,658\ 2637(64) \times 10^{-4}$ K T^{-1}
Constante de estrutura fina $e^2 / 4\pi\varepsilon_o hc$	α	$7,297\ 352\ 568(24) \times 10^{-3}$
Inverso da constante de estrutura fina	α^{-1}	$137,0359991(08)$
Constante de Rydberg $m_e e^4 / 8\varepsilon_o ch^3$	R_∞	$10\ 973\ 731,568\ 525(73)$ m^{-1}
Constante de Rydberg em Hz	$R_\infty c$	$3,289\ 841\ 960\ 360(22) \times 10^{15}$ Hz
Constante de Rydberg em J ou eV	$R_\infty hc$	$13,605\ 6923(12)$ eV $2,179\ 872\ 09(37) \times 10^{-18}$ J
Raio de Bohr	α_o	$0,529\ 177\ 2108(18) \times 10^{-10}$ m

Apêndice D ■ Constantes das Partículas do Átomo

Propriedade	Símbolo	Valor
Elétron		
Massa	m_e	$9{,}109\ 3826(16) \times 10^{-31}$ kg $5{,}485\ 799\ 0945(24) \times 10^{-4}$ u*
Energia de repouso	$m_e c^2$	$0{,}510\ 998\ 918(44)$ MeV
Comprimento de onda de Compton $h / m_e c$	λc	$2{,}426\ 310\ 238(16) \times 10^{-12}$ m
Raio clássico ($e^2 / 4\pi\varepsilon_0 m_e c^2 = \alpha^2 a_0$)	r_e	$2{,}817\ 940\ 325 \times 10^{-15}$ m
Momento magnético	μ_e	$-928{,}476\ 412 \times 10^{-26}$ J T^{-1}
Fator g [$2\mu_e / \mu_B = 2\mu_e /(e\hbar / 2m_e)$]	g_e	$1{,}760\ 859\ 74(15) \times 10^{11}$ s^{-1} T^{-1}
Próton		
Massa	m_P	$1{,}672\ 621\ 71(29) \times 10^{-27}$ kg $1{,}007\ 276\ 466\ 88(13)$ u*
Energia de repouso	$m_P c^2$	$938{,}272\ 029(80)$ MeV
Momento magnético	μ_P	$1{,}410\ 606\ 71(12) \times 10^{-26}$ J T^{-1}
Nêutron		
Massa	m_n	$1{,}674\ 927\ 28(29) \times 10^{-27}$ kg $1{,}008\ 664\ 915\ 60(55)$ u
Energia de repouso	$m_n c^2$	$939{,}565\ 360(81)$ MeV
Momento magnético	μ_n	$-0{,}966\ 236\ 45(24) \times 10^{-26}$ J T^{-1}

* u ≡ unidade de massa atômica ≡ $1{,}660\ 538\ 86(28) \times 10^{-27}$ kg.

Apêndice E ■ Constantes Físico-químicas

Descrição da constante	Símbolo	Valor
Constante de Avogadro	N_A	$6{,}022\ 1415(10) \times 10^{23}$ mol^{-1}
Constante de Boltzmann	k_B	$1{,}380\ 6505(24) \times 10^{-23}$ J K^{-1} $8{,}617\ 343(15) \times 10^{-5}$ eV K^{-1}
Constante de Boltzmann em Hz/K	k_B/h	$2{,}083\ 6644(36) \times 10^{10}$ Hz K^{-1}
Constante molar dos gases	R	$8{,}314\ 472(15)$ J mol^{-1} K^{-1} $1{,}9858775(20)$ cal mol^{-1} K^{-1}
Volume molar de gás ideal (273,15 K, 101,325 kPa)	V_m	$22{,}413\ 996(39) \times 10^{-3}$ m³ mol^{-1}
Constante de Stefan-Boltzmann	σ	$5{,}670\ 400(40) \times 10^{-8}$ W m^{-2} K^{-4}
Constante de Faraday eN_A	F	$96\ 485{,}3383(83)$ C mol^{-1}

Apêndice F ▪ Dados Referentes à Terra, ao Sol e à Lua

	Terra	Sol	Lua
Massa (kg)	$5,98 \times 10^{24}$	$1,99 \times 10^{30}$	$7,36 \times 10^{22}$
Raio (m)	$6,37 \times 10^{6}$	$7,00 \times 10^{8}$	$1,74 \times 10^{6}$
Gravidade média na superfície (m / s²)	9,81	274	1,67
Valor padrão da gravidade (m / s²)	9,80665		
Gravidade média no equador (nível do mar) (m / s²)	9,7804		
Gravidade média nos pólos (nível do mar) (m / s²)	9,8322		
Velocidade de escape (km/s)	11,2	618	2,38
Potência irradiada (W)		$3,90 \times 10^{26}$	
Constante solar (W / m²)*		1340	

(*) Intensidade luminosa da luz solar, para incidência normal, no alto da atmosfera terrestre, tomada a média no ano.

Apêndice G ▪ Dados Referentes aos Planetas

Propriedade	Mercúrio	Vênus	Terra	Marte	Júpiter	Saturno	Urano	Netuno	Plutão
Massa relativa à da Terra	0,0558	0,815	1	0,107	318	95,1	14,5	17,2	≈0,01
Gravidade na superfície m / s²	3,78	8,60	9,81	3,72	22,9	9,05	7,77	11,0	≈0,3
Velocidade de escape km / s	4,3	10,3	11,2	5,0	59,5	35,6	21,2	23,6	≈0,9
Distância ao Sol (média) 10⁹ m	57,9	108	150	228	778	1430	2870	4500	5900
Período da órbita (anos)	0,241	0,615	1	1,88	11,9	29,5	84,0	165	248
Velocidade orbital (média) km / s	47,9	35,0	29,8	24,1	13,1	9,64	6,81	5,43	4,74
Inclinação da órbita em relação à da Terra	7,00°	3,39°	0	1,85°	1,30°	2,49°	0,77°	1,77°	17,2°
Excentricidade da órbita	0,2056	0,0067	0,0167	0,0935	0,0489	0,0565	0,0457	0,0113	0,2444

Apêndice H ■ Tabela Periódica dos Elementos

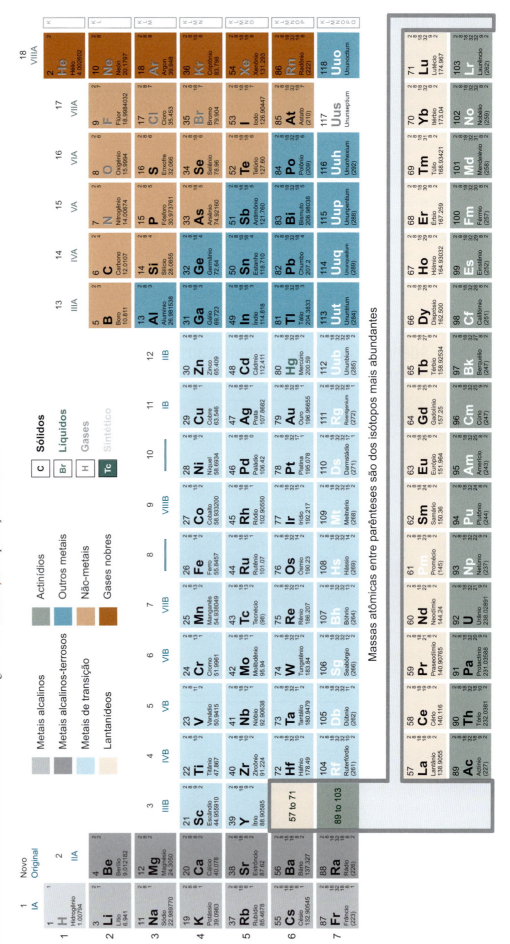

Índice Alfabético

A
Aceleração da gravidade, 13
Acetona
- calor específico, 127
- capacidade térmica molar, 127
- dilatação térmica, 134
Aço, dilatação térmica, 134
Adiabáticas, 142
Aerofólio, 45
Água
- calor específico, 127
- capacidade térmica molar, 127
- viscosidade, 29
Álcool etílico
- calor específico, 127
- capacidade térmica molar, 127
Altitude, variação da pressão atmosférica, 35
Alumínio
- calor específico, 127
- capacidade térmica molar, 127
- condutividade térmica, 130
- dilatação, 134
Ambiente de um sistema, 138
Ângulo do cone de Mach, 114
Antinodos, 90
Ar
- condutividade térmica, 130
- viscosidade, 29

Arquimedes, princípio, 36
Astrofísica, efeito Doppler, 110
Auto-energia gravitacional, 12

B
Bacon, Francis, 147
Balança de torção, 4
Balão de hélio, 37
Bernoulli, Daniel, 25, 41
Brahe, Tycho, 13

C
Calor, 120
- condução, 129
- dissipação em transformadores, 152
- específico de algumas substâncias, 127
- específico de um gás, 148
- história, 147
Caloria, 127
Calórico, 147
Camada limite (fluidos), 47
Campo
- gravitacional, 13
- velocidades de um fluido, 39
Capacidade térmica, 126
Carnot, Sadi Nicolas Leonard, 157
Cavendish, Henry, 4

Ciclo
- Carnot, 161
- - diagrama T *versus* S, 172
- - eficiência, 162, 163
- - processo, 162
- termodinâmico, 160
Cobre
- calor específico, 127
- capacidade térmica molar, 127
- condutividade térmica, 130
- dilatação térmica, 134
Coeficiente de dilatação
- acetona, 134
- aço, 134
- álcool, 134
- alumínio, 134
- cobre, 134
- invar, 134
- latão, 134
- linear, 132
- mercúrio, 134
- sílica, 134
- vidro, 134
- volumétrica, 133
Colding, L.A., 148
Compressividade (fluidos), 26
- módulo, 27
Condução de calor, 129

240 Física Básica ■ Gravitação | Fluidos | Ondas | Termodinâmica

Condutividade térmica, 129, 130

Constante
- Boltzmann, 124
- eletromagnética e atômicas, 235
- físico-químicas, 236
- partículas do átomo, 236
- torção, 4
- universal, 235
- universal dos gases, 124

Cortiça, condutividade térmica, 130

Criogenia, 176

D

Descartes, 2

Diamante, condutividade térmica, 130

Dilatação térmica, 132
- acetona, 134
- aço, 134
- álcool, 134
- alumínio, 134
- cobre, 134
- invar, 134
- latão, 134
- linear, coeficiente, 132
- mercúrio, 134
- sílica, 134
- vidro, 134
- volumétrica, coeficiente, 133

Dispersão de uma onda, 87

Dissipação de calor em transformadores, 152

E

Ecocardiograma Doppler, 112

Efeito Doppler
- aplicações, 110
- - astrofísica, 110
- - ecocardiograma Doppler, 112
- - meteorologia, 111
- - sensoriamento remoto de veículos, 111
- luz, 109
- som, 107

Efeito Magnus, 47

Empuxo
- aerodinâmico, 45
- hidrostático, 36

Energia
- onda sonora, 105
- oscilador harmônico, 63
- potencial gravitacional de um sistema de partículas, 5
- transportada pela onda em uma corda, 100

Entropia, 155-180
- definição, 171
- irreversibilidade, 173

Equação
- Bernoulli, 41
- continuidade, 41
- estado de um gás ideal, 140
- onda, 92
- onda de som, 104

Equilíbrio termodinâmico, 120

Escalas de temperatura, 122
- Celsius, 122
- Fahrenheit, 122

Escoamento
- fluidos viscosos (lei de Poiseuille), 43
- rotacional, 40
- turbulento, 30

Estado
- matéria, 24
- termodinâmico, 120

Euler, Leonhard, 39

F

Ferro, condutividade térmica, 130

Fluidos, 23-51
- camada limite, 47
- efeito da gravidade sobre a pressão (princípio de Pascal), 31
- efeito Magnus, 47
- empuxo aerodinâmico, 45
- equação da continuidade, 41
- equação de Bernoulli, 41
- movimento, 38
- perfeito, 28
- pressão e compressividade, 26
- pressão hidrostática, 30
- princípio de Arquimedes, 36
- três estados da matéria, 24

- variação da pressão atmosférica com a altitude, 25
- viscosidade, 27
- viscosos, escoamento (lei de Poiseuille), 43

Forças
- cisalhamento, 24
- elétrica, 20
- forte, 20
- fraca, 20
- gravitação, 2, 20
- nuclear, 20
- restauradora (oscilador harmônico), 56

G

Galileu, 2

Gás, 24
- calor específico, 148
- ideal
- - calor específico, 148
- - processos adiabáticos, 149

Gasolina, viscosidade, 29

Geleiras, isolamento, 130

Glashow, Sheldon Lee, 21

Glicerina, viscosidade, 29

Grafite, condutividade térmica, 130

Grandeza termométrica, 121

Gravidade
- aceleração, 13
- efeito sobre a pressão (princípio de Pascal), 31

Gravitação, 1-22
- auto-energia de um corpo, 12
- campo gravitacional, 13
- energia potencial gravitacional de um sistema de partículas, 5
- experiência de Cavendish, 4
- formulação matemática da lei, 3
- história, 2
- interação entre uma partícula e uma casa esférica, 8
- leis de Kepler, 13
- limite de validade da lei da gravitação de Newton, 19
- órbitas
- - circulares, 16